◇ 高等职业教育新形态系列教材

活页式教材

应用高等数学
（经济类）

主　编　王小妮　李芳玲　马　玉
副主编　陆东先　翟雪燕　任梦真　靳丹丹
参　编　梁　虎　孔　润　孔国强　卢　静
　　　　张洪松　孙庆波　赵永贞　常冬梅
　　　　李洪亮

北京理工大学出版社
BEIJING INSTITUTE OF TECHNOLOGY PRESS

版权专有 侵权必究

图书在版编目（CIP）数据

应用高等数学：经济类／王小妮，李芳玲，马玉主编．－－北京：北京理工大学出版社，2022.1
 ISBN 978－7－5763－0807－5

Ⅰ．①应… Ⅱ．①王… ②李… ③马… Ⅲ．①高等数学－高等职业教育－教材 Ⅳ．①O13

中国版本图书馆 CIP 数据核字（2022）第 008417 号

出版发行／北京理工大学出版社有限责任公司
社　　址／北京市海淀区中关村南大街5号
邮　　编／100081
电　　话／（010）68914775（总编室）
　　　　　（010）82562903（教材售后服务热线）
　　　　　（010）68944723（其他图书服务热线）
网　　址／http：//www.bitpress.com.cn
经　　销／全国各地新华书店
印　　刷／河北盛世彩捷印刷有限公司
开　　本／787 毫米×1092 毫米　1/16
印　　张／14.5　　　　　　　　　　　　　　　责任编辑／钟　博
字　　数／342 千字　　　　　　　　　　　　　文案编辑／钟　博
版　　次／2022 年 1 月第 1 版　2022 年 1 月第 1 次印刷　责任校对／周瑞红
定　　价／49.00 元　　　　　　　　　　　　　责任印制／施胜娟

图书出现印装质量问题，请拨打售后服务热线，本社负责调换

前　言

高等数学课程是高等职业院校各专业学生必修的公共课程，承载着落实立德树人根本任务的功能，具有基础性、发展性、应用性和职业性等特点．本书依据《高职高专教育高等数学课程教学基本要求》编写，以简明、基础、实用为原则，综合现阶段学生的学习特点及其他相关因素精心编写而成．本书的主要特色如下．

1. 有机融入课程思政元素，落实立德树人根本任务

坚持以习近平新时代中国特色社会主义思想引领高职数学教材建设，以培养高素质的技能型人才为根本任务，提升教材的思想性、科学性、时代性．在章节末融入数学文化和数学史的介绍，培养学生勇于探索的科学精神和精益求精的工匠精神，增强学生的爱国主义情怀和民族自豪感．

2. 遵循课程标准，聚焦数学学科核心素养

本书内容遵循高等数学课程标准，以核心素养为主线，考虑高等数学课程的基础性、发展性、应用性和职业性等特点，满足学生继续学习、未来工作和发展的不同需求，合理安排内容和结构，通过对"典型例题"和"知识巩固、能力提升、学以致用" 3 个层次习题的有效安排，兼顾对学生的抽象概括能力、逻辑推理能力、自学能力，以及较熟练的运算能力和综合运用所学知识分析问题、解决问题能力的培养．

3. 以学生为中心，紧密结合专业，突出职教特色

本书突出实用性、实践性和职业性，注重遵循职业教育教学规律和学生的身心发展规律；以促进学生发展数学学科核心素养为导向，突出时代性，兼顾趣味性和易读性．每章通过"学前导读""知识结构图""学习目标与要求"使读者了解本章所研究问题的来龙去脉，起到承上启下的作用；每小节通过"引例"引导学生从专业角度发现问题、分析问题、解决问题，进一步激发学生的兴趣；辅以"注意""思考""补充"等对重难点进行解释说明，引导学生深刻理解其中的数学思想和数学方法；通过"数学文化"拓宽学生的知识面，提升学生的文化素养；通过 MATLAB 软件应用相关内容促进传统课堂教学模式的改革，增强学生的信息意识，鼓励学生自主学习，提高教学效果．

4. 积极开发具有示教辅学功能的教学资源

本书对教材呈现形式进行创新，活页形式简便、实用，以内容为核心、以资源库和平台为支撑，除配套传统的电子教案、示教视频、教学动画、情境案例等示教辅学资源外，还通过二维码、资源库平台等方式，使内容的呈现更加形象化、立体化、动态化，形成线上、线下深度融合，随时随地可学习的活页教材．

本书由北京理工大学出版社组织编写，由王小妮、李芳玲、马玉担任主编，由陆东先、翟雪燕、任梦真、靳丹丹担任副主编．王小妮编写第一章，马玉编写第二章，陆东先编写第三章，翟雪燕、孔润编写第四章，卢静、孔国强编写第五章，靳丹丹编写第六章，任梦真编写第七章，李芳玲、梁虎编写第八章，张洪松、孙庆波、赵永贞、常冬梅、李洪亮负责审稿．

本书适合作为高职高专院校及成人高校等各类院校经济相关专业的教学用书．

由于编者水平有限，书中难免有疏漏之处，敬请读者多提宝贵意见，使本书日臻完善．读者意见反馈邮箱：1045645237@qq.com．

编　者

2021 年 12 月

目　录

第一篇　基础篇

第一章　函数、极限与连续 ································· 3
第一节　函数的概念和性质 ································· 4
第二节　初等函数 ····································· 10
第三节　数列的极限 ··································· 14
第四节　函数的极限 ··································· 17
第五节　两个重要极限 ································· 21
第六节　无穷小与无穷大 ······························· 24
第七节　函数的连续性 ································· 28
第八节　连续函数的性质 ······························· 30
复习题一 ··· 35

第二章　一元函数微分学 ································· 38
第一节　导数的概念 ··································· 39
第二节　导数的运算 ··································· 44
第三节　高阶导数 ····································· 47
第四节　函数的微分 ··································· 49
第五节　洛必达法则 ··································· 53
第六节　函数的单调性、极值与最值 ····················· 57
第七节　函数的凹凸性与图像描绘 ······················· 63
复习题二 ··· 68

第三章　一元函数积分学 ································· 72
第一节　不定积分的概念与性质 ························· 73
第二节　换元积分法 ··································· 78
第三节　分部积分法 ··································· 84
第四节　定积分概念及性质 ····························· 86
第五节　定积分的基本公式 ····························· 92
第六节　定积分的计算 ································· 95
第七节　广义积分 ····································· 98
第八节　定积分的应用 ································ 101
复习题三 ·· 107

第二篇 拓展篇

第四章 微分方程 …… 113
  第一节 微分方程的基本概念 …… 113
  第二节 可分离变量的微分方程与齐次微分方程 …… 116
  第三节 一阶线性微分方程 …… 119
  第四节 可降价的二阶微分方程 …… 122
  第五节 二阶常系数线性微分方程解的结构定理 …… 125
  复习题四 …… 130

第五章 多元函数微积分 …… 132
  第一节 二元函数的极限与连续 …… 133
  第二节 偏导数 …… 137
  第三节 全微分 …… 144
  第四节 二元函数的极值和最值 …… 146
  第五节 二重积分 …… 150
  复习题五 …… 158

第六章 线性规划初步 …… 162
  第一节 线性规划问题及数学模型 …… 162
  第二节 仅有两个决策变量的线性规划问题的图解法 …… 168
  第三节 图解法在实际工作中的应用 …… 172
  复习题六 …… 180

第七章 随机事件与概率 …… 183
  第一节 随机事件 …… 184
  第二节 随机事件的概率 …… 188
  第三节 条件概率和全概率公式 …… 191
  第四节 事件的独立性与伯努利概型 …… 195
  复习题七 …… 199

第三篇 实践篇

第八章 MATLAB 数学实验 …… 203
  第一节 MATLAB 初步 …… 204
  第二节 一元函数微分学的 MATLAB 求解 …… 209
  第三节 一元函数积分学的 MATLAB 求解 …… 213
  第四节 微分方程的 MATLAB 求解 …… 215
  第五节 多元函数微积分的 MATLAB 求解 …… 216
  第六节 线性规划问题的 MATLAB 求解 …… 219
  第七节 概率统计问题的 MATLAB 求解 …… 222
  复习题八 …… 226

第一篇 基 础 篇

第一章 绪论

第一章　函数、极限与连续

◇ 学前导读

本章主要介绍函数、极限与连续的基本概念，以及它们的一些主要性质．函数与极限是数学中两个重要而基本的概念．函数是微积分研究的主要对象，极限则是高等数学有力的推理工具．本章将在复习和加深函数有关知识的基础上，讨论函数的极限和函数连续等问题．

◇ 知识结构图

本章知识结构图如图 1-0 所示．

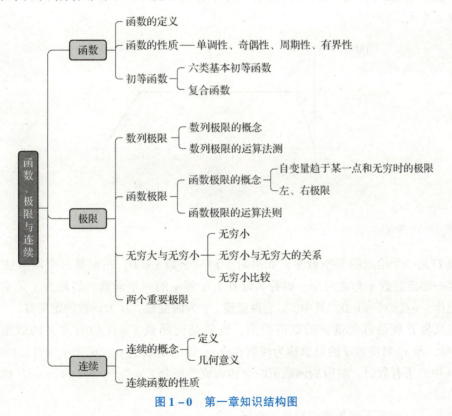

图 1-0　第一章知识结构图

◇ 学习目标与要求

(1) 理解函数的概念，掌握基本初等函数的图像及性质，了解函数的有界性、单调性、周期性和奇偶性，了解分段函数和反函数的概念，理解复合函数的概念，了解经济学中的几种常见函数（成本函数、收益函数、利润函数、需求函数和供给函数）．

（2）了解数列极限和函数极限（包括左极限与右极限）的概念，掌握极限的四则运算法则，掌握利用两个重要极限 $\lim\limits_{x\to 0}\dfrac{\sin x}{x}=1$，$\lim\limits_{x\to\infty}\left(1+\dfrac{1}{x}\right)^x=e$ 求极限的方法，理解无穷小的概念和基本性质，了解无穷大的概念及其与无穷小的关系．

（3）理解函数连续性的概念（包括左连续与右连续），了解闭区间上连续函数的性质（有界性定理、最大值和最小值定理、介值定理）．

第一节 函数的概念和性质

引例 1-1 我国是世界上高速铁路系统技术最全、集成能力最强、运营里程最长、运行速度最高、在建规模最大的国家．近年来，我国高铁技术飞速发展，条条高铁线路悄然改变着人们的生活，已经成为人们出行的快捷方式之一．开通某条高铁线路前，需要进行安全、平稳测试．图 1-1 为高铁列车一次测试中从静止到行驶再到停车的示意图，其中 $y(\text{km/h})$ 是车速，$x(\text{min})$ 是行车时间．试写出车速 y 和行车时间 x 之间的函数关系式．

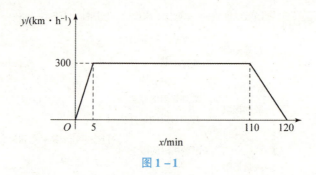

图 1-1

一、函数的定义

设 D 是一个给定的非空数集，如果对于每一个数 $x\in D$，按照某一个对应法则 f，总有唯一确定的数 y 与之对应，则称 f 为 D 上 x 到 y 的一个函数，简称为 y 是 x 的**函数**，记作 $y=f(x)$，$x\in D$．其中，x 为**自变量**，y 为**因变量**，D 为函数的**定义域**．

定义域 D 就是自变量 x 的取值范围，也就是使函数 $y=f(x)$ 有意义的数集．当 $x_0\in D$ 时，与 x_0 对应的 y 的数值称为函数在点 x_0 处的函数值 y_0，记作 $y_0=f(x_0)$．当 x 取遍 D 中的所有数时，对应的函数值的全体构成的集合 $Z=\{y\mid y=f(x),x\in D\}$ 称为函数的值域．

例 1-1 判断下列各组函数是否相同．

（1）$y=2x+1$ 与 $y=3x-1$； （2）$y=x$ 与 $y=\dfrac{x^2}{x}$．

解 （1）两个函数的对应法则不同，所以它们是不同的两个函数；

(2) 函数 $y=x$ 的定义域是 $\{x\in \mathbf{R}\}$，而函数 $y=\dfrac{x^2}{x}$ 的定义域是 $\{x\in \mathbf{R}\ \text{且}\ x\neq 0\}$，它们的定义域不同，所以它们是不同的两个函数.

例 1-2 求下列函数的定义域.

(1) $y=\dfrac{1}{x+3}$； (2) $y=\dfrac{1}{\lg(2-3x)}$.

解 (1) 函数的定义域就是使函数有意义的 x 的取值范围，于是要使 $y=\dfrac{1}{x+3}$ 有意义，x 需满足 $x+3\neq 0$，即 $x\neq -3$，于是函数的定义域为 $(-\infty,-3)\cup(-3,+\infty)$.

(2) 要使函数 $y=\dfrac{1}{\lg(2-3x)}$ 有意义，x 需满足 $2-3x>0$ 且 $2-3x\neq 1$，即

$$x<\dfrac{2}{3}\ \text{且}\ x\neq\dfrac{1}{3},$$

所以函数 $y=\dfrac{1}{\lg(2-3x)}$ 的定义域是 $D=\left\{x\left|\,x<\dfrac{2}{3}\ \text{且}\ x\neq\dfrac{1}{3}\right.\right\}$.

二、函数的表示方法

函数的表示方法主要有三种.

(1) **解析法**：用数学表达式表示函数的方法，如一次函数 $y=kx+b$、指数函数 $y=\mathrm{e}^x$ 等.

(2) **列表法**：以表格形式表示函数的方法，如三角函数表、对数表、国内生产总值表等.

(3) **图像法**：用图形表示函数的方法，如经济学中的股票曲线.

分段函数：在定义域内的不同范围内用不同的解析式来表示的函数. 如

$$f(x)=\operatorname{sgn}x=\begin{cases}1, & x>0\\ 0, & x=0\\ -1, & x<0\end{cases}$$

就是一个分段函数，它有一个属于自己的名称，称为**符号函数**，它的定义域为 $(-\infty,+\infty)$，图像如图 1-2 所示.

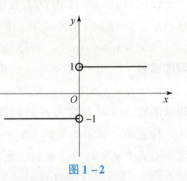

图 1-2

> **注**：
> (1) 分段函数是一个函数，而不是多个函数.
> (2) 分段函数的定义域是不同范围的 x 的取值范围的并集.

例 1-3 $f(x)=\begin{cases}x^2+1, & 0\leqslant x<1\\ 2-x, & 1\leqslant x<2,\ \text{求：}\\ x, & x\geqslant 2\end{cases}$

(1) $f(x)$ 的定义域； (2) $f(0)$，$f(1.5)$ 与 $f(3)$ 的值.

解 （1）函数的定义域是指自变量 x 的取值范围，因此分段函数 $f(x)$ 的定义域就是这几段 x 取值的并集，即定义域为 $x \in [0, +\infty)$.

（2）$f(0) = 0^2 + 1 = 1$；$f(1.5) = 2 - 1.5 = 0.5$；$f(3) = 3$.

三、反函数

对于这样的一个函数 $y = f(x)$，$x \in D$，$y \in Z$，若对于每一个 $y \in Z$，D 中只有一个 x 值与之对应，这就确定了一个以 Z 为定义域的函数，这个函数就称为 $y = f(x)$ 的**反函数**，记作 $x = f^{-1}(y)$，$y \in Z$.

按照习惯记法，x 作自变量，y 作因变量，因此 $y = f(x)$ 的反函数 $x = f^{-1}(y)$ 可以记作 $y = f^{-1}(x)$，$x \in Z$.

由反函数的定义知，反函数的定义域为原函数的值域，反函数的值域为原函数的定义域. 若函数 $y = f(x)$ 具有反函数，这就意味着它的定义域 D 与值域 Z 按照对应法则 f 建立了一一对应的关系.

在同一直角坐标系中，函数 $y = f(x)$ 与其反函数 $y = f^{-1}(x)$ 的图像关于直线 $y = x$ 对称，如图 1-3 所示.

例 1-4 求函数 $y = \log_2 x + 2$ 的反函数 $y = f^{-1}(x)$.

解 由解析式解出 x，$\log_2 x = y - 2$，即 $x = 2^{y-2}$，将上式中的 x，y 互换，得到反函数 $y = 2^{x-2}$.

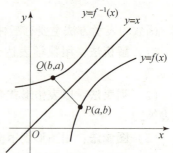

图 1-3

四、函数的性质

1. 单调性

设函数 $f(x)$ 在区间 D 上有定义，若对于 D 中的任意两点 x_1，x_2，当 $x_1 < x_2$ 时，恒有：

（1）$f(x_1) \leqslant f(x_2)$，则称函数 $f(x)$ 在区间 D 上**单调增加**，称 $f(x)$ 为区间 D 上的**单调增函数**，区间 D 称为 $f(x)$ 的**单调增区间**；

（2）$f(x_1) \geqslant f(x_2)$，则称函数 $f(x)$ 在区间 D 上**单调减少**，称 $f(x)$ 为区间 D 上的**单调减函数**，区间 D 称为 $f(x)$ 的**单调减区间**.

特别地，如果不等式 $f(x_1) < f(x_2)$ 成立，则称 $f(x)$ 为区间 D 上的**严格增函数**. 如果不等式 $f(x_1) > f(x_2)$ 成立，则称 $f(x)$ 为区间 D 上的**严格减函数**.

例 1-5 判断函数 $f(x) = \ln x$ 的单调性.

解 函数 $f(x)$ 的定义域为 $(0, +\infty)$，在其定义域内任取两点 x_1，x_2，且 $x_1 < x_2$，由于

$$f(x_2) - f(x_1) = \ln x_2 - \ln x_1 = \ln \frac{x_2}{x_1} > 0,$$

所以，$f(x_2) - f(x_1) > 0$，又因为 $x_2 > x_1$，所以函数 $f(x) = \ln x$ 在 $(0, +\infty)$ 内是单调增加的.

2. 奇偶性

设函数 $y = f(x)$ 的定义域 D 关于原点对称，如果对于任意的 $x \in D$，有：

（1）$f(-x) = f(x)$，则称 $f(x)$ 为**偶函数**；

(2) $f(-x) = -f(x)$,则称 $f(x)$ 为**奇函数**.

> **注**:
> 偶函数的图像关于 y 轴对称,而奇函数的图像关于原点对称. 如果函数的定义域不关于原点对称,那么这个函数就是非奇非偶函数.

例 1-6 判断函数 $f(x) = \ln\dfrac{1-x}{1+x}$ 的奇偶性.

解 因为函数 $f(x)$ 的定义域为 $(-1,1)$,关于原点对称,对于任意 $x \in (-1,1)$,都有

$$f(-x) = \ln\frac{1+x}{1-x} = \ln\left(\frac{1-x}{1+x}\right)^{-1} = -\ln\frac{1-x}{1+x} = -f(x),$$

所以 $f(x) = \ln\dfrac{1-x}{1+x}$ 为奇函数.

3. 周期性

设函数 $f(x)$ 的定义域为 D,如果存在一个不为零的数 T,对于 D 内任意的 x,都有 $f(x+T) = f(x)$ 成立,则称 $f(x)$ 为**周期函数**,称 T 为它的一个**周期**. 若 T 是函数的一个周期,则 nT(n 为非零整数)也是它的周期. 通常称周期中的最小正周期为周期函数的周期,显然函数 $y = \sin x$ 和 $y = \cos x$ 的周期都是 2π.

4. 有界性

设函数在区间 D 上有定义,若存在正数 M,使对任意的 $x \in D$,都有 $|f(x)| \leq M$(可以没有等号),则称 $f(x)$ 是区间 D 上的**有界函数**,否则称 $f(x)$ 是区间 D 上的**无界函数**.

> **注意**:
> 从定义中可以看出有界函数的图像必介于两条平行于 x 轴的直线 $y = M$ 和 $y = -M$ 之间.

五、经济学中常用的函数

1. 总成本函数、收益函数和利润函数

1) 总成本函数

成本是生产一定数量产品所需要的各种生产要素投入的价格或费用总额,它由**固定成本**与**可变成本**两部分组成. **固定成本**是指在一定限度内不随产量变动而变动的费用,如厂房费用、机器折旧费、一般管理费,通常用 C_1 表示. **可变成本**是随产量变动而变动的费用,如原材料费用、燃料费、包装费等,通常用 C_2 表示,它是产量 x 的函数,即 $C_2 = C_2(x)$. **总成本** C 是产量的单调增函数,记作 $C = C(x)$.

总成本函数为

$$C = C_1 + C_2(x).$$

平均成本函数为

$$\overline{C}(x) = \frac{C(x)}{x}.$$

2）收益函数

收益是生产者出售商品的收入，又分为**总收益**和**平均收益**. **总收益**是生产者出售一定数量产品所得到的全部收入，通常用 R 表示. **平均收益**是指出售一定量的商品时，每单位商品所得的平均收入，通常用 $\overline{R}$ 表示.

总收益 $R = xp$，其中 p 为销售价格.

3）利润函数

生产一定数量产品的总收入与总成本之差，即**总利润** $L(x) = R(x) - C(x)$.

例 1-7 某厂生产某产品，每日最多生产 100 单位. 它的固定成本为 130 元，生产每一个单位产品的可变成本为 6 元. 求该厂日总成本函数及平均单位成本函数.

解 设总成本为 C，平均单位成本为 $\overline{C}$，日产量为 x. 由于日总成本为固定成本与可变成本之和，据题意，日总成本函数为

$$C = C(x) = 130 + 6x, \quad D(C) = [0, 100].$$

平均单位成本函数为

$$\overline{C} = \overline{C}(x) = \frac{C(x)}{x} = \frac{130}{x} + 6, \quad D(C) = [0, 100].$$

2. 需求函数与供给函数

1）需求函数

市场对某种商品的需求量主要受到该商品的价格的影响，通常降低商品的价格会使需求量增加，提高商品的价格会使需求量减少. 在假定其他因素不变的条件下，市场需求量 x 可视为该商品价格 p 的函数，称为**需求函数**，记作 $Q = Q(p)$.

常见的需求函数有以下几种类型.

线性需求函数：$Q = a - bp \,(a > 0, b > 0)$；

二次需求函数：$Q = a - bp - cp^2 \,(a > 0, b > 0, c > 0)$；

指数需求函数：$Q = A\mathrm{e}^{-bp} \quad (A > 0, b > 0)$.

2）供给函数

某种商品的市场供给量也受商品价格的制约，价格上涨将刺激生产者向市场提供更多商品，供给量增加；反之，价格下跌将使供给量减少. 在假定其他因素不变的条件下，供给量 S 也可看成价格 p 的函数，称为**供给函数**，记作 $S = S(p)$.

常见的供应函数有以下几种类型.

线性供应函数：$Q = -c + dp \quad (c > 0, d > 0)$；

二次供应函数：$Q = a + bp + cp^2 \quad (a > 0, b > 0, c > 0)$；

指数供应函数：$Q = A\mathrm{e}^{bp} \quad (A > 0, b > 0)$.

引例 1-1 解析 根据题意可列出函数关系如下：

$$y = \begin{cases} 60x, & 0 \leqslant x \leqslant 5 \\ 300, & 5 < x < 110 \\ -30x + 3\,600, & 110 \leqslant x \leqslant 120 \end{cases}.$$

可以看出高铁列车行驶的速度 y 与时间 x 的函数关系是用分段函数表示的.

习题 1-1

A 知识巩固

1. 求下列函数的定义域.

(1) $y = \sqrt{4 - |x-3|}$;

(2) $y = \log_2 \dfrac{1}{x+1}$;

(3) $y = \sqrt{\lg \dfrac{5x - x^2}{4}}$;

(4) $y = \sqrt{x^2 - x - 2}$.

2. $f(x) = \dfrac{2^x - 1}{2^x + 1}$,求 $f(1)$,$f(-1)$,$f(x-1)$.

3. 某出租车公司规定收费标准如下:不足 3 km,核定租费为 5 元,超过 3 km 的部分每 km 加收 1.4 元. 求租费 y 和千米数 x 的函数关系式.

4. 求下列函数的反函数.

(1) $y = 1 - 3^x$;

(2) $y = \sqrt[3]{2x - 1}$;

(3) $f\left(\dfrac{1}{x}\right) = \dfrac{x+1}{x}$.

5. 下列函数在区间 $(-\infty, +\infty)$ 上单调减少的是 (   ).

A. $\sin x$ B. 2^x C. x^2 D. $3 - x$

6. 函数 $y = \dfrac{e^x - e^{-x}}{2}$ 是 (   ).

A. 奇函数   B. 偶函数
C. 非奇非偶函数   D. 无法确定

7. 判断下列函数是否为周期函数,如果是,请指出其周期.

(1) $y = \sin 2x$;

(2) $y = \cos \dfrac{x}{2}$.

B 能力提升

1. 下列各组中,两个函数为同一函数的组是 (   ).

A. $f(x) = x^2 + 3x - 1$,$g(t) = t^2 + 3t - 1$

B. $f(x) = \dfrac{x^2 - 4}{x - 2}$,$g(x) = x + 2$

C. $f(x) = \sqrt{x}\sqrt{x-1}$,$g(x) = x + 2$

D. $f(x) = 3$,$g(x) = |x| + |3 - x|$

2. 函数 $y = \ln[\ln(\ln x)]$ 的定义域为 _____.

3. 函数 $f(x) = \ln \sin(\cos^2 x)$ 的图像关于 _____ 对称.

C 学以致用

你知道《中华人民共和国个人所得税法》中的个人所得税是如何计算的吗?请查阅资料列出个人工资、薪金 x 与个人所得税 y 之间的函数关系.

第二节 初等函数

一、基本初等函数

以下六类函数称为**基本初等函数**.

1. 常量函数

$y = C$（C 为常数），$x \in (-\infty, +\infty)$，如图 1-4 所示.

2. 幂函数

$y = x^\alpha$（α 为实数）.

幂函数的定义域、值域及其图像因 α 而异，如图 1-5 所示.

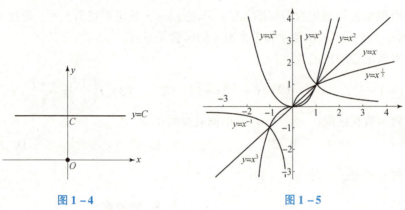

图 1-4   图 1-5

3. 指数函数

$y = a^x$（$a > 0$，$a \neq 1$），$x \in (-\infty, +\infty)$，$y \in (0, +\infty)$.

当 $a > 1$ 时，图像为过点 $(0, 1)$ 的单调递增曲线，如图 1-6 所示. 当 $0 < a < 1$ 时，图像为过点 $(0, 1)$ 的单调递减曲线，如图 1-7 所示.

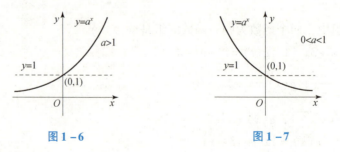

图 1-6   图 1-7

4. 对数函数

$y = \log_a x$（$a > 0$，$a \neq 1$），$x \in (0, +\infty)$，$y \in (-\infty, +\infty)$.

类似于指数函数，当 $a > 1$ 时，函数的图像为过点 $(1, 0)$ 的单调递增曲线，如图 1-8 所示. 当 $0 < a < 1$ 时，函数的图像为过点 $(1, 0)$ 的单调递减曲线，如图 1-9 所示.

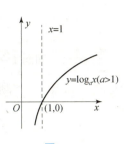

图 1-8

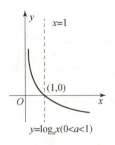

图 1-9

根据反函数的定义,可以很容易地判断出对数函数与指数函数互为反函数.

5. 三角函数

正弦函数：$y = \sin x$，$x \in (-\infty, +\infty)$，$y \in [-1, 1]$，如图 1-10 所示.

余弦函数：$y = \cos x$，$x \in (-\infty, +\infty)$，$y \in [-1, 1]$，如图 1-11 所示.

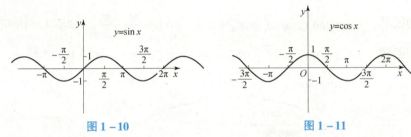

图 1-10　　　　　　　　　图 1-11

正切函数：$y = \tan x = \dfrac{\sin x}{\cos x}$，$x \neq n\pi + \dfrac{\pi}{2}$，$n = 0, \pm 1, \pm 2\cdots$，$y \in (-\infty, +\infty)$，如图 1-12 所示.

余切函数：$y = \cot x = \dfrac{\cos x}{\sin x}$，$x \neq n\pi$，$n = 0, \pm 1, \pm 2\cdots$，$y \in (-\infty, +\infty)$，如图 1-13 所示.

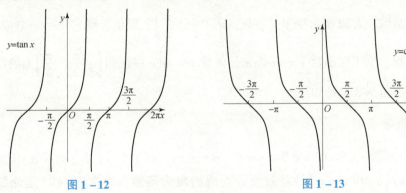

图 1-12　　　　　　　　　图 1-13

正割函数：$y = \sec x = \dfrac{1}{\cos x}$，$x \neq \dfrac{(2n+1)\pi}{2}$，$n = 0, \pm 1, \pm 2\cdots$，$y \in (-\infty, -1] \cup [1, +\infty)$.

余割函数：$y = \csc x = \dfrac{1}{\sin x}$，$x \neq n\pi$，$n = 0, \pm 1, \pm 2\cdots$，$y \in (-\infty, -1] \cup [1, +\infty)$.

6. 反三角函数

反三角函数就是相应三角函数的反函数.

反正弦函数：$y = \arcsin x$，$x \in [-1, 1]$，$y \in \left[-\dfrac{\pi}{2}, \dfrac{\pi}{2}\right]$，如图 1-14 所示.

反余弦函数：$y = \arccos x$，$x \in [-1, 1]$，$y \in [0, \pi]$，如图 1-15 所示.

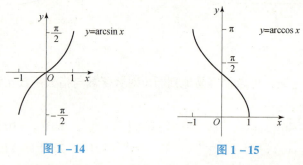

图 1-14　　　　图 1-15

反正切函数：$y = \arctan x$，$x \in (-\infty, +\infty)$，$y \in \left(-\dfrac{\pi}{2}, \dfrac{\pi}{2}\right)$，如图 1-16 所示.

反余切函数：$y = \operatorname{arccot} x$，$x \in (-\infty, +\infty)$，$y \in (0, \pi)$，如图 1-17 所示.

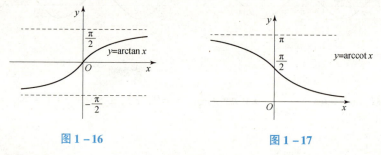

图 1-16　　　　图 1-17

从反函数的定义可以知道，所有具有反函数的函数都是一一对应的，而正弦函数在它的定义域 $(-\infty, +\infty)$ 内并不是一一对应的函数，所以在它的整个定义域内正弦函数不存在反函数. 若限制自变量 x 在区间 $\left[-\dfrac{\pi}{2}, \dfrac{\pi}{2}\right]$ 上取值，则它是一一对应的，因此存在反函数. 反正弦函数 $y = \arcsin x$ 是函数 $y = \sin x$ 在区间 $\left[-\dfrac{\pi}{2}, \dfrac{\pi}{2}\right]$ 上的反函数. 其他几个反三角函数也是如此.

二、复合函数

已知两个函数 $y = f(u)$，$u \in D_1$，$y \in Z_1$，$u = \varphi(x)$，$x \in D_2$，$u \in Z_2$，则函数 $y = f(\varphi(x))$ 是由函数 $y = f(u)$ 和 $u = \varphi(x)$ 经过复合而成的**复合函数**. 通常称 $f(u)$ 是**外层函数**，$\varphi(x)$ 是**内层函数**，u 为**中间变量**. 复合函数不仅可以由两个函数复合而成，也可以由多个函数复合而成.

例 1-8 已知函数 $y = f(u) = \mathrm{e}^u$，$u = \varphi(x) = \cos x$，则函数 $y = f(\varphi(x)) = \mathrm{e}^{\cos x}$ 就是由已知的两个函数复合而成的.

复合函数其实就是一个函数，为了研究需要，今后经常要将一个给定的函数看成由若干个基本初等函数复合而成的形式,从而将其分解成若干个基本初等函数.

例 1-9 判断下列函数由哪些基本初等函数复合而成.

(1) $y = \cos^2 x$;   (2) $y = \sqrt{1+x^2}$.

解 (1) $y = \cos^2 x$ 是由两个函数复合而成的,外层函数为 $y = u^2$,内层函数为 $u = \cos x$,其中 u 为中间变量.

(2) $y = \sqrt{1+x^2}$ 是由两个函数复合而成的,外层函数为 $y = \sqrt{u}$,内层函数为 $u = 1+x^2$,其中 u 为中间变量.

三、初等函数

初等函数是由基本初等函数通过有限次的四则运算和复合构成的函数.

例如,以下都是初等函数:

$$f(x) = \sqrt{1+\cos^2 x}, \quad \varphi(x) = x^2 \cdot 2^{\tan x}$$

由初等函数的定义可知,初等函数的构成既有函数的四则运算,又有函数的复合,必须掌握把初等函数按基本初等函数的四则运算和复合形式分解的方法.

本课程主要研究的是初等函数,凡不是初等函数的函数,皆称为非初等函数. 例如,函数 $f(x) = 1 + 2x + 3x^2 + \cdots + nx^{n-1} + \cdots$ 就是非初等函数.

习题 1-2

A 知识巩固

1. 已知 $f(x) = x^2 + 4$,$g(x) = 2^x$,求 $f(x^2)$,$f(f(x))$,$f(g(x))$.

2. 下列函数由哪些基本初等函数复合而成?

(1) $y = \sin x^3$;   (2) $y = \sqrt{\arctan \sqrt{x}}$.

B 能力提升

1. 设 $f(x) = x^2$,$\varphi(x) = 3^x$,求 $f[\varphi(x)]$,$\varphi[f(x)]$.

2. 设函数 $f(x) = \sin x$,$g(x) = \begin{cases} x - \pi, & x \leq 0 \\ x + \pi, & x > 0 \end{cases}$,则 $f[g(x)] = $ _____.

C 学以致用

张奶奶是一位退休工人,退休后她有一笔金额为 28 000 元的现金暂时不用,于是她便叫儿子(小王)将这笔钱于 2010 年 8 月 7 日存入某银行,存期为 1 年(当年的定期一年的存款利率全国统一为 2.5%,活期存款利率为 0.98%),并在存款的储户选择栏"到期是否自动转存"的选择方框内打了一个对号"√". 想不到这一存便是 4 年多,到了 2014 年 8 月 12 日(注:当时全国银行存款利率统一为 1.98%,此利率从 2012 年 2 月 23 日开始在全国实行),张奶奶的儿子正好回小县城看望自己的母亲,闲聊中提到了当年的那笔存款,儿子问母亲是否已取,而母亲已将此事忘记. 于是,儿子便拿着当年自己亲手办理的存单去当年办理此业务的银行取款. 银行储蓄员很快便将由电脑打印出来的利息清单交给了张奶奶的儿子,小王看都没看便在利息清单上签了字,正要将利息清单交给储蓄员时,他忽然看到利息清单上全部利息是 904.4 元,税后(扣 20% 的利息税)利息为 723.52 元,本利合计为 28 723.52 元. 好在小王在上大学时数学学得不错. 凭直觉,小王感到储蓄员的利息算错了,他便说:"同志,利息是否算错了? 麻烦你再算一遍好吗?"储蓄员有点不耐烦地说:"电脑算的怎会有错?"

请帮小王算一下张奶奶的存单税前和税后利息是否正确? 若不正确又相差多少呢?

第三节　数列的极限

引例 1-2 《庄子・天下篇》中有一句话:"一尺之棰,日取其半,万世不竭."

分析 《庄子・天下篇》中的这句话源自惠施提出的"截杖问题". 第一天剩下的杖长 $X_1 = \frac{1}{2}$,第二天剩下的杖长 $X_2 = \frac{1}{2^2}$,……,第 n 天剩下的杖长 $X_n = \frac{1}{2^n}$. 想要解决"截杖问题",需要知道当天数达到多少时剩下的杖长为 0. 截杖问题显示了古人的初步极限思想.

一、数列的概念

按照一定次序排好的一列数 a_1,a_2,a_3,a_4,…,a_n,… 称为**数列**,记作 $\{a_n\}$. 数列中的每一个数叫作数列的**项**,第 n 项 a_n 称为数列的**通项**.

例如:

数列 $1, \frac{1}{2}, \frac{1}{3}, \cdots, \frac{1}{n}, \cdots$ 的通项 $x_n = \frac{1}{n}$;

数列 $\frac{1}{2}, \frac{2}{3}, \frac{3}{4}, \cdots, \frac{n}{n+1}, \cdots$ 的通项 $x_n = \frac{n}{n+1}$.

二、数列极限的定义

数列极限

观察数列:

$1, \frac{1}{2}, \frac{1}{3}, \cdots, \frac{1}{n}, \cdots$,当 n 无限增大时,$a_n = \frac{1}{n}$ 的值无限趋近零.

$\frac{1}{2}, \frac{2}{3}, \frac{3}{4}, \cdots, \frac{n}{n+1}, \cdots$,当 n 无限增大时,$a_n = \frac{n}{n+1}$ 的值无限趋近 1.

可以发现,上面两个数列有这样的变化趋势:当 n 无限增大时,a_n 无限趋近某个常数.

定义 1-1 如果当无穷数列 $\{a_n\}$ 的项数 n 无限增大时,a_n 无限趋近一个确定的常数 A,那么 A 就叫作**数列** $\{a_n\}$ **的极限**,记作 $\lim\limits_{n \to \infty} a_n = A$ 或 $a_n \to A$(当 $n \to \infty$ 时).

根据定义,上面数列的极限记作 $\lim\limits_{n \to \infty} \frac{1}{n} = 0$ 或 $\frac{1}{n} \to 0$(当 $n \to \infty$ 时).

例 1-10 判断下面的数列是否有极限,如果有,写出它的极限.

(1) $5, 5, 5, \cdots, 5, \cdots$;

(2) $1, 4, 9, \cdots, n^2, \cdots$;

(3) $\dfrac{1}{2}$, $\dfrac{1}{4}$, $\dfrac{1}{8}$, $\cdots$, $\dfrac{1}{2^n}$, $\cdots$.

解 （1）这个数列是常数列，通项公式 $a_n = 5$，数列的极限是 5，即 $\lim\limits_{n\to\infty} 5 = 5$.

（2）数列通项 $a_n = n^2$，当 n 无限增大时，$a_n = n^2$ 也无限增大，它不能趋近一个确定的常数．因此，这个数列没有极限．

（3）这个数列是公比 $q = \dfrac{1}{2}$ 的等比数列，通项是 $a_n = \dfrac{1}{2^n}$. 可以看出，当 n 无限增大时，$a_n = \dfrac{1}{2^n}$ 无限趋近零，即 $\lim\limits_{n\to\infty} \dfrac{1}{2^n} = 0$.

由此例得到以下结论：

$\lim\limits_{n\to\infty} C = C$（$C$ 为常数），$\lim\limits_{n\to\infty} q^n = 0$（$|q| < 1$）.

> **注意：**
> 不是任何无穷数列都有极限．
> 极限不存在的原因可能是当 n 无限增大时（当 $n\to\infty$ 时）数列通项 a_n 不能无限趋近一个确定的常数，如数列 $a_n = (-1)^{n+1}$，当 $n\to\infty$ 时，数列在 -1 和 1 两个数上来回跳动，不能无限趋近一个确定的常数，因此这个数列没有极限．

三、数列极限的运算法则

前面介绍了数列极限的定义，本部分讨论数列极限的求法，主要是介绍数列极限的运算法则，利用这些运算法则可以求某些复杂数列的极限．

法则 1-1 如果 $\lim\limits_{n\to\infty} a_n = A$，$\lim\limits_{n\to\infty} b_n = B$，则有：

（1）$\lim\limits_{n\to\infty}(a_n \pm b_n) = \lim\limits_{n\to\infty} a_n \pm \lim\limits_{n\to\infty} b_n = A \pm B$；

（2）$\lim\limits_{n\to\infty}(a_n \cdot b_n) = \lim\limits_{n\to\infty} a_n \cdot \lim\limits_{n\to\infty} b_n = A \cdot B$；

（3）$\lim\limits_{n\to\infty} C \cdot a_n = C \cdot \lim\limits_{n\to\infty} a_n = C \cdot A$（$C$ 为常数）；

（4）$\lim\limits_{n\to\infty} \dfrac{a_n}{b_n} = \dfrac{\lim\limits_{n\to\infty} a_n}{\lim\limits_{n\to\infty} b_n} = \dfrac{A}{B}$（$B \neq 0$）.

其中，法则（1）和（2）可以推广到有限个有极限的数列的情形．

例 1-11 已知 $\lim\limits_{n\to\infty} a_n = 2$，$\lim\limits_{n\to\infty} b_n = -3$，求：

（1）$\lim\limits_{n\to\infty}(2a_n + 4b_n)$；

（2）$\lim\limits_{n\to\infty} \dfrac{2a_n \cdot b_n}{a_n + 3b_n - 5}$.

解 （1）$\lim\limits_{n\to\infty}(2a_n + 4b_n) = \lim\limits_{n\to\infty} 2a_n + \lim\limits_{n\to\infty} 4b_n$
$= 2\lim\limits_{n\to\infty} a_n + 4\lim\limits_{n\to\infty} b_n = 2\times 2 + 4\times(-3) = -8.$

（2）$\lim\limits_{n\to\infty} \dfrac{2a_n \cdot b_n}{a_n + 3b_n - 5} = \dfrac{\lim\limits_{n\to\infty}(2a_n \cdot b_n)}{\lim\limits_{n\to\infty}(a_n + 3b_n - 5)}$

$$= \frac{2 \cdot \lim_{n\to\infty} a_n \cdot \lim_{n\to\infty} b_n}{\lim_{n\to\infty} a_n + \lim_{n\to\infty} 3b_n - \lim_{n\to\infty} 5}$$

$$= \frac{2 \times 2 \times (-3)}{2 + 3 \times (-3) - 5} = 1.$$

例 1-12 求下列极限.

(1) $\lim\limits_{n\to\infty}\left(\dfrac{3}{n^3} - \dfrac{2}{n^2} + 3\right)$;

(2) $\lim\limits_{n\to\infty}\dfrac{3n^2 - 4}{2n^2 + n}$.

解 (1) $\lim\limits_{n\to\infty}\left(\dfrac{3}{n^3} - \dfrac{2}{n^2} + 3\right) = \lim\limits_{n\to\infty}\dfrac{3}{n^3} - \lim\limits_{n\to\infty}\dfrac{2}{n^2} + \lim\limits_{n\to\infty} 3 = 3.$

(2) 当 n 无限增大时，分式的分子、分母都无限增大，所以分子、分母的极限都不存在，不能直接用商的运算法则．如果将分式的分子、分母都除以 n^2，则分子、分母都有极限，这时可以用商的运算法则计算，即

$$\lim_{n\to\infty}\frac{3n^2-4}{2n^2+n} = \lim_{n\to\infty}\frac{3-\dfrac{4}{n^2}}{2+\dfrac{1}{n}} = \frac{\lim\limits_{n\to\infty}\left(3-\dfrac{4}{n^2}\right)}{\lim\limits_{n\to\infty}\left(2+\dfrac{1}{n}\right)} = \frac{\lim\limits_{n\to\infty} 3 - \lim\limits_{n\to\infty}\dfrac{4}{n^2}}{\lim\limits_{n\to\infty} 2 + \lim\limits_{n\to\infty}\dfrac{1}{n}} = \frac{3}{2}.$$

引例 1-2 解析 因为 $\lim\limits_{n\to\infty}\dfrac{1}{2^n} = 0$，可以知道每天取剩下的一半是永远取不尽的．

习题 1-3

A 知识巩固

1. 判断下面的数列当 $n\to\infty$ 时是否有极限，如果有，写出它们的极限.

(1) $a_n = \dfrac{n}{n+1}$;

(2) $a_n = \dfrac{n-2}{n+3}$;

(3) $a_n = n + 1$;

(4) $a_n = \dfrac{3}{4n-1} + 1$.

2. 求下列极限.

(1) $\lim\limits_{n\to\infty}\dfrac{3n^3 + 2}{2n^3 + n}$;

(2) $\lim\limits_{n\to\infty}\dfrac{n+1}{3n^2 + n}$;

(3) $\lim\limits_{n\to\infty}\left(\dfrac{1}{2n} + 1\right)^2$;

(4) $\lim\limits_{n\to\infty}\dfrac{6n-5}{2n^2 + n + 4}$.

B 能力提升

求下列极限.

(1) $\lim\limits_{n\to\infty}\dfrac{(-5)^n + 3^{n+2}}{(-5)^{n+1} + 3^n}$;

(2) $\lim\limits_{n\to\infty}\dfrac{4}{\sqrt{n^2+3n} - \sqrt{n^2+1}}$;

(3) $\lim\limits_{n\to\infty}\left(\dfrac{n^2-3}{n+2} - n\right)$;

(4) $\lim\limits_{n\to\infty}\dfrac{1-2+3-4+\cdots+(2n-1)-2n}{n-1}$.

C 学以致用

任何人在一生中都免不了生病、打针、吃药，当病人看医生拿药时，药瓶（袋）上总会出现这样的字样：每6小时服用一粒或一日三次、一次一粒……，病人为何要按时服药？为何不同的病的服药方式不同？

众所周知，疾病是细菌侵入人体引起的，吃药的目的是消灭细菌，从而使病人康复．病人能否康复，取决于是否能够杀灭细菌．杀灭细菌是通过吃药或打针让药物成分进入血液，通过血液循环传遍全身（血液中的药物浓度达到一定值）来完成的．随着时间的流逝，血液中的药物浓度会逐渐降低，当血液中的药物浓度降低到一定程度时就不足以杀灭细菌，这时就需要吃药或打针使药物浓度增加从而达到杀灭细菌的目的，这个过程反复几次，直到病人完全康复为止．

那么，在医学上怎样确定一种药物被人体吸收后达到足以杀灭或抑制细菌的浓度的时间？怎样确定药物的剂量？请讨论如何用极限理论解决这一问题．

第四节 函数的极限

引例 1-3 假设某种疾病流行 t 天后，传染的人数 $N(t)$ 为 $N(t) = \dfrac{10^6}{1+5\times10^3 e^{-0.1t}}$，求：①$t$ 为多少天时，会有 50 万人传染这种疾病？②若从长远考虑，估计将有多少人传染这种疾病？

我们知道，数列 $\{a_n\}$ 可以看作自变量为 n 的函数 $f(n)$，因此，数列是函数的一种特殊形式．上一节中介绍了数列的极限，下面讨论一般函数的极限．

一、当 $x \to x_0$ 时 $f(x)$ 的极限

定义 1-2 设函数 $y = f(x)$ 在 x_0 的某空心邻域内有定义，如果当 x 无限趋近 x_0 时，函数 $f(x)$ 无限趋近常数 A，那么 A 就叫作**函数 $f(x)$ 当 $x \to x_0$ 时的极限**，记作 $\lim\limits_{x \to x_0} f(x) = A$，或当 $x \to x_0$ 时 $f(x) \to A$．

> **注意：**
> 在上面的定义中，$y = f(x)$ 不需要在 x_0 处有定义，x 只是无限趋近 x_0，不一定要达到 x_0．

例 1-13 根据图 1-18 求 $\lim\limits_{x \to 2}(2x+1)$ 的值．

解 如图 1-18 所示，当 x 从 2 的左侧无限趋近 2 时，即 x 取

$$1.9,\ 1.99,\ 1.999,\ \cdots \to 2$$

时，对应的函数 $f(x)$ 的值从

$$4.8,\ 4.98,\ 4.998,\ \cdots \to 5;$$

当 x 从 2 的右侧无限趋近 2 时，即 x 取

$$2.1,\ 2.01,\ 2.001,\ \cdots \to 2$$

时，对应的函数 $f(x)$ 的值从

$$5.2, 5.02, 5.002, \cdots \to 5.$$

由此可见，当 $x \to 2$ 时，$f(x) = 2x + 1$ 的值无限趋近 5，即 $\lim\limits_{x \to 2}(2x+1) = 5$.

例 1-14 考察极限 $\lim\limits_{x \to x_0} C$（$C$ 为常数）.

解 把 C 看作常数函数 $f(x) = C$，则当 $x \to x_0$ 时，$f(x)$ 的值恒等于 C，因此有 $\lim\limits_{x \to x_0} C = C$，即常数的极限是它本身.

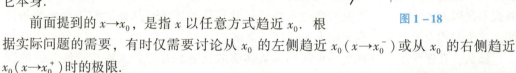

图 1-18

前面提到的 $x \to x_0$，是指 x 以任意方式趋近 x_0. 根据实际问题的需要，有时仅需要讨论从 x_0 的左侧趋近 x_0（$x \to x_0^-$）或从 x_0 的右侧趋近 x_0（$x \to x_0^+$）时的极限.

下面给出单侧极限的定义.

定义 1-3 如果当 $x \to x_0^-$ 时，函数 $f(x)$ 的值无限趋近一个确定的常数 A，那么 A 就称为函数 $f(x)$ 在 x_0 处的**左极限**，记作

$$\lim\limits_{x \to x_0^-} f(x) = A, \quad f(x_0^-) = A \text{ 或 } f(x_0) \to A(x \to x_0^-).$$

如果当 $x \to x_0^+$ 时，函数 $f(x)$ 的值无限趋近一个确定的常数 A，那么 A 就称为函数 $f(x)$ 在 x_0 处的**右极限**，记作

$$\lim\limits_{x \to x_0^+} f(x) = A, \quad f(x_0^+) = A \text{ 或 } f(x_0) \to A(x \to x_0^+).$$

单侧极限

> **注意：**
> 在考虑单侧极限时，应注意 x 的范围，如当 $x \to x_0^+$ 时，$x \geq x_0$；当 $x \to x_0^-$ 时，$x \leq x_0$.

根据 $x \to x_0$ 时函数 $f(x)$ 极限的定义和左、右极限的定义，容易得到下面的结论：

$$\lim\limits_{x \to x_0} f(x) = A \Leftrightarrow \lim\limits_{x \to x_0^+} f(x) = A, \text{ 且 } \lim\limits_{x \to x_0^-} f(x) = A.$$

例 1-15 设函数 $f(x) = \dfrac{|x|}{x}$，试求 $\lim\limits_{x \to 0} f(x)$，$\lim\limits_{x \to 0^+} f(x)$ 和 $\lim\limits_{x \to 0^-} f(x)$.

解 易知 $f(x) = \dfrac{|x|}{x} = \begin{cases} 1, & x > 0 \\ -1, & x < 0 \end{cases}$，如图 1-19 所示，可见，$f(x)$ 当 $x \to 0$ 时，右极限为 $\lim\limits_{x \to 0^+} f(x) = \lim\limits_{x \to 0^+} 1 = 1$，左极限为 $\lim\limits_{x \to 0^-} f(x) = \lim\limits_{x \to 0^-} (-1) = -1$.

因为当 $x \to 0$ 时，$f(x)$ 的左、右极限存在但不相等，所以 $\lim\limits_{x \to 0} f(x)$ 不存在.

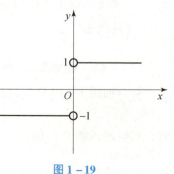

图 1-19

二、当 $x \to \infty$ 时 $f(x)$ 的极限

定义 1-4 如果当 $x \to \infty$ 时，函数 $f(x)$ 无限趋近常数 A，那么 A 就叫作**函数 $f(x)$ 当 $x \to \infty$ 时的极限**，记作

$$\lim_{x \to \infty} f(x) = A, \text{ 或当 } x \to \infty \text{ 时 } f(x) \to A.$$

> **注意：**
> $x \to \infty$ 表示 $x \to +\infty$、$x \to -\infty$ 两种情况．但有的时候 x 的变化趋势只能取这两种变化中的一种情况．

下面给出当 $x \to +\infty$ 或 $x \to -\infty$ 时函数 $f(x)$ 极限的定义．

定义 1-5 如果当 $x \to +\infty$（或 $x \to -\infty$）时，$f(x)$ 的值无限趋近一个确定的常数 A，那么 A 就叫作**函数 $f(x)$ 当 $x \to +\infty$（或 $x \to -\infty$）时的极限**，记作

$\lim\limits_{x \to +\infty} f(x) = A$，或当 $x \to +\infty$ 时 $f(x) \to A$ ($\lim\limits_{x \to -\infty} f(x) = A$，或当 $x \to -\infty$ 时 $f(x) \to A$)．

例 1-16 如图 1-20 所示，利用图像考察当 $x \to \infty$ 时，函数 $f(x) = \dfrac{2}{x}$ 的变化趋势．

解 从图 1-20 看出，当 x 的绝对值无限增大时，函数 $f(x)$ 的值无限趋近常数零，所以 $\lim\limits_{x \to \infty} \dfrac{2}{x} = 0$．显然，$\lim\limits_{x \to +\infty} \dfrac{2}{x} = 0$，$\lim\limits_{x \to -\infty} \dfrac{2}{x} = 0$．

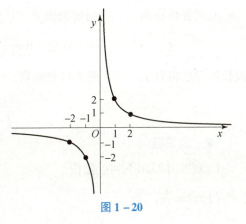

图 1-20

三、函数极限的运算法则

与数列极限类似，对于比较复杂的函数极限，也需要用极限的运算法则进行计算．下面给出函数极限的运算法则．

法则 1-2 设 $\lim\limits_{x \to x_0} f(x) = A$，$\lim\limits_{x \to x_0} g(x) = B$，则有：

(1) $\lim\limits_{x \to x_0} [f(x) \pm g(x)] = \lim\limits_{x \to x_0} f(x) \pm \lim\limits_{x \to x_0} g(x) = A \pm B$；

(2) $\lim\limits_{x \to x_0} [f(x) \cdot g(x)] = \lim\limits_{x \to x_0} f(x) \cdot \lim\limits_{x \to x_0} g(x) = A \cdot B$；

(3) $\lim\limits_{x \to x_0} [Cf(x)] = C \cdot \lim\limits_{x \to x_0} f(x) = C \cdot A$ （C 为常数）；

(4) $\lim\limits_{x \to x_0} \dfrac{f(x)}{g(x)} = \dfrac{\lim\limits_{x \to x_0} f(x)}{\lim\limits_{x \to x_0} g(x)} = \dfrac{A}{B} (B \neq 0)$．

其中，法则（1）和（2）可以推广到有限个有极限的函数的情形．

例 1-17 求 $\lim\limits_{x \to 3} \dfrac{x-3}{x^2-9}$．

解 当 $x \to 3$ 时，分母的极限为 0，不能用法则（4），由于 $x \to 3$ 而 $x \neq 3$，即 $x - 3 \neq 0$，因此分式中可约去不为 0 的公因子，得

$$\lim_{x\to 3}\frac{x-3}{x^2-9}=\lim_{x\to 3}\frac{x-3}{(x+3)(x-3)}=\lim_{x\to 3}\frac{1}{(x+3)}=\frac{\lim_{x\to 3}1}{\lim_{x\to 3}(x+3)}=\frac{1}{6}.$$

例 1-18 求 $\lim\limits_{x\to\infty}\dfrac{3x^3-4x^2+2}{x^3+2x+1}$.

解 当 $x\to\infty$ 时，分子、分母均为无穷大. 此时，不能直接用极限的运算法则. 若将分子、分母同时除以 x^3，则可利用极限的运算法则，于是

$$\lim_{x\to\infty}\frac{3x^3-4x^2+2}{x^3+2x+1}=\lim_{x\to\infty}\frac{3-\dfrac{4}{x}+\dfrac{2}{x^3}}{1+\dfrac{2}{x^2}+\dfrac{1}{x^3}}=\frac{\lim\limits_{x\to\infty}3-\lim\limits_{x\to\infty}\dfrac{4}{x}+\lim\limits_{x\to\infty}\dfrac{2}{x^3}}{\lim\limits_{x\to\infty}1+\lim\limits_{x\to\infty}\dfrac{2}{x^2}+\lim\limits_{x\to\infty}\dfrac{1}{x^3}}=3.$$

例 1-19 求 $\lim\limits_{x\to 2}\left(\dfrac{1}{x-2}-\dfrac{1}{x^3-8}\right)$.

解 $\lim\limits_{x\to 2}\left(\dfrac{1}{x-2}-\dfrac{1}{x^3-8}\right)=\lim\limits_{x\to 2}\dfrac{x^2+2x+4-1}{x^3-8}=\lim\limits_{x\to 2}\dfrac{x^2+2x+3}{x^3-8}=\infty$.

引例 1-3 解析 $\dfrac{10^6}{1+5\times 10^3 e^{-0.1t}}=500\,000$，解得 $t=85.171\,9$，则 $t=85$（天）时，会有 50 万人感染这种疾病.

通过分析在当 $t\to+\infty$ 时的极限来估计传染病的发展趋势.

$$\lim_{t\to+\infty}N(t)=\lim_{t\to+\infty}\frac{10^6}{1+5\times 10^3 e^{-0.1t}}=10^6,$$

故长远考虑将有 100 万人感染这种疾病.

习题 1-4

A 知识巩固

1. 观察并写出下列极限值.

(1) $\lim\limits_{x\to\infty}\dfrac{1}{x^2}$；

(2) $\lim\limits_{x\to\frac{\pi}{4}}\tan x$；

(3) $\lim\limits_{x\to\infty}\dfrac{2}{x}$；

(4) $\lim\limits_{x\to\frac{\pi}{2}}\sin x$.

2. 求下列极限.

(1) $\lim\limits_{x\to\infty}\left(\dfrac{1}{3}\right)^x$；

(2) $\lim\limits_{x\to 2}(x^2+3x-2)$；

(3) $\lim\limits_{x\to 2}\dfrac{x^3-1}{x^2-3x+5}$；

(4) $\lim\limits_{x\to\frac{\pi}{4}}(\sin x+\cos x)$；

(5) $\lim\limits_{x\to\infty}\dfrac{x^2-1}{2x^2-x-1}$；

(6) $\lim\limits_{x\to\infty}\dfrac{2x^3+3x^2+5}{7x^3+4x^2-1}$；

(7) $\lim\limits_{x\to\infty}\dfrac{x+5}{2x^2+9}$；

(8) $\lim\limits_{x\to\infty}\left(\dfrac{1}{x-1}-\dfrac{1}{x}\right)$.

B 能力提升

1. 说明下列极限不存在的原因.

(1) $\lim\limits_{x\to\infty}\sin x$;

(2) $\lim\limits_{x\to 1}\dfrac{|x-1|}{x-1}$;

(3) $\lim\limits_{x\to\infty}\dfrac{x^2}{x+1}$;

(4) $\lim\limits_{x\to\infty}3^x$.

2. 证明函数 $f(x)=\begin{cases} x^2+1, & x<1 \\ 1, & x=1 \\ -1, & x>1 \end{cases}$ 在 $x\to 1$ 时极限不存在.

3. 求下列极限.

(1) $\lim\limits_{x\to\infty}\dfrac{x^2-1}{x^2+2}$;

(2) $\lim\limits_{x\to 0^+}\dfrac{e^{\frac{1}{x}}-e^{-\frac{1}{x}}}{e^{\frac{1}{x}}+e^{-\frac{1}{x}}}$;

(3) $\lim\limits_{x\to 1}\dfrac{4x-1}{x^2+2x-5}$;

(4) $\lim\limits_{x\to 1}\dfrac{3}{x^3-1}-\dfrac{1}{x-1}$.

C 学以致用

某公司在过去 5 年的销售收入见表 1-1,按该公司销售收入的变化趋势,试分析公司业务量的发展趋势.

表 1-1

年	2016	2017	2018	2019	2020
业务量/百万元	2	1.5	1.33	1.25	1.2

请根据表 1-1 中的数据列出时间和业务量的函数关系,并预测该公司随着时间无限延长销售收入的变化趋势.

第五节 两个重要极限

引例 1-4 假设有本金 A_0 元,银行年利率为 r,那么在第 t 年年末得到的本息和 A 为多少?

分析 若每年结息一次,第一年年末的本息和为 $A=A_0(1+r)$,第二年年末的本息和为 $A=A_0(1+r)^2$,…,第 t 年年末的本息和为 $A=A_0(1+r)^t$. 若每年结算 m 次,那么第 t 年年末的本息和为 $A=A_0\left(1+\dfrac{r}{m}\right)^{mt}$,该公式称为离散复利公式. 若 $m\to\infty$,那么第 t 年年末的本息和为 $A=\lim\limits_{m\to\infty}A_0\left(1+\dfrac{r}{m}\right)^{mt}$,该问题属于连续复利问题. 这种"$(1+0)^\infty$"型的极限怎么求?

这一节将讨论两个重要极限: $\lim\limits_{x\to 0}\dfrac{\sin x}{x}=1$,$\lim\limits_{x\to\infty}\left(1+\dfrac{1}{x}\right)^x=e$.

一、$\lim\limits_{x \to 0} \dfrac{\sin x}{x} = 1$

考察当 $x \to 0$ 时，函数 $\dfrac{\sin x}{x}$ 的变化趋势，列表如下（表 1-2）.

表 1-2

x	$\pm\dfrac{\pi}{4}$	$\pm\dfrac{\pi}{8}$	$\pm\dfrac{\pi}{16}$	$\pm\dfrac{\pi}{32}$	$\pm\dfrac{\pi}{64}$
$\dfrac{\sin x}{x}$	0.900 316 3	0.974 495 4	0.993 586 9	0.998 394 4	0.999 598 5
x	$\pm\dfrac{\pi}{128}$	$\pm\dfrac{\pi}{256}$	$\pm\dfrac{\pi}{512}$	$\pm\dfrac{\pi}{1\,024}$	$\pm\dfrac{\pi}{2\,048}\cdots\to 0$
$\dfrac{\sin x}{x}$	0.999 899 6	0.999 974 9	0.999 993 7	0.999 998 4	0.9 999 996 $\cdots\to 1$

从表 1-2 可以看出，当 $x \to 0$ 时，$\dfrac{\sin x}{x} \to 1$，即 $\lim\limits_{x \to 0} \dfrac{\sin x}{x} = 1$.

例 1-20 求 $\lim\limits_{x \to 0} \dfrac{\sin 2x}{x}$.

解 $\lim\limits_{x \to 0} \dfrac{\sin 2x}{x} = \lim\limits_{x \to 0} \left(\dfrac{\sin 2x}{2x} \cdot 2 \right) = 2 \lim\limits_{x \to 0} \dfrac{\sin 2x}{2x} = 2$.

例 1-21 求 $\lim\limits_{x \to 0} \dfrac{\tan x}{x}$.

解 $\lim\limits_{x \to 0} \dfrac{\tan x}{x} = \lim\limits_{x \to 0} \left(\dfrac{\sin x}{\cos x} \cdot \dfrac{1}{x} \right) = \lim\limits_{x \to 0} \left(\dfrac{\sin x}{x} \cdot \dfrac{1}{\cos x} \right) = \lim\limits_{x \to 0} \dfrac{\sin x}{x} \cdot \lim\limits_{x \to 0} \dfrac{1}{\cos x} = 1$.

例 1-22 求 $\lim\limits_{x \to 0} \dfrac{\sin 2x}{\sin 3x}$.

解 $\lim\limits_{x \to 0} \dfrac{\sin 2x}{\sin 3x} = \lim\limits_{x \to 0} \dfrac{\sin 2x}{2x} \cdot \dfrac{3x}{\sin 3x} \cdot \dfrac{2}{3} = 1 \cdot 1 \cdot \dfrac{2}{3} = \dfrac{2}{3}$.

> **注意：** 由表 1-2 可以得出 $\lim\limits_{x \to 0} \dfrac{x}{\sin x} = 1$.

推广：$\lim\limits_{\alpha \to 0} \dfrac{\sin \alpha}{\alpha} = 1$ 或 $\lim\limits_{\alpha \to 0} \dfrac{\alpha}{\sin \alpha} = 1$，其中 α 可以是满足 $\alpha \to 0$ 的任何函数.

二、$\lim\limits_{x \to \infty} \left(1 + \dfrac{1}{x}\right)^x = e$

考察当 $x \to \infty$ 时，函数 $\left(1 + \dfrac{1}{x}\right)^x$ 的变化趋势，列表如下（表 1-3）.

重要极限

表 1-3

x	10	10^2	10^3	10^4	10^5	10^6	$\cdots$
$\left(1+\dfrac{1}{x}\right)^x$	2.593 74	2.704 81	2.716 92	2.718 15	2.718 27	2.718 28	$\cdots$

续表

x	-10	-10^2	-10^3	-10^4	-10^5	-10^6	$\cdots$
$\left(1+\dfrac{1}{x}\right)^x$	2.867 97	2.732 00	2.719 64	2.718 41	2.718 30	2.718 28	$\cdots$

从表 1-3 可以看出，当 $x \to +\infty$ 和 $x \to -\infty$ 时，函数 $\left(1+\dfrac{1}{x}\right)^x$ 无限趋近一个确定的常数，这个常数就是无理数 $\mathrm{e} = 2.718\,281\,828\,45\cdots$，即

$$\lim_{x \to \infty}\left(1+\dfrac{1}{x}\right)^x = \mathrm{e}.$$

注意：

上式中，令 $u = \dfrac{1}{x}$，则当 $x \to \infty$ 时，$u \to 0$，于是可以得到另一种形式：

$$\lim_{u \to 0}(1+u)^{\frac{1}{u}} = \lim_{x \to \infty}\left(1+\dfrac{1}{x}\right)^x = \mathrm{e}, \text{ 即 } \lim_{x \to 0}(1+x)^{\frac{1}{x}} = \mathrm{e}.$$

例 1-23 求 $\lim\limits_{x \to \infty}\left(1+\dfrac{2}{x}\right)^x$.

解 因为 $1+\dfrac{2}{x} = 1+\dfrac{1}{\dfrac{x}{2}}$，令 $\dfrac{x}{2} = t$，由于当 $x \to \infty$ 时，$t \to \infty$，从而

$$\lim_{x \to \infty}\left(1+\dfrac{2}{x}\right)^x = \lim_{t \to \infty}\left(1+\dfrac{1}{t}\right)^{2t} = \lim_{t \to \infty}\left[\left(1+\dfrac{1}{t}\right)^t\right]^2 = \mathrm{e}^2.$$

例 1-24 求 $\lim\limits_{x \to \infty}\left(\dfrac{1+x}{x}\right)^{2x}$.

解 因为 $\left(\dfrac{1+x}{x}\right)^{2x} = \left(1+\dfrac{1}{x}\right)^{2x}$，所以

$$\lim_{x \to \infty}\left(\dfrac{1+x}{x}\right)^{2x} = \lim_{x \to \infty}\left(1+\dfrac{1}{x}\right)^{2x} = \lim_{x \to \infty}\left[\left(1+\dfrac{1}{x}\right)^x\right]^2 = \mathrm{e}^2.$$

例 1-25 一投资者用 20 000 元投资 5 年，设年利率为 6%，试分别按单利、复利、每年按 4 次复利和连续复利付息方式计算，到第 5 年年末，该投资者应得本利和 A 各为多少？

解 (1) 按单利计算：$A = A_0 \times (1+0.06 \times 5) = 20\,000 \times 1.3 = 26\,000$（元）.

(2) 按复利计算：$A = A_0(1+0.06)^5 = 20\,000 \times 1.338\,23 = 26\,764.6$（元）.

(3) 按每年复利 4 次计算：$A = A_0\left(1+\dfrac{0.06}{4}\right)^{4 \times 5} = 20\,000 \times 1.015^{20} = 26\,937.20$（元）.

(4) 按连续复利计算：$A = A_0 \mathrm{e}^{0.06 \times 5} = 20\,000 \times \mathrm{e}^{0.3} = 26\,997.20$（元）.

引例 1-4 解析 用第二个重要极限求解.

$$A = \lim_{m \to \infty} A_0 \left(1+\dfrac{r}{m}\right)^{mt} = \lim_{m \to \infty} A_0 \left(1+\dfrac{r}{m}\right)^{\frac{m}{r} \cdot r \cdot t} = A_0 \lim_{m \to \infty}\left(1+\dfrac{r}{m}\right)^{\frac{m}{r} \cdot r \cdot t} = A_0 \mathrm{e}^{rt},$$

若每年结算 m 次，那么第 t 年年末的本息和为 $A_0 e^n$.

习题 1-5

A 知识巩固

1. 计算下列极限.

(1) $\lim\limits_{x \to 0} \dfrac{\sin 2x}{x}$;

(2) $\lim\limits_{x \to 0} \dfrac{x}{\tan 5x}$;

(3) $\lim\limits_{x \to 0} \dfrac{\arcsin x}{x}$;

(4) $\lim\limits_{x \to 0} \dfrac{\sin \omega x}{x}$;

(5) $\lim\limits_{x \to 0} \dfrac{x - \sin x}{x + \sin x}$;

(6) $\lim\limits_{x \to \infty} x^2 \sin \dfrac{1}{x^2}$.

2. 计算下列极限.

(1) $\lim\limits_{x \to \infty} \left(1 + \dfrac{1}{x}\right)^{2x}$;

(2) $\lim\limits_{x \to \infty} \left(1 + \dfrac{2}{x}\right)^{-x}$;

(3) $\lim\limits_{x \to \infty} \left(1 + \dfrac{2}{x}\right)^{3x}$;

(4) $\lim\limits_{x \to 0} (1 + 2x)^{\frac{2}{x}}$;

(5) $\lim\limits_{x \to \infty} \left(\dfrac{3 + x}{2 + x}\right)^{2x}$;

(6) $\lim\limits_{x \to \infty} \left(1 - \dfrac{1}{x}\right)^x$.

B 能力提升

1. 若 $\lim\limits_{x \to \infty} \left(1 + \dfrac{k}{x}\right)^{-3x} = e^{-1}$，计算 k 的值.

2. 计算 $\lim\limits_{x \to \infty} \left(\dfrac{x + 2}{x - 2}\right)^{x+2}$.

C 学以致用

设某人以本金 A_0 元进行一项投资，投资的年利率为 r. 如果以年为单位计算复利（即每年计息一次，并把利息加入下年的本金，重复计息），则 t 年后，资金总额为多少？若以月为单位计算复利（即每月计息一次，并把利息加入下月的本金，重复计息），则 t 年后，资金总额为多少？依此类推，若以天为单位计算复利，则 t 年后，资金总额为多少？一般地，若以 $\dfrac{1}{n}$ 年为单位计算复利，当 $n \to \infty$ 时，则 t 年后，资金总额为多少？

第六节　无穷小与无穷大

引例 1-5　当 $x \to 0$ 时，x^2，$3x$ 都是无限逼近 0 的，但是谁逼近 0 的速度更快呢？

分析　当 $x \to 0$ 时，上述函数都逼近 0，但逼近 0 的速度有快有慢，需要用无穷小的比较来解决这一问题.

在自变量的一定变化趋势下（$x \to x_0$，$x \to \infty$），可以发现有两种特殊的函数：一种是函数的绝对值"无限变小"；一种是函数的绝对值"无限变大". 下面对这两种情况加以研究.

一、无穷小

定义 1-6 如果当 $x \to x_0$（或 $x \to \infty$）时，函数 $f(x)$ 的极限为零，那么称函数 $f(x)$ 当 $x \to x_0$（或 $x \to \infty$）时为**无穷小**，记作

$$\lim_{\substack{x \to x_0 \\ (x \to \infty)}} f(x) = 0 \text{ 或当 } x \to x_0 \text{（或 } x \to \infty\text{）时，} f(x) \to 0.$$

无穷小

例如，当 $x \to 2$ 时，$\lim\limits_{x \to 2}(x-2) = 0$，所以 $x-2$ 是当 $x \to 2$ 时的无穷小。

又如，$\lim\limits_{x \to \infty} \dfrac{1}{x} = 0$，所以 $\dfrac{1}{x}$ 是当 $x \to \infty$ 时的无穷小。

> **注：**
>
> （1）说函数是无穷小，必须指明自变量的变化趋势。例如 $x-2$ 只有当 $x \to 2$ 时是无穷小，当 $x \to 1$ 时就不是无穷小。
>
> （2）无穷小和绝对值很小的数是截然不同的，无穷小是一种极限为零的变量。例如，10^{-10}，10^{-100} 虽然都是很小的数，但当 $x \to x_0$（或 $x \to \infty$）时极限并不是零。在常数中，只有零可以看成无穷小。

对于无穷小，有下列运算性质。

性质 1-1 有限个无穷小的代数和为无穷小。

性质 1-2 有界函数与无穷小的乘积为无穷小。

性质 1-3 有限个无穷小的乘积为无穷小。

例 1-26 求 $\lim\limits_{x \to \infty}\left(\dfrac{1}{x^2} + \dfrac{2}{x}\right)$。

解 因为 $\lim\limits_{x \to \infty}\dfrac{1}{x^2} = 0$，$\lim\limits_{x \to \infty}\dfrac{2}{x} = 0$，由性质 1-1 可知，$\lim\limits_{x \to \infty}\left(\dfrac{1}{x^2} + \dfrac{2}{x}\right) = 0$。

例 1-27 求 $\lim\limits_{x \to \infty}\dfrac{\sin 2x}{x}$。

解 因为 $\lim\limits_{x \to \infty}\dfrac{1}{x} = 0$，$|\sin 2x| \le 1$，由性质 1-2 可知，$\lim\limits_{x \to \infty}\dfrac{\sin 2x}{x} = 0$。

二、无穷大

定义 1-7 如果当 $x \to x_0$（或 $x \to \infty$）时，函数 $f(x)$ 的绝对值无限增大，那么称函数 $f(x)$ 当 $x \to x_0$（或 $x \to \infty$）时为**无穷大**，记作

$$\lim_{\substack{x \to x_0 \\ (x \to \infty)}} f(x) = \infty \text{ 或当 } x \to x_0 \text{（或 } x \to \infty\text{）时，} f(x) \to \infty.$$

例如，当 $x \to 1$ 时，$\left|\dfrac{1}{x-1}\right|$ 无限增大，故 $\dfrac{1}{x-1}$ 是当 $x \to 1$ 时的无穷大。

如果当 $x \to x_0$（或 $x \to \infty$）时，函数 $f(x)$ 取正值而绝对值无限增大（取负值而绝对值无限增大），则称函数 $f(x)$ 为**正（负）无穷大**，记作 $\lim\limits_{\substack{x \to x_0 \\ (x \to \infty)}} f(x) = +\infty$（或 $\lim\limits_{\substack{x \to x_0 \\ (x \to \infty)}} f(x) = -\infty$）。

> 注:
>
> (1) 说函数是无穷大,必须指明自变量的变化趋势. 例如,函数 $\frac{1}{x}$,$\lim\limits_{x \to 0}\frac{1}{x} = \infty$,所以当 $x \to 0$ 时,$\frac{1}{x}$ 是无穷大;$\lim\limits_{x \to \infty}\frac{1}{x} = 0$,所以当 $x \to \infty$ 时 $\frac{1}{x}$ 是无穷小.
>
> (2) 无穷大是指绝对值可以无限增大的变量,绝不能与绝对值很大的常数混为一谈.
>
> (3) 当 $x \to x_0$(或 $x \to \infty$)时,$f(x) \to \infty$,按通常意义说,极限是不存在的,但为了便于叙述,也说"函数的极限为无穷大".

三、无穷小与无穷大的关系

在自变量的同一变化过程中:

(1) 若 $f(x)$ 为无穷大,则 $\frac{1}{f(x)}$ 为无穷小;

(2) 若 $f(x)$ 为无穷小,且 $f(x) \neq 0$,则 $\frac{1}{f(x)}$ 为无穷大.

例如,当 $x \to 0$ 时,$f(x) = 2x$ 是无穷小,则 $\frac{1}{f(x)} = \frac{1}{2x}$ 是无穷大.

又如,当 $x \to +\infty$ 时,$f(x) = e^x$ 是正无穷大,则 $\frac{1}{f(x)} = \frac{1}{e^x}$ 是无穷小.

四、无穷小的比较

通过前面的知识可以知道,两个无穷小的和、差、积还是无穷小,那么两个无穷小的商是否仍是无穷小呢? 例如,当 $x \to 0$ 时,$2x$,$3x$,x^2 都是无穷小,而 $\lim\limits_{x \to 0}\frac{3x}{2x} = \frac{3}{2}$,$\lim\limits_{x \to 0}\frac{x^2}{3x} = 0$,$\lim\limits_{x \to 0}\frac{3x}{x^2} = \infty$.

两个无穷小之比的极限的各种不同情况,反映了不同的无穷小趋近零的快慢.

设 α 与 β 是同一变化过程中的两个无穷小,即 $\lim \alpha = 0$,$\lim \beta = 0$,则有:

(1) 如果 $\lim \frac{\alpha}{\beta} = 0$,那么称 α 是比 β **高阶的无穷小**;

(2) 如果 $\lim \frac{\alpha}{\beta} = \infty$,那么称 α 是比 β **低阶的无穷小**;

(3) 如果 $\lim \frac{\alpha}{\beta} = c \neq 0$,那么称 α 与 β 是**同阶无穷小**.

特别地,当 $c = 1$,即当 $\lim \frac{\alpha}{\beta} = 1$ 时,则称 α 与 β 是**等价无穷小**,记作 $\alpha \sim \beta$.

由定义可知,当 $x \to 0$ 时,x^2 是比 $3x$ 高阶的无穷小,而 $3x$ 是比 x^2 低阶的无穷小,$3x$ 与 $2x$ 是同阶无穷小.

注意：

并不是任意两个无穷小都能比较.

例 1-28 当 $x \to 1$ 时，比较 $1-x$ 与 $1-x^2$ 的阶数的高低.

解 因为 $\lim\limits_{x \to 1} \dfrac{1-x}{1-x^2} = \lim\limits_{x \to 1} \dfrac{1-x}{(1-x)(1+x)} = \lim\limits_{x \to 1} \dfrac{1}{1+x} = \dfrac{1}{2}$，所以当 $x \to 1$ 时，$1-x$ 与 $1-x^2$ 是同阶非等价无穷小.

定理 1-1（等价无穷小的替换原理） 在自变量的同一变化过程中，α，α'，β，β' 都是无穷小，且 $\alpha \sim \alpha'$，$\beta \sim \beta'$，如果 $\lim \dfrac{\alpha'}{\beta'}$ 存在，那么有 $\lim \dfrac{\alpha}{\beta} = \lim \dfrac{\alpha'}{\beta'}$.

证明 $\lim \dfrac{\alpha}{\beta} = \lim \left(\dfrac{\alpha}{\alpha'} \cdot \dfrac{\alpha'}{\beta'} \cdot \dfrac{\beta'}{\beta} \right) = \lim \dfrac{\alpha}{\alpha'} \cdot \lim \dfrac{\alpha'}{\beta'} \cdot \lim \dfrac{\beta'}{\beta} = \lim \dfrac{\alpha'}{\beta'}$.

例 1-29 求 $\lim\limits_{x \to 0} \dfrac{\sin 3x}{\tan 7x}$.

解 当 $x \to 0$ 时，$\sin 3x \sim 3x$，$\tan 7x \sim 7x$，所以 $\lim\limits_{x \to 0} \dfrac{\sin 3x}{\tan 7x} = \lim\limits_{x \to 0} \dfrac{3x}{7x} = \dfrac{3}{7}$.

例 1-30 求 $\lim\limits_{x \to 0} \dfrac{e^x - 1}{x}$.

解 令 $e^x - 1 = t$，当 $x \to 0$ 时，$t \to 0$，且 $x = \ln(1+t)$，可得

$$\lim\limits_{x \to 0} \dfrac{e^x - 1}{x} = \lim\limits_{t \to 0} \dfrac{t}{\ln(1+t)} = 1,$$

即当 $x \to 0$ 时，$e^x - 1 \sim x$.

注意：

常见的等价无穷小有（当 $x \to 0$ 时）：

$x \sim \sin x \sim \tan x \sim \arcsin x \sim \arctan x \sim \ln(1+x) \sim e^x - 1$；$1 - \cos x \sim \dfrac{1}{2}x^2$；

$(1+x)^\alpha - 1 \sim \alpha x$.

引例 1-5 解析 因为 $\lim\limits_{x \to 0} \dfrac{x^2}{3x} = 0$，即当 $x \to 0$ 时，x^2 是 $3x$ 的高阶无穷小，所以 x^2 比 $3x$ 趋近 0 的速度更快.

习题 1-6

A 知识巩固

1. 下列哪些函数是无穷小？哪些函数是无穷大？

(1) $f(x) = \dfrac{x-2}{x}$，$x \to 0$；

(2) $f(x) = \ln x$，$x \to 0^+$；

(3) $f(x) = 1 - 10^{\frac{1}{x}}$，$x \to \infty$；

(4) $f(x) = x - 2$，$x \to \infty$；

(5) $\sin x\ (x\to 0)$; (6) $\tan x\left(x\to \dfrac{\pi}{2}\right)$.

2. 下列函数在自变量如何变化时是无穷小或无穷大?

(1) $y=\dfrac{1}{x^3}$; (2) $y=\dfrac{1}{x+1}$;

(3) $y=\dfrac{2}{x}$; (4) $y=x-1$.

3. 利用无穷小的性质求下列极限.

(1) $\lim\limits_{x\to 0}x\sin x$; (2) $\lim\limits_{x\to 0}(\sin x+\tan x)$;

(3) $\lim\limits_{x\to 0}3x^3$; (4) $\lim\limits_{x\to \frac{\pi}{2}}2x\cos x$.

B 能力提升

1. 已知当 $x\to 0$ 时,$f(x)$ 是无穷大,下列变量中当 $x\to 0$ 时一定是无穷小的是( ).

A. $xf(x)$ B. $\dfrac{1}{f(x)}$ C. $f(x)-\dfrac{1}{x}$ D. $x+f(x)$

2. 当 $x\to +\infty$ 时,$x\sin x$ 是( ).

A. 无穷大   B. 无穷小   C. 无界变量   D. 有界变量

C 学以致用

思考两个无穷小的商是否一定是无穷小. 试举例说明可能出现的结果.

第七节 函数的连续性

引例 1-6 货车从烟台到北京,前 200 km 跑国道,所需费用为 $f(x)=1.2x+80$,剩下的路程跑高速公路,所需费用为 $f(x)=1.6x+200$,即 $f(x)=\begin{cases}1.2x+80,\ 0\leqslant x\leqslant 200\\ 1.6x+200,\ x>200\end{cases}$,问此函数在 $x=200$ 时是否连续.

有许多自然现象,如气温的变化、河水的流动、植物的生长等,都是随着时间在连续不断地变化的,这些现象反映在数学上就是函数的连续性. 下面研究函数的连续性.

一、函数的增量

定义 1-8 如果变量 u 从初值 u_0 变到终值 u_1,那么终值与初值的差 u_1-u_0 叫作变量 u 的**增量**(或改变量),记为 Δu,即 $\Delta u=u_1-u_0$.

设函数 $y=f(x)$,当自变量由初值 x_0 变到终值 x_1 时,把差值 x_1-x_0 叫作**自变量的增量**(或改变量),记作 Δx,即

$$\Delta x=x_1-x_0,$$

因此 $x_1=x_0+\Delta x$. 相应地,函数值由 $f(x_0)$ 变化到 $f(x_0+\Delta x)$,把差值 $f(x_0+\Delta x)-f(x_0)$ 叫作**函数的增量**(或改变量),记作 Δy,即

$$\Delta y = f(x_0 + \Delta x) - f(x_0).$$

例 1-31 设 $f(x) = 2x^2 - 1$，求适合下列条件的自变量的增量 Δx 和函数增量 Δy：
(1) 当 x 由 1 变到 0.5；(2) 当 x 由 1 变到 $1 + \Delta x$．

解 (1) $\Delta x = 0.5 - 1 = -0.5$；
$\Delta y = f(0.5) - f(1) = -1.5$．
(2) $\Delta x = (1 + \Delta x) - 1 = \Delta x$；
$\Delta y = f(1 + \Delta x) - f(1) = 2(1 + \Delta x)^2 - 2 = 4\Delta x + 2(\Delta x)^2$．

二、函数的连续性

首先给出函数连续性的两个定义．

定义 1-9 设函数 $y = f(x)$ 在点 x_0 及其近旁有定义，如果当自变量 x 在 x_0 处的增量 Δx 趋近零时，函数 $y = f(x)$ 的相应增量 $\Delta y = f(x_0 + \Delta x) - f(x_0)$ 也趋近零，也就是说，有 $\lim\limits_{\Delta x \to 0} \Delta y = 0$ 或 $\lim\limits_{\Delta x \to 0}[f(x_0 + \Delta x) - f(x_0)] = 0$，那么称函数 $y = f(x)$ 在 x_0 处**连续**，点 x_0 称为函数 $f(x)$ 的**连续点**．

定义 1-10 如果函数 $y = f(x)$ 在点 x_0 及其近旁有定义且 $\lim\limits_{x \to x_0} f(x) = f(x_0)$，那么称函数 $y = f(x)$ 在 x_0 处连续，点 x_0 称为函数 $f(x)$ 的连续点．

所以，函数 $y = f(x)$ 在 x_0 处连续必须满足以下三个条件．
(1) 函数 $f(x)$ 在 x_0 处有定义；
(2) $\lim\limits_{x \to x_0} f(x)$ 存在；
(3) $\lim\limits_{x \to x_0} f(x) = f(x_0)$．

如果函数 $y = f(x)$ 在 x_0 处不连续，那么称函数 $f(x)$ 在 x_0 处是间断的，点 x_0 称作函数 $y = f(x)$ 的**间断点**或**不连续点**．

在实际生活中，可能只需要研究某点的左邻域或右邻域，下面给出以下定义．

定义 1-11 设函数 $y = f(x)$ 在 x_0 处及其左（右）近旁有定义，如果 $\lim\limits_{x \to x_0^-} f(x) = f(x_0)$（或 $\lim\limits_{x \to x_0^+} f(x) = f(x_0)$），那么称函数 $f(x)$ 在 x_0 处**左连续**（或**右连续**）．

如果函数 $f(x)$ 在区间 (a, b) 内每一点都连续，那么称函数 $f(x)$ 在区间 (a, b) 内连续，或称函数 $f(x)$ 为区间 (a, b) 内的**连续函数**，区间 (a, b) 称为函数 $f(x)$ 的**连续区间**．

如果函数 $f(x)$ 在区间 $[a, b]$ 上有定义，在区间 (a, b) 内连续，且在右端点 b 处左连续，在左端点 a 处右连续，即 $\lim\limits_{x \to b^-} f(x) = f(b)$，$\lim\limits_{x \to a^+} f(x) = f(a)$，那么称函数 $f(x)$ 在区间 $[a, b]$ 上连续．

在几何上，连续函数的图像是一条连续不间断的曲线．

例 1-32 讨论函数 $f(x) = \begin{cases} x^2 - 1, & x < 0 \\ x, & 0 \leq x \leq 1 \\ 2 - x, & 1 < x \leq 2 \end{cases}$ 在 $x = 0$，$x = 1$ 处的连续性．

解 因为 $f(x)$ 的定义域是 $(-\infty, 2]$，所以 $f(x)$ 在 $x = 0$ 和 $x = 1$ 处都有定义．
(1) 在 $x = 0$ 处，$\lim\limits_{x \to 0^-} f(x) = \lim\limits_{x \to 0^-}(x^2 - 1) = -1$，$\lim\limits_{x \to 0^+} f(x) = \lim\limits_{x \to 0^+} x = 0$，可见 $\lim\limits_{x \to 0^-} f(x) \neq$

$\lim\limits_{x\to 0^+}f(x)$,故$\lim\limits_{x\to 0}f(x)$不存在,所以$f(x)$在$x=0$处不连续.

(2) 在$x=1$处,$\lim\limits_{x\to 1^-}f(x)=\lim\limits_{x\to 1^-}x=1$,$\lim\limits_{x\to 1^+}f(x)=\lim\limits_{x\to 1^+}(2-x)=1$,可见$\lim\limits_{x\to 1^-}f(x)=\lim\limits_{x\to 1^+}f(x)$,故$\lim\limits_{x\to 1}f(x)$存在,且$\lim\limits_{x\to 1}f(x)=1=f(1)$,所以$f(x)$在$x=1$处连续.

引例 1-6 解析 因为 $\lim\limits_{x\to 200^-}f(x)=\lim\limits_{x\to 200^-}(1.2x+80)=320$,
$$\lim\limits_{x\to 200^+}f(x)=\lim\limits_{x\to 200^+}(1.6x+200)=520,$$
则
$$\lim\limits_{x\to 200^-}f(x)\neq\lim\limits_{x\to 200^+}f(x).$$
则$\lim\limits_{x\to 200}f(x)$不存在,所以函数$f(x)$在$x=200$处不连续.

习题 1-7

A 知识巩固

求下列函数的间断点.

(1) $f(x)=\dfrac{x}{x+1}$;   (2) $f(x)=\dfrac{e^{x^2}}{1+x}$;   (3) $f(x)=\dfrac{2}{x}$.

B 能力提升

1. 已知函数 $f(x)=\begin{cases} e^{ax}+b, & x<0 \\ 1, & x=0 \\ \dfrac{a\sin x}{x}-b, & x>0 \end{cases}$ 在 $x=0$ 处是连续的,求 a,b.

2. 证明函数 $f(x)=\begin{cases} x+1, & x\leqslant 0 \\ e^x, & x>0 \end{cases}$ 在 $x=0$ 处连续.

C 学以致用

设每 1 g 冰从 -40 ℃升至 100 ℃所吸收的热量(单位:J)满足函数 $f(x)=\begin{cases} 2.1x+84, & -40\leqslant x\leqslant 0 \\ 42x+420x, & 0<x\leqslant 100 \end{cases}$,问此函数在 $x=0$ 处是否连续(冰融化成水时吸收的热量会如何变化).

第八节 连续函数的性质

引例 1-7 某登山运动员于星期六上午 7:00 开始登山,下午 5:00 到达顶点.在山上宿营后,星期日上午 7:00 开始返回,下午 5:00 到达出发点,则该运动员在星期日的某时刻和星期六的同一时刻处于同一高度.

分析: 假设在时间段 $T=[7,17]$ 中运动员没有休息,S 为出发点至山顶的距离,则星期六和星期日从出发点到终点的距离和时间的关系可以看作两个连续函数,可以利用连续函数的性质进行证明.

根据函数在某点连续的定义和极限的四则运算法则,可以推出连续函数的性质.

一、连续函数的和、差、积、商的连续性

性质 1-4 如果函数 $f(x)$ 与 $g(x)$ 在 x_0 处连续,那么它们的和、差、积、商(分母在 x_0 处不等于零)也都在 x_0 处连续.

(1) $\lim\limits_{x \to x_0}[f(x) \pm g(x)] = f(x_0) \pm g(x_0)$;

(2) $\lim\limits_{x \to x_0}[f(x) \cdot g(x)] = f(x_0)g(x_0)$;

(3) $\lim\limits_{x \to x_0}\dfrac{f(x)}{g(x)} = \dfrac{f(x_0)}{g(x_0)} (g(x_0) \neq 0)$.

例 1-33 判断函数 $\dfrac{x+2}{x-3}$ 在 $x=6$ 处的连续性.

解 因为 $x+2$ 和 $x-3$ 在 $x=6$ 处是连续的,所以,根据上面的性质,知道函数 $\dfrac{x+2}{x-3}$ 在 $x=6$ 处是连续的.

二、复合函数的连续性

性质 1-5 如果函数 $u = \varphi(x)$ 在 x_0 处连续,且 $\varphi(x_0) = u_0$,而函数 $y = f(u)$ 在 u_0 处连续,那么复合函数 $y = f[\varphi(x)]$ 在 x_0 处也连续.

例 1-34 判断函数 $y = \sin 2x$ 在 $x = \dfrac{\pi}{3}$ 处的连续性.

解 函数 $u = 2x$ 在 $x = \dfrac{\pi}{3}$ 处连续,当 $x = \dfrac{\pi}{3}$ 时,$u = \dfrac{2}{3}\pi$;函数 $y = \sin u$ 在 $u = \dfrac{2}{3}\pi$ 处连续;所以,复合函数 $y = \sin 2x$ 在 $x = \dfrac{\pi}{3}$ 处也是连续的.

三、初等函数的连续性

基本初等函数(常数函数、幂函数、指数函数、对数函数、三角函数、反三角函数)经过有限次的加、减、乘、除(分母不为零)的四则运算,以及有限次的复合步骤所构成并可用一个式子表示的函数,叫作**初等函数**.

性质 1-6 一切初等函数在其定义区间内都是连续的.

根据这个结论,求初等函数在其定义区间内某点处的极限时,只要求出该点处的函数值即可.

例 1-35 求 $\lim\limits_{x \to 0}\sqrt{e^x + \sin x}$.

解 因为 $f(x) = \sqrt{e^x + \sin x}$ 是初等函数,并且它的定义区间为 $(-\infty, +\infty)$,所以 $\lim\limits_{x \to 0}\sqrt{e^x + \sin x} = \sqrt{e^0 + \sin 0} = 1$.

四、闭区间上连续函数的性质

性质 1-7 如果函数 $f(x)$ 在闭区间 $[a,b]$ 上连续,那么函数 $f(x)$ 在闭区间 $[a,b]$ 上一定有最大值与最小值.

如图 1-21 所示，函数 $y=f(x)$ 在闭区间 $[a,b]$ 上连续，则在闭区间 $[a,b]$ 上至少有两点 x_1 和 x_2，使得当 $x \in [a,b]$ 时，$f(x_1) \geq f(x)$，$f(x_2) \leq f(x)$ 恒成立，则 $f(x_1)$ 和 $f(x_2)$ 分别称为函数 $y=f(x)$ 在闭区间 $[a,b]$ 上的最大值和最小值，x_1，x_2 分别称为最大值点和最小值点.

> **注意：**
> （1）对于在开区间内连续的函数，其最大值、最小值不一定存在. 例如，函数 $f(x)=x^2+2$ 在开区间 $(2,5)$ 内连续，但在这个开区间内既没有最大值也没有最小值；
>
> （2）对于在闭区间上有间断点的函数，其最大值、最小值不一定存在. 例如，如图 1-22 所示，函数 $f(x)=\begin{cases} -x+1, & 0 \leq x < 1 \\ 1, & x=1 \\ -x+3, & 1 < x \leq 2 \end{cases}$ 在闭区间 $[0,2]$ 上有间断点 $x=1$，这时函数 $f(x)$ 在闭区间 $[0,2]$ 上既无最大值也无最小值.

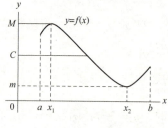

图 1-21

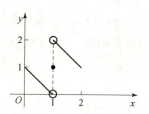

图 1-22

性质 1-8（介值定理） 如果函数 $y=f(x)$ 在闭区间 $[a,b]$ 上连续，且在两端点取不同的函数值 $f(a)=A$ 和 $f(b)=B$，μ 是 A 和 B 之间的任一数，那么在开区间 (a,b) 内至少有一点 ξ，使得 $f(\xi)=\mu$，$\xi \in (a,b)$.

介值定理的几何意义：在 $[a,b]$ 上的连续曲线 $y=f(x)$ 与直线 $y=\mu$（μ 在 $f(a)$ 与 $f(b)$ 之间）至少有一个交点，交点坐标为 $(\xi, f(\xi))$，其中 $f(\xi)=\mu$，如图 1-23 所示.

推论 1-1 如果函数 $y=f(x)$ 在闭区间 $[a,b]$ 上连续，且 $f(a)$ 与 $f(b)$ 异号，那么至少存在一点 ξ（$a<\xi<b$），使得 $f(\xi)=0$.

推论 1-1 的几何意义：在 $[a,b]$ 上连续的曲线 $y=f(x)$ 的两端点落在 x 轴的上、下两侧时，曲线与 x 轴至少有一个交点，如图 1-24 所示.

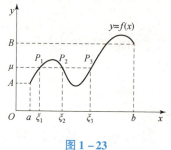

图 1-23

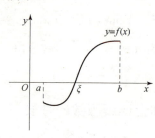

图 1-24

例 1-36 证明方程 $x^5 - 3x - 1 = 0$ 在区间 (0, 3) 内至少有一个实根.

证 设 $f(x) = x^5 - 3x - 1$, 因为它在闭区间 [0, 3] 上连续, 并且 $f(0) = -1 < 0$, $f(3) = 233 > 0$, 所以根据推论 1-1 可知, $f(x)$ 在 (0, 3) 内至少有一点 $\xi(0 < \xi < 3)$, 使得 $f(\xi) = 0$, 即 $\xi^5 - 3\xi - 1 = 0 (0 < \xi < 3)$.

这个等式说明方程 $x^5 - 3x - 1 = 0$ 在开区间 (0, 3) 内至少有一个实根.

引例 1-7 解析 设 S 为运动员出发点至山顶的距离, 在时间段 $T = [7, 17]$ 中, 在第一天的 $t \in T$ 时刻运动员与出发点的距离为 $f(t)$, 在第二天的 $t \in T$ 时刻运动员与出发点的距离为 $g(t)$, 则 $f(t)$, $g(t)$ 在 T 上是连续函数. 易知

$$f(7) = 0, f(17) = S, g(7) = S, f(17) = 0.$$

不妨设 $h(t) = f(t) - g(t)$, 那么, $h(7) = -S < 0$, $h(17) = S > 0$, 则由介值定理可知, 存在 $t_0 \in (7, 17)$, 使 $h(t_0) = f(t_0) - g(t_0) = 0$, 即 $f(t_0) = g(t_0)$, 故在两天中必有某一时刻, 运动员在同一地点.

习题 1-8

A 知识巩固

1. 求下列函数的极限.

(1) $\lim\limits_{x \to 2} \dfrac{2x+3}{x-1}$; (2) $\lim\limits_{x \to \frac{\pi}{6}} \sin 2x$.

2. 能否用性质 1-7 判断函数 $f(x) = \begin{cases} x+2, & x \leq -1 \\ x^2, & -1 < x < 2 \\ x, & x \geq 2 \end{cases}$ 在 [-2, 2] 上是否有最值?

3. 证明: 方程 $\left(\dfrac{\sin x}{x}\right)^2 - \dfrac{1}{2} = 0$ 在区间 $\left(\dfrac{\pi}{6}, \dfrac{\pi}{2}\right)$ 内至少有一个实根.

B 能力提升

证明方程 $x = a\sin x + b$ ($a > 0$, $b > 0$) 至少有一个不大于 $a + b$ 的正根.

C 学以致用

[**巧分蛋糕**] 妹妹小英过生日, 妈妈给小英做了一块边界形状任意的蛋糕. 哥哥小明见到了也想吃, 小英指着蛋糕上一定点对哥哥说, 你能过这一点切一刀, 使切下的两块蛋糕面积相等, 我便把其中的一块送给你. 你能利用我们学过的高等数学知识帮小明分蛋糕吗?

【**数学文化**】

谁发现了"极限"?

加莱说过: "能够在数学领域有所发现的人, 是具有感受数学中的秩序、和谐、对称整齐和神秘美等能力的人, 而且只限于这种人." 一切数学概念都来源于社会实践和现实生活, 它们被数学家们捕捉到并提炼; 然后经过使用、推敲、充实、拓展, 不断完善, 从而形成经典的理论, 极限也是如此.

1. 中国古代的极限思想

在引例 1-2 中,惠施(名家思想的鼻祖)的"截杖问题"已有"无限分割"思想:一尺之棰按照惠施的截法一直截取下去,随着截取的次数增加,杖长会越来越小,直至接近零,但又永远不会等于零.

墨家与惠施的观点不同,提出一个"非半"的命题,墨子(墨家学派创始人)说"非半弗,则不动,说在端",意思是说将一条线段一半一半地无限分割下去,就必将出现一个不能再分割的"非半",这个"非半"就是点. 墨家的思想是无限分割最后会达到一个"不可分"的情况.

名家的命题论述了有限长度的"无限可分"性,墨家的命题指出了无限分割的变化和结果. 名家和墨家的讨论对数学理论的发展具有巨大的推动作用. 现在看来,名、墨两家对宇宙的无限性与连续性的认识已相当深刻,但这些认识是零散的,更多地属于哲学范畴,但也算极限思想的萌芽.

公元 3 世纪,魏晋时期的数学家刘徽(图 1-25)在注释《九章算术》时创立了有名的"割圆术". 他创造性地将极限思想应用到数学领域,在人类历史上首次将极限和无穷小分割引入数学证明,成为人类文明史中不朽的篇章. 刘徽按此法算到了正 3 072 边形的面积,由此求出圆周率为 3.141 6,这是世界上最早也是最准确的关于圆周率的数据. 后来,祖冲之用这个方法把圆周率的数值计算到小数点后第 7 位. 这种思想就是后来建立极限概念的基础.

图 1-25

2. 极限概念的发展

16 世纪初,西方社会处于资本主义起步时期,是思想与科学技术迅速发展的时期,同时科学、生产、技术中也出现了许多问题困扰着数学家,如怎样求时速、曲线弧长、曲边形面积、曲面体体积等,因此,只研究常量的初等数学已不能满足现实的需求.

进入 17 世纪,特别是牛顿在建立微积分的过程中,由于极限没有准确的概念,也就无法确定无穷小的身份. 利用无穷小运算时,牛顿作出了自相矛盾的推导:在用无穷小作分母进行除法运算时,无穷小不能为零,而在一些运算中又把无穷小看作零,约掉那些包含它的项,从而得到所要的公式,显然这种数学推导在逻辑上是站不住脚的. 那么,无穷小究竟是零还是非零?这个问题一直困扰着牛顿,也困扰着与牛顿同时代的众多数学家. 真正意义上的极限概念产生于 17 世纪,英国数学家约翰瓦里斯提出了变量极限的概念. 他认为,变量的极限是变量无限近的一个常数,它们的差是一个给定的任意小的量. 他的这种描述,把两个无限变化的过程表述了出来,揭示了极限的核心内容.

19 世纪,法国数学家柯西在《分析教程》中比较完整地说明了极限的概念及理论. 柯西认为:当一个变量逐次所取的无限趋于一个定值,最终使变量的值和该定值之差要多小就有多小时,这个定值就称为所有其他值的极限. 柯西还指出零是无穷小的极限. 这个思想已经摆脱了常量数学的束缚,走向变量数学,表现出无限与有限的辩证关系. 柯西的定义已经用数学语言准确表达了极限的思想,但这种表达仍然是定性的、描述性的.

被誉为"现代分析之父"的德国数学家魏尔斯特拉斯（图1-26）提出了极限的定量定义："如果对任意 $\varepsilon>0$，总存在自然数 N，使当 $n>N$ 时，不等式 $|x-A|<\varepsilon$ 恒成立，则称 A 为 x_n 的极限"，这给微积分提供了严格的理论基础. 这个定义定量而具体地刻画了两个"无限过程"之间的联系，除去了以前极限概念中的直观痕迹，将极限思想转化为数学的语言，完成了从思想到数学的转变. 这种描述一直沿用至今.

图 1-26

复习题一

一、选择题.

1. 函数 $f(x)=\dfrac{a^x-1}{a^x+1}$ 为（　　）.

   A. 奇函数　　　　　　　　　　　B. 偶函数
   C. 非奇非偶函数　　　　　　　　D. 不确定

2. $f(x)=\dfrac{x^2-2x-3}{x+1}$ 的间断点是（　　）.

   A. 0　　　　B. -1　　　　C. 2　　　　D. 1

3. 当 $x\to 0$ 时，下列函数是无穷小的是（　　）.

   A. $\dfrac{1}{x}$　　　B. $\dfrac{\sin x}{x}$　　　C. $\ln(1+x)$　　　D. $\dfrac{x}{x^2}$

4. 当 $k=$（　　）时，函数 $f(x)=\begin{cases} x^2+1, & x\neq 0 \\ k, & x=0 \end{cases}$ 在 $x=0$ 处连续.

   A. 0　　　　B. 1　　　　C. 2　　　　D. -1

5. 当 $k=$（　　）时，函数 $f(x)=\begin{cases} e^x+2, & x\neq 0 \\ k, & x=0 \end{cases}$ 在 $x=0$ 处连续.

   A. 0　　　　B. 1　　　　C. 2　　　　D. 3

6. 若 $\lim\limits_{x\to x_0^+}f(x)=\lim\limits_{x\to x_0^-}f(x)=A$，则 $f(x)$ 在 x_0 处（　　）.

   A. 一定有定义　　　　　　　　　B. 一定连续
   C. 一定有极限　　　　　　　　　D. 函数值为 A

7. $\lim\limits_{x\to x_0}f(x)=f(x_0)$ 是在 x_0 处连续的（　　）条件.

   A. 充分　　　　　　　　　　　　B. 充分必要
   C. 必要　　　　　　　　　　　　D. 无关

8. $\lim\limits_{x\to 0}\dfrac{\sin 3x}{x}=$（　　）.

   A. 0　　　　B. 1　　　　C. 3　　　　D. $\dfrac{1}{3}$

9. $\lim\limits_{x\to 0}\dfrac{\tan x-\sin x}{x^2}=$ (   ).

   A. 1　　　　　　　B. $\dfrac{1}{2}$　　　　　　　C. 0　　　　　　　D. 2

10. $\lim\limits_{x\to x_0}f(x)$ 存在，$\lim\limits_{x\to x_0}g(x)$ 不存在，则(   ).

   A. $\lim\limits_{x\to x_0}[f(x)g(x)]$ 及 $\lim\limits_{x\to x_0}\dfrac{g(x)}{f(x)}$ 一定都不存在

   B. $\lim\limits_{x\to x_0}[f(x)g(x)]$ 及 $\lim\limits_{x\to x_0}\dfrac{g(x)}{f(x)}$ 一定都存在

   C. $\lim\limits_{x\to x_0}[f(x)g(x)]$ 及 $\lim\limits_{x\to x_0}\dfrac{g(x)}{f(x)}$ 恰有一个存在

   D. $\lim\limits_{x\to x_0}[f(x)g(x)]$ 及 $\lim\limits_{x\to x_0}\dfrac{g(x)}{f(x)}$ 不一定都存在

二、填空题.

1. 函数 $y=\dfrac{\sqrt{9-x^2}}{\ln(x+2)}$ 的定义域为 _____ .

2. 函数 $y=3+\ln(x+1)$ 的反函数为 _____ .

3. $\lim\limits_{x\to\infty}x\sin\dfrac{1}{x}=$ _____ .

4. 函数 $f(x)=\begin{cases}x^2-1, & x<0 \\ x, & 0\leqslant x<1 \\ 2-x, & 1<x\leqslant 2\end{cases}$ 的间断点是 _____ .

5. 函数 $f(x)=\dfrac{1}{1+x}$ 的间断点类型是 _____ .

6. $f(x)=\begin{cases}\sin 2x+\mathrm{e}^{2ax}-1, & x\neq 0 \\ a, & x=0\end{cases}$ 在 $(-\infty,+\infty)$ 上连续，则 $a=$ _____ .

7. 当 $x\to$ _____ 时，$f(x)=\dfrac{2}{x-5}$ 是无穷大.

8. 函数 $f(x)=x^3-2x+5$ 在 x 由 2 变到 3 时，对应的函数的增量是 _____ .

9. 当 $x\to 0$ 时，比较 $\dfrac{1}{1-x}-1$ 与 x^2，结果是 _____ .

10. 闭区间上存在间断点的函数，在该区间上 _____ 取得它的最大值与最小值.

三、求下列极限.

1. $\lim\limits_{x\to 2}\dfrac{x^2-3x+2}{x^2-4}$;　　　　　　2. $\lim\limits_{x\to 3}\dfrac{x^2-9}{x^2-2x-3}$;

3. $\lim\limits_{x\to 4}\dfrac{x^2-6x+8}{x^2-5x+4}$;　　　　　　4. $\lim\limits_{x\to 0}\dfrac{\sqrt{1-x}-1}{x}$;

5. $\lim\limits_{x\to 0}\dfrac{\sqrt{1-x}-1}{\sin 4x}$;　　　　　　6. $\lim\limits_{x\to\infty}\left(\dfrac{x^2}{x^2-x}\right)$.

四、讨论函数 $f(x)=\begin{cases} x^2-1, & -1\leqslant x\leqslant 1 \\ x+2, & x>1 \end{cases}$ 在 $x=0$，$x=1$，$x=2$ 各处的连续性，并画出它的图像.

五、已知函数 $f(x)=\dfrac{|x|}{x}$，当 $x\to 0$ 时，讨论函数 $f(x)$ 的极限.

六、求函数 $f(x)=\dfrac{x^3+3x^2-x-3}{x^2+x-6}$ 的连续区间，并求极限 $\lim\limits_{x\to 0}f(x)$、$\lim\limits_{x\to 2}f(x)$ 及 $\lim\limits_{x\to -3}f(x)$.

七、已知函数 $f(x)=\begin{cases} x+2, & x\leqslant -1 \\ x^2, & -1<x<2 \\ x, & x\geqslant 2 \end{cases}$，作出函数 $f(x)$ 的图像，并求：

（1）函数 $f(x)$ 的定义域；

（2）函数 $f(x)$ 的间断点.

八、证明方程 $x^5-2x-3=0$ 在区间（1，2）上至少存在一个实根.

第二章　一元函数微分学

◇ **学前导读**

导数是微积分的重要概念之一，它在推动人类发展中起到不可替代的作用，导数更被称为"开启物理研究大门的钥匙"。本章讲述微分学的基础部分——一元函数的导数与微分，给出导数与微分的概念及运算方法.

◇ **知识结构图**

本章知识结构图如图 2-0 所示.

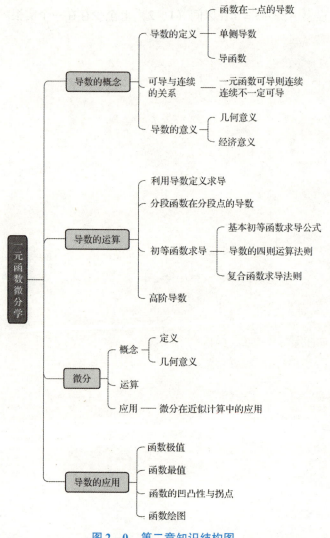

图 2-0　第二章知识结构图

◇ 学习目标与要求

（1）理解导数的概念及可导性与连续性之间的关系，了解导数的几何意义，会求平面曲线的切线方程和法线方程.

（2）熟练掌握导数的四则运算法则和复合函数的求导法则，掌握基本初等函数的导数公式.

（3）了解高阶导数的概念，会求简单函数的 n 阶导数.

（4）了解函数微分的概念，了解微分与导数的关系，会求函数的一阶微分.

（5）熟练掌握洛必达法则，会用洛必达法则求 "$\dfrac{0}{0}$" "$\dfrac{\infty}{\infty}$" 型未定式的极限.

（6）掌握函数单调性的判别方法，理解函数极值的概念，掌握函数极值、最大值和最小值的求法及其应用.

（7）会用导数判断函数图形的凹凸性，会求函数图形的拐点、水平渐近线和垂直渐近线.

（8）了解边际函数、弹性函数的概念及其实际意义，会求简单的应用问题.

第一节　导数的概念

一、导数的定义

为了更好地理解导数的定义，先讨论两个实际问题：速度问题和切线问题.

引例 2-1（速度问题） 已知物体做变速直线运动，运动方程为 $s=s(t)$，要确定该物体在时刻 t_0 的运动速度 $v(t_0)$.

解 可取邻近时刻 t_0 的时刻 $t=t_0+\Delta t$，在 Δt 时间内，物体走过的路程为
$$\Delta s = s(t_0+\Delta t) - s(t_0).$$

物体运动的平均速度为
$$\bar{v} = \frac{s(t)-s(t_0)}{t-t_0} = \frac{s(t_0+\Delta t)-s(t_0)}{\Delta t}.$$

若时间间隔较短，比值可用来说明动点在时刻 t_0 的近似速度，显然，Δt 越小，近似程度越好，令 $\Delta t \to 0$，平均速度 $\bar{v}$ 的极限就是动点在时刻 t_0 的速度：

$$v(t_0) = \lim_{t \to t_0} \frac{s(t)-s(t_0)}{t-t_0} = \lim_{\Delta t \to 0} \frac{s(t_0+\Delta t)-s(t_0)}{\Delta t}. \tag{2-1}$$

极限值 $v(t_0)$ 叫作动点在时刻 t_0 的（瞬时）速度.

引例 2-2（切线问题） 已知曲线方程为 $y=f(x)$，要确定过曲线上点 $M(x_0,y_0)$ 的切线斜率.

解 如图 2-1 所示，建立直角坐标系，在曲线 $y=f(x)$ 上取邻近点 $M(x_0,y_0)$ 的点 $N(x_0+\Delta x, y_0+\Delta y)$，过 M，N 两点的直线 MN 叫作曲线 $y=f(x)$ 的割线，当 $\Delta x \to 0$

时,点 N 沿着曲线 $y=f(x)$ 趋于点 M,割线 MN 绕点 M 转动并趋于极限位置直线 MT,直线 MT 叫作曲线 $y=f(x)$ 在点 M 处的切线,割线 MN 的倾斜角为 φ,切线 MT 的倾斜角为 α,割线 MN 的斜率为

$$k_{MN} = \frac{\Delta y}{\Delta x} = \frac{f(x+\Delta x)-f(x)}{\Delta x} = \tan\varphi. \qquad (2-2)$$

当 $\Delta x \to 0$ 时,割线 MN 的斜率的极限即切线 MT 的斜率:

$$k_{MT} = \lim_{\Delta x \to 0}\frac{\Delta y}{\Delta x} = \lim_{\Delta x \to 0}\frac{f(x+\Delta x)-f(x)}{\Delta x} = \tan\alpha. \qquad (2-3)$$

从引例 2-1 和引例 2-2 可以看出,求变速直线运动的瞬时速度和曲线在一点切线的斜率,实质上是求当自变量趋于零时,函数值增量和自变量增量比值的极限,其可以归为下面的数学形式:

$$\lim_{\Delta x \to 0}\frac{\Delta y}{\Delta x} = \lim_{\Delta x \to 0}\frac{f(x_0+\Delta x)-f(x_0)}{\Delta x}.$$

由它们在数量关系上的共性,在数学上,我们就得出函数的导数的概念.

图 2-1

定义 2-1 设函数 $y=f(x)$ 在 x_0 的某一邻域内有定义,当 x 在 x_0 处有增量 Δx 时,相应的函数有增量 $\Delta y = f(x_0+\Delta x)-f(x_0)$.

如果极限 $\lim\limits_{\Delta x \to 0}\dfrac{\Delta y}{\Delta x} = \lim\limits_{\Delta x \to 0}\dfrac{f(x_0+\Delta x)-f(x_0)}{\Delta x}$ 存在,则称此极限为 $y=f(x)$ 在 x_0 处的**导数**,记作 $y'|_{x=x_0}$,$f'(x_0)$,$\left.\dfrac{\mathrm{d}y}{\mathrm{d}x}\right|_{x=x_0}$,$\left.\dfrac{\mathrm{d}f(x)}{\mathrm{d}x}\right|_{x=x_0}$,即

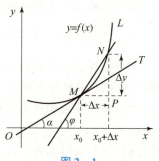

导数的概念

$$f'(x_0) = \lim_{\Delta x \to 0}\frac{\Delta y}{\Delta x} = \lim_{\Delta x \to 0}\frac{f(x_0+\Delta x)-f(x_0)}{\Delta x}. \qquad (2-4)$$

如果极限 $\lim\limits_{\Delta x \to 0}\dfrac{f(x_0+\Delta x)-f(x_0)}{\Delta x}$ 不存在,就说函数在 x_0 处**不可导**.

若令 $x = x_0 + \Delta x$,则式 (2-4) 又可记作

$$f'(x_0) = \lim_{x \to x_0}\frac{f(x)-f(x_0)}{x-x_0}. \qquad (2-5)$$

特别地,当 $x_0 = 0$,$f(0) = 0$ 时,

$$f'(0) = \lim_{x \to 0}\frac{f(x)}{x}. \qquad (2-6)$$

例 2-1 求函数 $f(x) = \dfrac{1}{x}$ 在 $x=2$ 处的导数.

解
$$f'(2) = \lim_{\Delta x \to 0}\frac{f(2+\Delta x)-f(2)}{\Delta x}$$
$$= \lim_{\Delta x \to 0}\frac{\dfrac{1}{2+\Delta x}-\dfrac{1}{2}}{\Delta x}$$
$$= \lim_{\Delta x \to 0}\frac{-1}{4+2\Delta x} = -\frac{1}{4}.$$

注意：
根据导数的定义求导数，可以得到求函数在一点的导数的一般步骤.
(1) 求增量：$\Delta y = f(x + \Delta x) - f(x)$；
(2) 算比值：$\dfrac{\Delta y}{\Delta x} = \dfrac{f(x + \Delta x) - f(x)}{\Delta x}$；
(3) 求极限：$\lim\limits_{\Delta x \to 0} \dfrac{\Delta y}{\Delta x} = \lim\limits_{\Delta x \to 0} \dfrac{f(x + \Delta x) - f(x)}{\Delta x}$.

极限有左极限、右极限之分，而函数 $f(x)$ 在 x_0 处的导数是用一个极限式定义的，自然就有左导数和右导数之分.

左导数 $\quad f'_-(x_0) = \lim\limits_{\Delta x \to 0^-} \dfrac{f(x_0 + \Delta x) - f(x_0)}{\Delta x} = \lim\limits_{x \to x_0^-} \dfrac{f(x) - f(x_0)}{x - x_0}$；

右导数 $\quad f'_+(x_0) = \lim\limits_{\Delta x \to 0^+} \dfrac{f(x_0 + \Delta x) - f(x_0)}{\Delta x} = \lim\limits_{x \to x_0^+} \dfrac{f(x) - f(x_0)}{x - x_0}$.

定理 2-1 函数在 x_0 处可导的充分必要条件是左导数和右导数都存在且相等，即
$$f'(x_0) = A \Leftrightarrow f'_+(x_0) = f'_-(x_0) = A.$$

例 2-2 求函数 $f(x) = |x|$ 在 $x = 0$ 处的导数.

解 因为
$$f'(0) = \lim_{x \to 0} \dfrac{f(x) - f(0)}{x - 0} = \lim_{x \to 0} \dfrac{|x|}{x},$$

所以
$$f'_+(0) = \lim_{x \to 0^+} \dfrac{|x|}{x} = \lim_{x \to 0^+} \dfrac{x}{x} = 1, \quad f'_-(0) = \lim_{x \to 0^-} \dfrac{|x|}{x} = \lim_{x \to 0^-} \dfrac{x}{-x} = -1.$$

左、右导数存在但不相等，所以函数 $f(x) = |x|$ 在 $x = 0$ 处不可导.

如果函数 $y = f(x)$ 在开区间 (a, b) 内的每点处都可导，就称函数 $y = f(x)$ 在开区间 (a, b) 内可导. 若函数 $f(x)$ 在开区间 (a, b) 内可导，且 $f'_+(a)$、$f'_-(b)$ 都存在，则 $f(x)$ 在闭区间 $[a, b]$ 上可导.

任意 $x \in I$ 都对应着 $y = f(x)$ 的一个确定的导数值，这样就构成了一个新的函数，这个新的函数叫作函数 $y = f(x)$ 的**导函数**，记作 y'，$f'(x)$，$\dfrac{\mathrm{d}y}{\mathrm{d}x}$，$\dfrac{\mathrm{d}f(x)}{\mathrm{d}x}$.

由式 (2-4) 得
$$f'(x) = \lim_{\Delta x \to 0} \dfrac{f(x + \Delta x) - f(x)}{\Delta x}. \tag{2-7}$$

导函数 $f'(x)$ 简称**导数**.

注意：
$f'(x_0)$ 是 $f(x)$ 在 x_0 处的导数值或导数 $f'(x)$ 在 $x = x_0$ 处的值. $f'(x_0) = f'(x)|_{x = x_0}$.

例 2-3 求函数 $f(x) = \sin x$ 的导数.

解
$$f'(x) = \lim_{\Delta x \to 0} \frac{f(x+\Delta x) - f(x)}{\Delta x}$$
$$= \lim_{\Delta x \to 0} \frac{\sin(x+\Delta x) - \sin x}{\Delta x}$$
$$= \lim_{\Delta x \to 0} \frac{1}{\Delta x} \cdot 2\cos\left(x + \frac{\Delta x}{2}\right) \sin\frac{\Delta x}{2}$$
$$= \lim_{\Delta x \to 0} \cos\left(x + \frac{\Delta x}{2}\right) \cdot \frac{\sin\frac{\Delta x}{2}}{\frac{\Delta x}{2}} = \cos x.$$

类似可以得出 $(\cos x)' = -\sin x$.

二、可导与连续的关系

定理 2-2 如果函数 $y = f(x)$ 在 x_0 处可导，则函数在该点必连续.

证 若函数 $y = f(x)$ 在 x_0 处有导数 $f'(x_0)$，则有 $f(x) = f(x_0) + (x - x_0)\alpha$，其中 $\lim_{x \to x_0} \alpha = 0$，所以 $\lim_{x \to x_0} f(x) = f(x_0)$，函数 $y = f(x)$ 在 $f'(x_0)$ 处连续，故可导的函数一定是连续函数. 但是反之不成立.

例如在例 2-2 中，函数 $f(x) = |x|$ 在 $x = 0$ 处不可导，但是函数 $f(x) = |x|$ 在 $x = 0$ 处连续，故连续函数不一定是可导的.

例 2-4 设函数 $f(x) = \begin{cases} x^2, & x \leq 1 \\ ax + b, & x > 1 \end{cases}$，试确定 a、b 的值，使 $f(x)$ 在 $x = 1$ 处可导.

解 因为可导一定连续，所以 $f(x)$ 在 $x = 1$ 处也是连续的.

由于 $\lim_{x \to 1^-} f(x) = \lim_{x \to 1^-} x^2 = 1$，$\lim_{x \to 1^+} f(x) = \lim_{x \to 1^+} (ax + b) = a + b$，要使 $f(x)$ 在 $x = 1$ 处连续，必须有 $a + b = 1$，即 $b = 1 - a$.

又
$$f'_-(1) = \lim_{x \to 1^-} \frac{f(x) - f(1)}{x - 1} = \lim_{x \to 1^-} \frac{x^2 - 1}{x - 1} = \lim_{x \to 1^-} (x + 1) = 2,$$
$$f'_+(1) = \lim_{x \to 1^+} \frac{f(x) - f(1)}{x - 1} = \lim_{x \to 1^+} \frac{ax + b - 1}{x - 1} = \lim_{x \to 1^+} \frac{a(x - 1)}{x - 1} = a.$$

要使 $f(x)$ 在 $x = 1$ 处可导，必须使 $f'_-(1) = f'_+(1)$，即 $a = 2$，故当 $a = 2$，$b = 1 - a = 1 - 2 = -1$ 时，$f(x)$ 在 $x = 1$ 处可导.

三、导数的意义

1. 导数的几何意义

由切线问题的讨论知（图 2-1），函数 $y = f(x)$ 在 x_0 处的导数 $f'(x_0)$ 在几何上表示曲线 $y = f(x)$ 在点 $M(x_0, f(x_0))$ 处的切线的斜率，即
$$k = f'(x_0) = \lim_{\Delta x \to 0} \frac{f(x_0 + \Delta x) - f(x_0)}{\Delta x}.$$

曲线在点 $M(x_0, f(x_0))$ 处的切线方程为 $y - y_0 = f'(x_0)(x - x_0)$.

曲线在点 $M(x_0, f(x_0))$ 处的法线方程为 $y - y_0 = -\frac{1}{f'(x_0)}(x - x_0)$.

(1) 如果 $f'(x_0) = \infty$，则曲线 $y = f(x)$ 在点 $M(x_0, f(x_0))$ 处有垂直于 x 轴的切线 $x = x_0$；

(2) 如果 $f'(x_0) = 0$，则曲线 $y = f(x)$ 在点 $M(x_0, f(x_0))$ 处有平行于 x 轴的切线 $y = f(x_0)$。

例 2-5 求等边双曲线 $y = \dfrac{1}{x}$ 在点 $\left(\dfrac{1}{2}, 2\right)$ 处的切线的斜率，并写出该等边双曲线在该点处的切线方程和法线方程。

解 根据导数的几何意义，得切线的斜率为

$$k_1 = y' \Big|_{x=\frac{1}{2}} = -\frac{1}{x^2} \Big|_{x=\frac{1}{2}} = -4.$$

切线方程为

$$y - 2 = -4\left(x - \frac{1}{2}\right),$$

即

$$4x + y - 4 = 0.$$

法线的斜率为

$$k_2 = -\frac{1}{k_1} = \frac{1}{4}.$$

法线方程为

$$2x - 8y + 15 = 0.$$

2. 导数的经济意义

在经济学中经常用到成本、收入、利润等变量，其中利润等于收入与成本之差，将产量或销量 q 作为自变量，将成本、收入、利润分别作为因变量，可以得到成本函数 $C(q)$、收入函数 $R(q)$ 和利润函数 $L(q)$，其导数的经济意义如下。

1) 边际成本函数 $C'(q)$

成本函数 $C(q)$ 的导数称为**边际成本函数**，其经济意义为：当产量为 q 时，再生产一个单位产品所增加的成本为 $C'(q)$。

2) 边际收入函数 $R'(q)$

收入函数 $R(q)$ 的导数称为**边际收入函数**，其经济意义为：当销量为 q 时，再销售一个单位产品所增加的收入为 $R'(q)$。

3) 边际利润函数 $L'(q)$

利润函数 $L(q)$ 的导数称为**边际利润函数**，其经济意义为：当销量为 q 时，再销售一个单位产品利润的改变量为 $L'(q)$。

例 2-6 生产某产品的边际成本为 $C'(q) = 6q$（元/台），边际收入为 $R'(q) = 100 - 4q$（元/台）。其中 q 为产量，假设销量等于产量，请问当产量为 2 台时，边际利润是多少？其意义是什么？

解 边际利润函数为 $L'(q) = R'(q) - C'(q) = (100 - 4q) - 6q = 100 - 10q$，则当 $q = 2$ 时，边际利润为 $L'(2) = 100 - 10 \times 2 = 80$（元/台）。

其经济意义是当产量为 2 台时，再增加 1 台将获得利润 80 元。

习题 2–1

A 知识巩固

1. 用导数的定义求函数 $f(x) = \dfrac{2}{x}$ 在 $x = 1$ 处的导数.

2. 用导数的定义求函数 $f(x) = \dfrac{1}{x^2}$ 在 $x = 2$ 处的导数.

3. 求曲线 $y = \sqrt{x} + 1$ 在点 $(1, 2)$ 处的切线方程和法线方程.

4. 求抛物线 $y = x^3$ 在点 $(2, 8)$ 处的切线方程和法线方程.

B 能力提升

1. 讨论函数 $f(x) = \begin{cases} x, & x < 0 \\ \ln(1+x), & x \geq 0 \end{cases}$ 在 $x = 0$ 处是否可导.

2. 已知 $f(x) = \begin{cases} x\sin\dfrac{1}{x}, & 0 < x < 1 \\ 0, & x \leq 0 \end{cases}$,判断 $f(x)$ 在 $x = 0$ 处的连续性与可导性.

C 学以致用

日常生活中的饮用水是经过净化的,随着水纯净度的提高,所需净化费用(单位:元)不断增加. 已知将 1 t 水净化到纯净度为 $x\%$ 时,所需净化费用为 $c(x) = \dfrac{5\,284}{100 - x}$ $(80 < x < 100)$. 求将水净化到 90%、98% 的纯净度时所需净化费用的瞬间变化率.

第二节　导数的运算

引例 2–3　一企业某产品的日产能力为 500 台,每日产品的总成本为 C(单位:千元),是日产量 q(单位:台)的函数 $C(q) = 400 + 2q + \sqrt{1 + q^2}$,$q \in [0, 500]$. 求当产量为 $q = 100$(台)时的边际成本是多少?

分析:想要求解边际成本,需要知道边际成本函数,即总成本函数的导函数. 下面介绍求导方法,即进行导数运算的方法.

一、基本初等函数导数公式

(1) $(C)' = 0$; (2) $(x^u)' = ux^{u-1}$;

(3) $(a^x)' = a^x \ln a$; (4) $(e^x)' = e^x$;

(5) $(\log_a x)' = \dfrac{1}{x \ln a}$; (6) $(\ln x)' = \dfrac{1}{x}$;

(7) $(\sin x)' = \cos x$; (8) $(\cos x)' = -\sin x$;

(9) $(\tan x)' = \sec^2 x$; (10) $(\cot x)' = -\csc^2 x$;

(11) $(\sec x)' = \sec x \tan x$; (12) $(\csc x)' = -\csc x \cot x$;

(13) $(\arcsin x)' = \dfrac{1}{\sqrt{1-x^2}}$; (14) $(\arccos x)' = -\dfrac{1}{\sqrt{1-x^2}}$;

(15) $(\arctan x)' = \dfrac{1}{1+x^2}$; (16) $(\text{arccot}\,x)' = -\dfrac{1}{1+x^2}$.

二、导数的四则运算法则

定理 2-3 设函数 $f(x)$, $g(x)$ 都在 x 处可导，则有：

(1) $[Cf(x)]' = Cf'(x)$；

(2) $[f(x) \pm g(x)]' = f'(x) \pm g'(x)$；

(3) $[f(x) \cdot g(x)]' = f'(x)g(x) + f(x)g'(x)$；

(4) $\left[\dfrac{f(x)}{g(x)}\right]' = \dfrac{f'(x)g(x) - f(x)g'(x)}{g^2(x)}\,(g(x) \neq 0)$.

说明：

运算法则（1）、（2）能推广到任意有限个导函数的情形。比如，3 个函数 $u(x)$, $v(x)$, $w(x)$ 的情况为

$$(u+v-w)' = u' + v' - w';$$

$$(uvw)' = [(uv)w]' = (uv)'w + (uv)w' = u'vw + uv'w + uvw'.$$

例 2-7 已知 $f(x) = x^3 + 4\cos x - \sin\dfrac{\pi}{2}$，求 $f'(x)$ 及 $f'\left(\dfrac{\pi}{2}\right)$.

解 $f'(x) = 3x^2 - 4\sin x$, $f'\left(\dfrac{\pi}{2}\right) = \dfrac{3}{4}\pi^2 - 4$.

例 2-8 求函数 $y = \ln x \cdot \sin x$ 的导数.

解 $y' = (\ln x \cdot \sin x)' = \dfrac{\sin x}{x} + \ln x \cdot \cos x$.

例 2-9 已知 $y = \sec x$，求 y'.

解 $y' = (\sec x)' = \left(\dfrac{1}{\cos x}\right)' = \dfrac{(1)'\cos x - 1 \cdot (\cos x)'}{\cos^2 x} = \dfrac{\sin x}{\cos^2 x} = \sec x \tan x$.

类似可导出 $(\csc x)' = -\csc x \cot x$.

三、复合函数的求导法则

定理 2-4 如果 $u = g(x)$ 在 x 处可导，而 $y = f(u)$ 在 $u = g(x)$ 处可导，则复合函数 $y = f[g(x)]$ 在 x 处可导，且其导数为

复合函数求导法则

$$\dfrac{\mathrm{d}y}{\mathrm{d}x} = f'(u) \cdot g'(x) = \dfrac{\mathrm{d}y}{\mathrm{d}u} \cdot \dfrac{\mathrm{d}u}{\mathrm{d}x}.$$

> **注意：**
> 复合函数的求导法则推广到多个中间变量的情形，两个中间变量的求导公式为
> $$y = f(u), u = \varphi(v), v = \psi(x),$$
> $$\dfrac{\mathrm{d}y}{\mathrm{d}x} = \dfrac{\mathrm{d}y}{\mathrm{d}u} \cdot \dfrac{\mathrm{d}u}{\mathrm{d}v} \cdot \dfrac{\mathrm{d}v}{\mathrm{d}x}.$$

应用复合函数求导法则时,首先要分析所给函数由哪些函数复合而成,如果所给函数能分解成简单的函数,而这些简单函数的导数我们已经会求,那么应用复合函数求导法则就能求得所给函数的导数.

例 2-10 函数 $y = e^{x^2}$,求 $\dfrac{dy}{dx}$.

解 将函数看成由 $y = e^u$,$u = x^2$ 复合而成,因此

$$\frac{dy}{dx} = \frac{dy}{du} \cdot \frac{du}{dx} = e^u \cdot 2x = e^{x^2} \cdot 2x.$$

例 2-11 函数 $y = \sin^2(3x)$,求 $\dfrac{dy}{dx}$.

解 将函数看成由 $y = u^2$,$u = \sin v$,$v = 3x$ 复合而成,因此

$$\frac{dy}{dx} = \frac{dy}{du} \cdot \frac{du}{dv} \cdot \frac{dv}{dx} = 2u \cdot \cos v \cdot 3 = 6\sin 3x \cdot \cos 3x = 3\sin 6x.$$

熟悉后就不必写出中间变量,直接求复合函数的导数即可.

例 2-12 函数 $y = \sqrt[3]{1-2x^2}$,求 $\dfrac{dy}{dx}$.

解 $\dfrac{dy}{dx} = [(1-2x^2)^{\frac{1}{3}}]' = \dfrac{1}{3}(1-2x^2)^{-\frac{2}{3}} \cdot (1-2x^2)' = \dfrac{-4x}{3\sqrt[3]{(1-2x^2)^2}}$.

引例 2-3 解析 边际成本函数为 $C'(q) = \dfrac{q}{\sqrt{1+q^2}} + 2$,将 $q = 100$ 代入得到边际成本为 3 千元/台.

习题 2-2

A 知识巩固

1. 利用导数的基本运算公式和运算法则求导数.

(1) $y = x^4 - x + 1$; (2) $y = x\ln x + \sin x - \cos x$;

(3) $y = \dfrac{x-1}{x+1}$; (4) $y = x^2 \ln x$.

2. 求复合函数的导数.

(1) $y = \sin x^2$; (2) $y = \ln\cos x$;

(3) $y = \sqrt{1-x^2}$; (4) $y = \ln\tan x^2$;

(5) $y = \ln(a^2 - x^2)$; (6) $y = \arcsin\dfrac{1}{x}$;

(7) $y = \arcsin\sqrt{x}$.

3. 求复合函数的导数.

(1) $y = \ln^2 x$; (2) $y = \ln\tan 2x$;

(3) $y = \ln\ln x$; (4) $y = e^{-x^2}$;

(5) $y = \ln\cos x^2$; (6) $y = \arcsin\dfrac{x}{2}$;

(7) $y = \arctan e^{-x}$;
(8) $y = 2^{\sin^2 x}$;
(9) $y = e^x 3^{2x}$;
(10) $y = \ln\arcsin 2x$.

B 能力提升

1. 求下列函数的导数.

(1) $y = 2x^5 - \log_2 x + \cos x + \ln 6$;
(2) $y = x^3 e^x$;
(3) $y = \sqrt{x}\log_3 x + 2^x \ln x$;
(4) $y = x^3 \cos x + 3\sin x - \cos\dfrac{\pi}{3}$;
(5) $y = \dfrac{x}{3} + \dfrac{4}{x} + 2\sqrt{x} - \dfrac{3}{\sqrt[3]{x}}$;
(6) $y = 3x^3 + 3^x + \log_3 x + 3^3$;
(7) $y = e^x \cos x$;
(8) $y = \dfrac{ax+b}{a+b}$.

2. 求复合函数的导数.

(1) $y = \left(ax + \dfrac{b}{x}\right)^n$;
(2) $y = \dfrac{1}{\sqrt{\tan x}}$;
(3) $y = \sqrt{\cos x^2}$;
(4) $y = \dfrac{1 + \cos^2 x}{\sin x^2}$;
(5) $y = x^a + e^{\sin x}$（a 为常数）;
(6) $y = \dfrac{\sin 2x}{x}$.

3. 设 $f(x) = (x - a)g(x)$，其中 $g(x)$ 在 a 处连续，求 $f'(a)$.

4. 设 $f(x)$ 是可导函数，求下列函数的导数.

(1) $y = f(x^2)$;
(2) $y = f(x^e + e^x)$.

C 学以致用

设某产品的价格与销售量的关系为 $P(q) = 10 - \dfrac{q}{5}$. 求销售量为 $q = 30$ 时的总收入、平均收入与边际收入.

第三节 高阶导数

引例 2-4 请指出下面两个成本函数中哪个函数是短期成本函数，哪个函数是长期成本函数.

(1) $T_C = 120 + 0.5q + 0.002q^2$;
(2) $T_C = 120q + 0.5q^2 + 0.002q^3$.

高阶导数

初等函数求一次导数后，得到的仍然是初等函数，如果导函数是可导的，就可以对导函数再求导数，这样继续求导下去，得到的函数叫作高阶导数. 本节介绍高阶导数的求法.

变速直线运动的速度 $v(t)$ 是位置函数 $s(t)$ 对时间 t 的导数，$v = \dfrac{ds}{dt} = s'(t)$，而加速

度 a 又是速度 v 对时间 t 的导数，即 $a = \dfrac{dv}{dt} = \dfrac{d}{dt}\left(\dfrac{ds}{dt}\right)$，$a = (s')'$.

导数的导数 $\dfrac{d}{dt}\left(\dfrac{ds}{dt}\right)$ 叫作 t 的二阶导数.

定义 2-2 如果函数 $y = f(x)$ 的导数 $y' = f'(x)$ 仍为 x 的可导函数，则 $y' = f'(x)$ 的导数叫作函数 $y = f(x)$ 的**二阶导数**，记作 y'' 或 $\dfrac{d^2 y}{dx^2}$，即 $y'' = (y')'$，$\dfrac{d^2 y}{dx^2} = \dfrac{d}{dx}\left(\dfrac{dy}{dx}\right)$.

二阶导数的导数，叫作**三阶导数**，$n-1$ 阶导数的导数叫作 **n 阶导数**，它们分别记作

$$y''', y^{(4)}, \cdots, y^{(n)} \text{ 或 } \dfrac{d^3 y}{dx^3}, \dfrac{d^4 y}{dx^4}, \cdots, \dfrac{d^n y}{dx^n}.$$

函数 $y = f(x)$ 在 x_0 处的二阶导数，记作 $y''|_{x=x_0}$，$f''(x_0)$，$\dfrac{d^2 y}{dx^2}\bigg|_{x=x_0}$，$\dfrac{d^2 f(x)}{dx^2}\bigg|_{x=x_0}$.

函数 $y = f(x)$ 有 n 阶导数，常说成函数 $y = f(x)$ 为 n 阶可导．二阶及二阶以上的导数统称**高阶导数**.

例 2-13 设 $y = 5x^3 - 6x^2 + 3x + 2$，求 y'''，$y^{(4)}$.

解 $y' = 5 \cdot 3x^2 - 12x + 3$,

$y'' = 5 \cdot 3 \cdot 2x - 12$,

$y''' = 5 \cdot 3 \cdot 2 \cdot 1 = 30$,

$y^{(4)} = 0$.

例 2-14 $s = \sin \omega t$，求 $s''(t)$.

解 $s'(t) = \omega \cos \omega t$,

$s''(t) = -\omega^2 \sin \omega t$.

例 2-15 设 $y = \ln(1 + x^2)$，求 y''，$y''|_{x=1}$.

解
$$y' = [\ln(1 + x^2)]' = \dfrac{2x}{1 + x^2},$$

$$y'' = \left(\dfrac{2x}{1 + x^2}\right)' = \dfrac{2(1 + x^2) - 2x \cdot 2x}{(1 + x^2)^2} = \dfrac{2(1 - x^2)}{(1 + x^2)^2},$$

故 $y''|_{x=1} = \dfrac{2(1 - x^2)}{(1 + x^2)^2}\bigg|_{x=1} = 0$.

例 2-16 求函数 $y = \ln(1 + x)$ 的 n 阶导数.

解 $y' = \dfrac{1}{1 + x}$,

$y'' = -\dfrac{1}{(1 + x)^2}$,

$y''' = \dfrac{1 \cdot 2}{(1 + x)^3}$,

$\cdots$

$y^{(n)} = (-1)^{n-1} \dfrac{(n-1)!}{(1 + x)^n}.$

引例 2-4 解析　（1）因为 $T'_C = 0.5 + 0.004q$，$T''_C = 0.004$，成本函数的二阶导数是常数，说明变动成本是不变的，因此该成本函数是短期成本函数．

（2）$T'_C = 120 + q + 0.006q^2$，$T''_C = 1 + 0.012q$，成本函数的二阶导数是产量的函数，说明固定成本和变动成本都是变化的，因此该成本函数是长期成本函数．

> **注意：**
> **短期成本：** 短期内就可以摊销或计入的成本，如原材料成本、燃料动力成本等，有些短期成本是不变动的，是固定值．
> **长期成本：** 需要长时间进行摊销的成本，如折旧费、银行利率、通货膨胀因素导致的成本等．长期成本都是变动的．

习题 2-3

A　知识巩固

1. 选择题

（1）已知 $y = \dfrac{1}{4}x^4$，则 $y'' = ($　　$)$．

A. x^3　　　　B. $3x^2$　　　　C. $6x$　　　　D. 6

（2）已知 $y = \cos 2x$，则 $y'' = ($　　$)$．

A. $\sin 2x$　　B. $3x^2$　　　　C. $-4\cos 2x$　　D. $-4\sin 2x$

（3）设 $y = e^{3x+2}$，则 $y''' = ($　　$)$．

A. $3e^{3x+2}$　　B. $3x^2 3e^{3x+2}$　　C. $9e^{3x+2}$　　D. $27e^{3x+2}$

2. 求下列函数的二阶导数．

（1）$y = x^4 - 2x^3 + 4x^2 - 1$；　　　　（2）$y = x^2 \ln x$；

（3）$y = e^{\sqrt{x}}$；　　　　　　　　　　（4）$y = \sin \dfrac{1}{x}$；

（5）$y = \ln(x^2 - 1)$；　　　　　　　　（6）$y = e^{-x} \cos x$．

B　能力提升

求下列函数的 n 阶导数．

（1）$y = \sin x$；　　　　　　　　　　　（2）$y = 2^x$；

（3）$y = \ln(1-x)$；　　　　　　　　　　（4）$y = \cos x$．

C　学以致用

已知阻尼振动的位移函数 $s = be^{-\lambda t} \sin \omega t$，（$b,\lambda,\omega$ 为常数），求任意在时刻 t 阻尼振动的速度和加速度．

第四节　函数的微分

引例 2-5　连续复利计算公式为：本利和 $s = Pe^{ni}$（P 表示本金，n 表示时间，i 表示利率). 某公司向银行贷款 40 万元, 按连续复利年利率 6% 计算利息, 3 年后本利一次还清, 则该公司 3 年后的还贷金额是多少?

一、微分的概念

在实际生产与科学实验中, 需要考察和估算函数的改变量 Δy. 下面考察一个例子 (图 2-2), 求正方形金属薄片受热后面积的改变量.

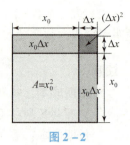

图 2-2

设正方形的边长是 x_0, 它的面积是 x_0^2, 当边长有一个改变量 Δx 时, 面积的改变量为

$$\Delta S = (x_0 + \Delta x)^2 - x_0^2 = 2x_0\Delta x + (\Delta x)^2 = 2x_0\Delta x + o(\Delta x).$$

它包括两部分, 前一部分 $2x_0\Delta x$ 是 Δx 的线性函数, 后一部分 $(\Delta x)^2$ 是 Δx 的高阶无穷小, 因此 $\Delta S \approx 2x_0\Delta x$.

定义 2-3 设函数 $y = f(x)$ 在 x_0 的某邻域内有定义, 如果函数的增量 $\Delta y = f(x_0 + \Delta x) - f(x_0)$ 可以表示为

$$\Delta y = A\Delta x + o(\Delta x),$$

其中 A 是不依赖 Δx 的常数, 那么称函数 $y = f(x)$ 在 x_0 处可微, $A\Delta x$ 叫作函数 $y = f(x)$ 在 x_0 处相应于自变量增量 Δx 的**微分**, 记作 dy, 即 $dy = A\Delta x$.

函数在 x_0 处可微的**充分必要条件**是函数在 x_0 处可导, 并且 $dy = f'(x_0)\Delta x$, $\Delta y = dy + o(\alpha)$, 称 dy 是 Δy 的**线性主部**.

因为 $dy = f'(x_0)\Delta x$ 是 Δx 的线性函数, 所以在 $f'(x_0) \neq 0$ 的条件下, 就说 dy 是 Δy 的线性主部, $\Delta y \approx dy$. 自变量 x 的微分, 记作 dx, 即 $dx = \Delta x$. 函数 $y = f(x)$ 在 x_0 处的微分记作 $dy = f'(x_0)dx$.

函数 $y = f(x)$ 在 x 处的微分记作 $dy = f'(x)dx$, 从而有 $\dfrac{dy}{dx} = f'(x)$, 函数的微分 dy 与自变量的微分 dx 的商等于该函数的导数, 所以导数又叫作**微商**.

例 2-17 求函数 $y = x^2$ 在 $x = 1$ 和 $x = 3$ 处的微分.

解 函数 $y = x^2$ 在 $x = 1$ 处的微分为 $dy = (x^2)'|_{x=1}\Delta x = 2\Delta x$.

函数 $y = x^2$ 在 $x = 3$ 处的微分为 $dy = (x^2)'|_{x=3}\Delta x = 6\Delta x$.

例 2-18 函数 $y = e^{x^2} + e^x$, 求 $dy|_{x=0}$.

解 $dy|_{x=0} = y'|_{x=0}dx = (2xe^{x^2} + e^x)|_{x=0}dx = dx.$

例 2-19 求下列函数的微分.

(1) $y = \ln\sin x$;   (2) $y = x\cos x$.

解 (1) $dy = (\ln\sin x)'dx = \dfrac{\cos x}{\sin x}dx = \cot x\,dx$;

(2) $dy = (x\cos x)'dx = (\cos x - x\sin x)dx.$

二、微分的几何意义

设函数 $y = f(x)$ 在 x 处可微, 函数 $y = f(x)$ 的图形是一条曲线 (图 2-3), $M(x_0,$

y_0)是曲线 $y = f(x)$ 的一点，Δy 是曲线 $y = f(x)$ 的点 $M(x_0, y_0)$ 的纵坐标的增量，$N(x_0 + \Delta x, y_0 + \Delta y)$ 为邻近 M 的一点，dy 是曲线在 $M(x_0, y_0)$ 的切线上点的纵坐标的增量，当 $|\Delta x|$ 很小时，$|\Delta y - dy|$ 比 $|dy|$ 的值小得多，$|\Delta y| \approx |dy|$，因此用切线段 MP 近似代替曲线段.

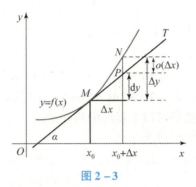

图 2-3

基本初等函数的微分公式见表 2-1.

表 2-1

(1) $dC = 0$;	(2) $dx^\alpha = \alpha x^{\alpha-1} dx$;
(3) $da^x = a^x \ln a\, dx$;	(4) $(e^x)' = e^x$;
(5) $d\log_a x = \dfrac{1}{x \ln a} dx$;	(6) $d\ln x = \dfrac{1}{x} dx$;
(7) $d\sin x = \cos x\, dx$;	(8) $d\cos x = -\sin x\, dx$;
(9) $d\tan x = \sec^2 x\, dx$;	(10) $d\cot x = -\csc^2 x\, dx$;
(11) $d\sec x = \sec x \cdot \tan x\, dx$;	(12) $d\csc x = -\csc x \cdot \cot x\, dx$;
(13) $d\arcsin x = \dfrac{1}{\sqrt{1-x^2}} dx$;	(14) $d\arccos x = -\dfrac{1}{\sqrt{1-x^2}} dx$;
(15) $d\arctan x = \dfrac{1}{1+x^2} dx$;	(16) $d\operatorname{arccot} x = -\dfrac{1}{1+x^2} dx$.

三、微分的运算法则

由微分的定义可以得到微分的四则运算法则.

(1) $d[f(x) \pm g(x)] = df(x) \pm dg(x) = [f'(x) \pm g'(x)] dx$;

(2) $d[f(x) \cdot g(x)] = g(x) df(x) + f(x) dg(x) = [f'(x)g(x) + f(x)g'(x)] dx$，特别地，$d[Cf(x)] = C d[f(x)] = Cf'(x) dx$;

(3) $d\left[\dfrac{f(x)}{g(x)}\right] = \dfrac{g(x) df(x) - f(x) dg(x)}{g^2(x)} = \dfrac{f'(x)g(x) - f(x)g'(x)}{g^2(x)} dx \, (g(x) \neq 0)$.

四、微分形式不变性

设 $y = f(u)$ 及 $u = g(x)$ 都可导，则复合函数 $y = f[g(x)]$ 的微分为

$$dy = y'_x dx = f'(u)g'(x)dx.$$

而 $g'(x)dx = du$，因此，复合函数 $y = f[g(x)]$ 的微分公式还可写成

$$dy = f'(u)du \text{ 或 } dy = y'_u du.$$

无论 u 是自变量还是另一个变量的可微函数，微分形式 $dy = f'(u)du$ 保持不变，这称为**微分形式不变性**.

例 2-20 已知 $y = \sin(2x+1)$，求 dy.

解 将 $2x+1$ 看成中间变量 u，则

$$\begin{aligned}dy &= d(\sin u) = \cos u du = \cos(2x+1)d(2x+1) \\ &= \cos(2x+1) \cdot 2dx = 2\cos(2x+1)dx.\end{aligned}$$

在求复合函数的微分时，熟练后可以不写出中间变量.

例 2-21 求函数 $y = e^{ax+bx^2}$ 的微分.

解 $dy = de^{ax+bx^2} = e^{ax+bx^2}d(ax+bx^2) = (a+2bx)e^{ax+bx^2}dx.$

*五、微分在近似计算中的应用

在工程计算中，经常会遇到一些复杂的计算公式，利用微分能将一些复杂的计算公式用简单的近似公式代替.

如果函数 $y = f(x)$ 在 x_0 处的导数 $f'(x_0) \neq 0$，则有 $\Delta y \approx dy = f'(x_0)\Delta x$，即

$$\Delta y = f(x_0 + \Delta x) - f(x_0) \approx f'(x_0)\Delta x \quad (2-8)$$

或

$$f(x_0 + \Delta x) \approx f(x_0) + f'(x_0)\Delta x \quad (2-9)$$

在式 (2-9) 中，令 $\Delta x = x - x_0$，那么式 (2-9) 就写成

$$f(x) \approx f(x_0) + f'(x_0)(x - x_0) \quad (2-10)$$

如果 $f(x_0)$ 与 $f'(x_0)$ 都容易计算，那么就能利用式 (2-8) 近似计算 Δy，用式 (2-9) 近似计算 $f(x_0 + \Delta x)$，用式 (2-10) 近似计算 $f(x)$.

此近似计算的实质就是用 x 的线性函数 $f(x_0) + f'(x_0)(x - x_0)$ 近似表达函数 $f(x)$. 其几何意义是曲线 $y = f(x)$ 在点 $(x_0, f(x_0))$ 处附近的切线段近似等于该曲线在点 $(x_0, f(x_0))$ 处附近的曲线段.

在式 (2-10) 中，令 $x_0 = 0$，得 $f(x) \approx f(0) + f'(0)x$（$|x|$ 很小），由此得到几个在工程上常用的近似公式.

(1) $\sqrt[n]{1+x} \approx 1 + \dfrac{1}{n}x$；   (2) $\sin x \approx x$（x 是弧度）；

(3) $\tan x \approx x$（x 是弧度）；   (4) $e^x \approx 1 + x$；   (5) $\ln(1+x) \approx x$.

例 2-22 计算 $\sqrt[3]{1.009}$ 的近似值.

解 由公式 $\sqrt[n]{1+x} \approx 1 + \dfrac{1}{n}x$，得 $\sqrt[3]{1.009} \approx 1 + 0.003 = 1.003$.

引例 2-5 解析 由题意知，贷款额 $P = 40$ 万元，连续复利年利率 $i = 6\% = 0.06$，$n = 3$. 该公司 3 年后的还款金额为 $s = Pe^{ni} = 40e^{3 \times 0.06} = 40e^{0.18}$. 下面计算 $e^{0.18}$. $|x| = 0.18$ 很小，由近似公式 $e^{0.18} \approx 1 + 0.18$，得 $s = 40e^{0.18} \approx 40 \times 1.18 = 47.2$，即该公司 3 年

后的还贷金额约为 47.2 万元.

习题 2-4

A 知识巩固

1. 在等式右端的横线上填入适当的函数,使等式成立.

(1) $a\mathrm{d}x = \mathrm{d}$ _____ ;　　(2) $bx\mathrm{d}x = \mathrm{d}$ _____ ;　　(3) $\dfrac{\mathrm{d}x}{2\sqrt{x}} = \mathrm{d}$ _____ ;

(4) $\dfrac{1}{x}\mathrm{d}x = \mathrm{d}$ _____ ;　　(5) $\dfrac{\mathrm{d}x}{1+x^2} = \mathrm{d}$ _____ ;　　(6) $\dfrac{\mathrm{d}x}{\sqrt{1-x^2}} = \mathrm{d}$ _____ ;

(7) $\sin 2x\mathrm{d}x = \mathrm{d}$ _____ ;　　(8) $\cos ax\mathrm{d}x = \mathrm{d}$ _____ ;　　(9) $\mathrm{e}^{-3x}\mathrm{d}x = \mathrm{d}$ _____ .

2. 求下列函数的微分.

(1) $y = \sin x + \cos x$;

(2) $y = \dfrac{x}{\sqrt{x^2+1}}$;

(3) $y = \tan^2 3x$;

(4) $y = \dfrac{\cos x}{1-x^2}$;

(5) $y = \mathrm{e}^x \cos 5x$;

(6) $y = \ln \sqrt{1-x^2}$.

3. 已知 $y = \mathrm{e}^{\pi - 3x} \cos 3x$,求 $\mathrm{d}y\big|_{x=\frac{\pi}{3}}$.

B 能力提升

求下列函数的微分.

(1) $y = \dfrac{x}{\sqrt{x^2-1}}$;

(2) $y = [\ln(1-x)]^2$;

(3) $y = \arctan \dfrac{1-x^2}{1+x^2}$;

(4) $y = \mathrm{e}^{-x} \cos 4x$;

(5) $y = 3^{\ln \tan x}$;

(6) $y = \cos^2 \sqrt{x}$.

C 学以致用

某煤炭公司每天生产 q t 煤的总成本函数为 $C(q) = 2\,000 + 450q + 0.02q^2$,若每 t 煤的销售价格为 490 元,求:(1) 当产量 $q = 500$ t 时利润是多少?(2) 若产量 $q = 500$ 吨,则多生产 1 t 煤时总成本、总收入、总利润如何变化?(3) 若产量 $q = 1\,000$ t,则多销售 1 t 煤时总利润有什么变化?

第五节　洛必达法则

引例 2-6　已知生产 x 对汽车挡板的成本是 $C(x) = x + \ln(x+1)$ 欧元,每对的销售价格是 5 欧元,于是销售 x 对挡板的收入为 $R(x) = 5x$ 欧元.

(1) 出售 $x+1$ 对挡板相比于出售 x 对挡板所产生的利润增长额为 $I(x) = [R(x+1) - C(x+1)] - [R(x) - C(x)]$ 欧元,当生产稳定、产量很大时,这个增长额为 $\lim\limits_{x \to \infty} I(x)$ 欧元,试求这个极限值.

(2) 生产 x 对挡板时,每对挡板的平均成本为 $\dfrac{C(x)}{x}$ 欧元,同样当产量很大时,每对的成本大致是 $\lim\limits_{x\to\infty}\dfrac{C(x)}{x}$ 欧元,试求这个极限值.

当 $x\to a$(或者 $x\to\infty$)时,两个函数 $f(x)$ 与 $F(x)$ 都趋向于零或都趋向于无穷大,那么极限 $\lim\limits_{x\to a}\dfrac{f(x)}{F(x)}$(或者 $\lim\limits_{x\to\infty}\dfrac{f(x)}{F(x)}$)可能存在,也可能不存在,把这种形式的极限叫作不定式,并分别简记为"$\dfrac{0}{0}$"型和"$\dfrac{\infty}{\infty}$"型. 对于这类极限,不能简单地用"商的极限等于极限的商"这一法则来处理,下面介绍一种简便且重要的方法——洛必达法则——来处理"$\dfrac{0}{0}$"型和"$\dfrac{\infty}{\infty}$"型这类不定式的极限问题.

一、基本类型的不定式（"$\dfrac{0}{0}$"型和"$\dfrac{\infty}{\infty}$"型）

定理 2-5 如果函数 $f(x)$ 和 $F(x)$ 满足：

(1) 当 $x\to a$ 时,$f(x)\to 0$,$F(x)\to 0$；

(2) $f'(x)$ 及 $F'(x)$ 在 a 的某个去心邻域内都存在,且 $F'(x)\neq 0$；

(3) $\lim\limits_{x\to a}\dfrac{f'(x)}{F'(x)}$ 存在（或为无穷大），

那么

$$\lim_{x\to a}\dfrac{f(x)}{F(x)}=\lim_{x\to a}\dfrac{f'(x)}{F'(x)}.$$

洛必达法则

为了更好地使用该定理,做以下几点说明.

(1) 此定理是处理当 $x\to a$ 时"$\dfrac{0}{0}$"型不定式的一种重要方法. 定理表明,当 $\lim\limits_{x\to a}\dfrac{f'(x)}{F'(x)}$ 存在（或为无穷大）时,$\lim\limits_{x\to a}\dfrac{f(x)}{F(x)}$ 也存在（或为无穷大）,这种通过求分子、分母导数之比的极限来确定不定式极限的方法称为**洛必达法则**.

(2) 如果极限 $\lim\limits_{x\to a}\dfrac{f'(x)}{F'(x)}$ 仍是"$\dfrac{0}{0}$"型不定式,且 $f'(x)$,$F'(x)$ 又满足定理 2-5 的条件,则可以再次使用洛必达法则,即 $\lim\limits_{x\to a}\dfrac{f(x)}{F(x)}=\lim\limits_{x\to a}\dfrac{f'(x)}{F'(x)}=\lim\limits_{x\to a}\dfrac{f''(x)}{F''(x)}$.

(3) 如果 $\lim\limits_{x\to a}\dfrac{f'(x)}{F'(x)}$ 不存在（也不是无穷大），不能断言 $\lim\limits_{x\to a}\dfrac{f(x)}{F(x)}$ 不存在,只能说明该极限不适合用洛必达法则来求.

例如：对于极限 $\lim\limits_{x\to 0}\dfrac{x^2\sin\dfrac{1}{x}}{x}$,若使用洛必达法则求,则有

$$\lim_{x\to 0}\dfrac{x^2\sin\dfrac{1}{x}}{x}=\lim_{x\to 0}\left(2x\cdot\sin\dfrac{1}{x}-\cos\dfrac{1}{x}\right),$$

但式子右边的极限是不存在的. 而实际上 $\lim\limits_{x\to 0}\dfrac{x^2\sin\dfrac{1}{x}}{x}=\lim\limits_{x\to 0}x\sin\dfrac{1}{x}=0$，所以当 $\lim\limits_{x\to a}\dfrac{f'(x)}{F'(x)}$ 不存在时，应改用其他方法求原极限.

例 2 – 23 求下列极限.

(1) $\lim\limits_{x\to 0}\dfrac{\mathrm{e}^x-1}{x}$；　　(2) $\lim\limits_{x\to 1}\dfrac{x^3-3x+2}{x^3-x^2-x+1}$；　　(3) $\lim\limits_{x\to 0}\dfrac{x-\sin x}{x^3}$.

解 (1) $\lim\limits_{x\to 0}\dfrac{\mathrm{e}^x-1}{x}=\lim\limits_{x\to 0}\dfrac{\mathrm{e}^x}{1}=\mathrm{e}^0=1$.

(2) $\lim\limits_{x\to 1}\dfrac{x^3-3x+2}{x^3-x^2-x+1}=\lim\limits_{x\to 1}\dfrac{3x^2-3}{3x^2-2x-1}=\lim\limits_{x\to 1}\dfrac{6x}{6x-2}=\dfrac{3}{2}$.

(3) $\lim\limits_{x\to 0}\dfrac{x-\sin x}{x^3}=\lim\limits_{x\to 0}\dfrac{1-\cos x}{3x^2}=\lim\limits_{x\to 0}\dfrac{\sin x}{6x}=\dfrac{1}{6}$.

定理 2 – 5 也适合于当 $x\to\infty$ 时的"$\dfrac{0}{0}$"型不定式. 对于当 $x\to a$（或者 $x\to\infty$）时的"$\dfrac{\infty}{\infty}$"型不定式，也有相应的洛必达法则.

定理 2 – 6 如果函数 $f(x)$ 和 $F(x)$ 满足：

(1) 当 $x\to a$ 时，$f(x)\to\infty$，$F(x)\to\infty$；

(2) $f'(x)$ 及 $F'(x)$ 在 a 的某个去心邻域内都存在，且 $F'(x)\neq 0$；

(3) $\lim\limits_{x\to a}\dfrac{f'(x)}{F'(x)}$ 存在（或为无穷大），那么

$$\lim\limits_{x\to a}\dfrac{f(x)}{F(x)}=\lim\limits_{x\to a}\dfrac{f'(x)}{F'(x)}.$$

概括起来说，只要定理 2 – 5 或定理 2 – 6 的条件满足，无论是 $x\to a$ 还是 $x\to\infty$，也无论是"$\dfrac{0}{0}$"型不定式还是"$\dfrac{\infty}{\infty}$"型不定式，都有 $\lim\dfrac{f(x)}{F(x)}=\lim\dfrac{f'(x)}{F'(x)}$.

例 2 – 24 (1) $\lim\limits_{x\to+\infty}\dfrac{x^n}{\mathrm{e}^{\lambda\cdot x}}$（$n$ 为正整数，$\lambda>0$）；

(2) $\lim\limits_{x\to+\infty}\dfrac{(\ln x)^n}{x}$（$n$ 为正整数）.

解 (1) $\lim\limits_{x\to+\infty}\dfrac{x^n}{\mathrm{e}^{\lambda x}}=\lim\limits_{x\to+\infty}\dfrac{nx^{n-1}}{\lambda\mathrm{e}^{\lambda x}}=\lim\limits_{x\to+\infty}\dfrac{n(n-1)x^{n-2}}{\lambda^2\mathrm{e}^{\lambda x}}=\cdots=\lim\limits_{x\to+\infty}\dfrac{n!}{\lambda^n\mathrm{e}^{\lambda x}}=0$.

(2) $\lim\limits_{x\to+\infty}\dfrac{(\ln x)^n}{x}=\lim\limits_{x\to+\infty}\dfrac{n\cdot(\ln x)^{n-1}}{x}=\lim\limits_{x\to+\infty}\dfrac{n(n-1)(\ln x)^{n-2}}{x}$

$=\cdots=\lim\limits_{x\to+\infty}\dfrac{n!(\ln x)^0}{x}=\lim\limits_{x\to+\infty}\dfrac{n!}{x}=0$.

二、其他类型的未定式

除"$\dfrac{0}{0}$"型和"$\dfrac{\infty}{\infty}$"型这两种基本的不定式外，还有一些常见的不定式，如"$0\cdot\infty$"型、"$\infty-\infty$"型、"0^0"型、"1^∞"型、"∞^0"型等，这些不定式都可化归为"$\dfrac{0}{0}$"

型或"$\frac{\infty}{\infty}$"型不定式来计算.

例 2-25 求 $\lim\limits_{x\to 0^+} x^n \cdot \ln x \, (n>0)$.

解 这是"$0 \cdot \infty$"型不定式,由等式 $x^n \cdot \ln x = \dfrac{\ln x}{\dfrac{1}{x^n}}$,可将"$0 \cdot \infty$"型不定式转化为"$\dfrac{\infty}{\infty}$"型不定式,然后使用洛必达法则求极限.

$$\lim_{x\to 0^+} x^n \cdot \ln x = \lim_{x\to 0^+} \frac{\ln x}{\dfrac{1}{x^n}} = \lim_{x\to 0^+} \frac{\dfrac{1}{x}}{-nx^{-n-1}} = \lim_{x\to 0^+} \frac{-x^n}{n} = 0.$$

例 2-26 求 $\lim\limits_{x\to \frac{\pi}{2}} (\sec x - \tan x)$.

解 这是"$\infty - \infty$"型不定式,由 $\sec x - \tan x = \dfrac{1-\sin x}{\cos x}$,可将"$\infty - \infty$"型不定式转化为"$\dfrac{0}{0}$"型不定式,然后使用洛必达法则求极限.

$$\lim_{x\to \frac{\pi}{2}} (\sec x - \tan x) = \lim_{x\to \frac{\pi}{2}} \frac{1-\sin x}{\cos x} = \lim_{x\to \frac{\pi}{2}} \frac{\cos x}{-\sin x} = 0.$$

例 2-27 求 $\lim\limits_{x\to 0^+} x^{\sin x}$.

解 这是"0^0"型不定式,由对数恒等式有 $x^{\sin x} = e^{\sin x \ln x}$,而右端的指数 $\sin x \ln x$ 是"$0 \cdot \infty$"型不定式,所以

$$\lim_{x\to 0^+} \sin x \ln x = \lim_{x\to 0^+} \frac{\ln x}{\csc x} = \lim_{x\to 0^+} \frac{\dfrac{1}{x}}{-\csc x \cdot \cot x} = \lim_{x\to 0^+} \frac{-\sin x \cdot \tan x}{x} = 0,$$

于是

$$\lim_{x\to 0^+} x^{\sin x} = \lim_{x\to 0^+} e^{\sin x \cdot \ln x} = e^{\lim\limits_{x\to 0^+} \sin x \cdot \ln x} = e^0 = 1.$$

洛必达法则是求不定式的一种非常有效的方法,如果能与求极限的其他方法结合起来使用,则可使极限的求解过程更为简捷.

引例 2-6 解析 (1) 由题意知

$$\begin{aligned}
I(x) &= [R(x+1) - C(x+1)] - [R(x) - C(x)] \\
&= [5(x+1) - (x+1+\ln(x+2))] - [5x - (x+\ln(x+1))] \\
&= 4 - \ln(x+2) + \ln(x+1) \\
&= 4 + \ln\frac{x+1}{x+2}.
\end{aligned}$$

则 $\lim\limits_{x\to \infty} I(x) = \lim\limits_{x\to \infty} \left(4 + \ln\dfrac{x+1}{x+2}\right) = 4.$

(2) $\lim\limits_{x\to \infty} \dfrac{C(x)}{x} = \lim\limits_{x\to \infty} \dfrac{x+\ln(x+1)}{x} = 1 + \lim\limits_{x\to \infty} \dfrac{\ln(x+1)}{x}$,由洛必达法则可得 $\lim\limits_{x\to \infty} \dfrac{\ln(x+1)}{x} = \lim\limits_{x\to \infty} \dfrac{\dfrac{1}{x+1}}{1} = 0$,故 $\lim\limits_{x\to \infty} \dfrac{C(x)}{x} = 1$.

习题 2-5

A 知识巩固

用洛必达法则求下列函数的极限.

(1) $\lim\limits_{x\to 0}\dfrac{\sin 2x}{x}$；

(2) $\lim\limits_{x\to 0}\dfrac{\cos x - 1}{x^2}$；

(3) $\lim\limits_{x\to 0}\dfrac{\sin 3x}{\tan 5x}$；

(4) $\lim\limits_{x\to a}\dfrac{\sin x - \sin a}{x - a}$；

(5) $\lim\limits_{x\to\frac{\pi}{2}}\dfrac{\ln\sin 2x}{(\pi - 2x)^2}$；

(6) $\lim\limits_{x\to 0^+}\dfrac{\ln\tan 7x}{\ln\tan 2x}$；

(7) $\lim\limits_{x\to 0}\left(\dfrac{1}{x} - \dfrac{1}{e^x - 1}\right)$；

(8) $\lim\limits_{x\to 0} x\cot 2x$；

(9) $\lim\limits_{x\to 0} x^2 e^{\frac{1}{x^2}}$；

(10) $\lim\limits_{x\to 1}\left(\dfrac{2}{x^2-1} - \dfrac{1}{x-1}\right)$；

(11) $\lim\limits_{x\to 0^+}(\sin x)^x$；

(12) $\lim\limits_{x\to 1^-}(1-x)^{\cot\frac{\pi}{2}x}$.

B 能力提升

求下列极限.

(1) $\lim\limits_{x\to\infty}\dfrac{x + \sin x}{x}$；

(2) $\lim\limits_{x\to\infty}\dfrac{x - \sin x}{x + \sin x}$；

(3) $\lim\limits_{x\to +\infty}\left(\dfrac{x+1}{x-1}\right)^x$；

(4) $\lim\limits_{x\to +\infty}\dfrac{e^x - e^{-x}}{e^x + e^{-x}}$.

C 学以致用

求极限 $\lim\limits_{x\to 0}\dfrac{1}{x}\left(\dfrac{1}{\sin x} - \dfrac{1}{\tan x}\right)$.

第六节 函数的单调性、极值与最值

引例 2-7 某工厂每月生产 q 吨产品的总成本为 $C(q) = \dfrac{1}{3}q^3 - 7q^2 + 111q + 40$，每月销售这些产品的总收入为 $R(q) = 100q - q^2$，如果要使每月获得最大利润，试确定每月的产量及最大利润（单位：万元）.

一、函数单调性的判定法

如图 2-4 所示，如果函数 $y = f(x)$ 在 $[a, b]$ 上单调增加（单调减少），那么它的图形是一条沿 x 轴正向上升（下降）的曲线.这时曲线的各点处的切线斜率是非负的（非正的），即 $y' = f'(x) \geq 0 (y' = f'(x) \leq 0)$. 由此可见，函数的单调性与导数的符号有着密切的关系.

反过来，能否用导数的符号来判定函数的单调性呢？

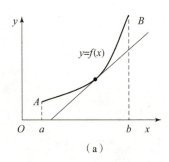 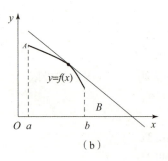

图 2-4

(a) 函数图形上升时切线斜率非负；(b) 函数图形下降时切线斜率非正

定理 2-7（函数单调性的判定法） 设函数 $y=f(x)$ 在 $[a,b]$ 上连续，在 (a,b) 内可导.

(1) 如果在 (a,b) 内 $f'(x)>0$，那么函数 $y=f(x)$ 在 $[a,b]$ 上单调增加；

(2) 如果在 $[a,b]$ 内 $f'(x)<0$，那么函数 $y=f(x)$ 在 $[a,b]$ 上单调减少.

> **注：** 判定法中的闭区间可换成其他各种区间.

例 2-28 讨论函数 $y=e^x-x-1$ 的单调性.

解 $y'=e^x-1$. 函数 $y=e^x-x-1$ 在定义域 $(-\infty,+\infty)$ 内连续.

(1) 在 $(-\infty,0)$ 内 $y'<0$，所以函数 $y=e^x-x-1$ 在 $(-\infty,0]$ 上单调减少；

(2) 在 $(0,+\infty)$ 内 $y'>0$，所以函数 $y=e^x-x-1$ 在 $[0,+\infty)$ 上单调增加.

例 2-29 确定函数 $f(x)=2x^3-9x^2+12x-3$ 的单调区间.

解 这个函数在定义域 $(-\infty,+\infty)$ 内连续. 函数的导数为
$$f'(x)=6x^2-18x+12=6(x-1)(x-2).$$
导数为零的点有两个，$x_1=1$，$x_2=2$.

列表分析如下（表 2-2）.

表 2-2

x	$(-\infty,1)$	$(1,2)$	$(2,+\infty)$
$f'(x)$	+	−	+
$f(x)$	↗	↘	↗

由表 2-2 可知，函数 $f(x)$ 在区间 $(-\infty,1]$ 和 $[2,+\infty)$ 内单调增加，在区间 $[1,2]$ 上单调减少.

例 2-30 讨论函数 $y=2x+\dfrac{8}{x}$ 的单调性.

解 该函数的定义域为 $(-\infty,0)\cup(0,+\infty)$，$y'=2-\dfrac{8}{x^2}=\dfrac{2(x^2-4)}{x^2}$.

当 $x = \pm 2$ 时，$y' = 0$，用 $x = \pm 2$ 划分定义区间并列表分析如下（表 2-3）.

表 2-3

x	$(-\infty, -2)$	$(-2, 0)$	$(0, 2)$	$(2, +\infty)$
$f'(x)$	+	-	-	+
$f(x)$	↗	↘	↘	↗

由表 2-3 可知，函数 $f(x)$ 在区间 $(-\infty, -2]$ 和 $[2, +\infty)$ 内单调增加，在区间 $[-2, 0)$ 和 $(0, 2]$ 内单调减少.

例 2-31 试证：当 $x > 1$ 时，$2\sqrt{x} > 3 - \dfrac{1}{x}$.

证 令 $f(x) = 2\sqrt{x} - \left(3 - \dfrac{1}{x}\right)$，则 $f'(x) = \dfrac{1}{\sqrt{x}} - \dfrac{1}{x^2} = \dfrac{1}{x^2}(x\sqrt{x} - 1)$.

当 $x > 1$ 时，$f'(x) > 0$，因此 $f(x)$ 在 $[1, +\infty)$ 内单调增加，从而当 $x > 1$ 时，$f(x) > f(1)$. 由 $f(1) = 0$，得 $f(x) > f(1) = 0$，即 $2\sqrt{x} - \left(3 - \dfrac{1}{x}\right) > 0$，故 $2\sqrt{x} > 3 - \dfrac{1}{x}$.

二、函数的极值及其求法

1. 极值的定义

定义 2-4 设函数 $f(x)$ 在区间 (a, b) 内有定义，$x_0 \in (a, b)$. 如果在 x_0 的某一去心邻域内有：

函数的极值

(1) $f(x) < f(x_0)$，则称 $f(x_0)$ 是函数 $f(x)$ 的一个**极大值**，x_0 称为函数的**极大值点**；

(2) 如果在 x_0 的某一去心邻域内有 $f(x) > f(x_0)$，则称 $f(x_0)$ 是函数 $f(x)$ 的一个**极小值**，x_0 称为函数的**极小值点**.

(3) 函数的极大值与极小值统称为函数的**极值**，函数的极大值点与极小值点统称为函数的**极值点**. 如图 2-5 所示，x_1, x_4 为极大值点，x_2, x_5 为极小值点.

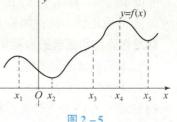
图 2-5

> **注意：**
> 函数的极大值和极小值是函数的局部性质. 如果 $f(x_0)$ 是函数 $f(x)$ 的一个极大值，只是就 x_0 附近的一个局部范围来说，$f(x_0)$ 是最大的；如果就 $f(x)$ 的整个定义域来说，$f(x_0)$ 不一定是最大的. 关于极小值也类似.

2. 极值与水平切线的关系

在可导函数取得极值处，曲线上的切线是水平的，但曲线上有水平切线的地方，函数不一定取得极值.

定理2-8（必要条件） 设函数$f(x)$在x_0处可导，且在x_0处取得极值，那么这个函数在x_0处的导数为零，即$f'(x_0)=0$.

定义2-5 使导数为零的点（即方程$f'(x_0)=0$的实根）叫作函数$f(x)$的**驻点**.

定理2-8是说：可导函数$f(x)$的极值点必定是函数的驻点.但反过来，函数$f(x)$的驻点却不一定是极值点.考察函数$f(x)=x^3$在$x=0$处的情况.

三、确定极值的充分条件

定理2-9（第一充分条件）设函数$f(x)$在x_0处连续，且在x_0的某去心邻域$(x_0-\delta, x_0)\cup(x_0, x_0+\delta)$内可导.

（1）如果在$(x_0-\delta, x_0)$内$f'(x)>0$，在$(x_0, x_0+\delta)$内$f'(x)<0$，那么函数$f(x)$在x_0处取得极大值（图2-6）；

（2）如果在$(x_0-\delta, x_0)$内$f'(x)<0$，在$(x_0, x_0+\delta)$内$f'(x)>0$，那么函数$f(x)$在x_0处取得极小值（图2-7）；

（3）如果在$(x_0-\delta, x_0)$及$(x_0, x_0+\delta)$内$f'(x)$的符号相同，那么函数$f(x)$在x_0处没有极值（图2-8）.

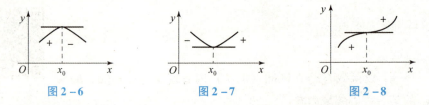

图2-6　　　　　图2-7　　　　　图2-8

定理2-9也可以简单地这样说：当$f(x)$在x_0的邻近渐增地经过x_0时，如果$f'(x)$的符号由正变负，那么$f(x)$在x_0处取得极大值；如果$f'(x)$的符号由负变正，那么$f(x)$在x_0处取得极小值；如果$f'(x)$的符号不改变，那么$f(x)$在x_0处没有极值.

确定极值点和极值的步骤如下：

（1）求出函数的定义域；

（2）求出导数$f'(x)$；

（3）求出$f(x)$的全部驻点和不可导点；

（4）列表判断（考察$f'(x)$的符号在每个驻点和不可导点的左右邻近的情况，以便确定该点是否是极值点，如果是极值点，还要按定理2-9确定对应的函数值是极大值还是极小值）；

（5）确定函数的所有极值点和极值.

例2-32 求函数$f(x)=(x-4)\sqrt[3]{(x+1)^2}$的极值.

解（1）$f(x)$在定义域$(-\infty, +\infty)$内连续；

（2）除$x=-1$处外处处可导，且$f'(x)=\dfrac{5(x-1)}{3\sqrt[3]{x+1}}$；

（3）令$f'(x)=0$，得驻点$x=1$，$x=-1$为$f(x)$的不可导点；

（4）列表判断（表2-4）；

表 2-4

x	$(-\infty, -1)$	-1	$(-1, 1)$	1	$(1, +\infty)$
$f'(x)$	$+$	不存在	$-$	0	$+$
$f(x)$	↗	0	↘	$-3\sqrt[3]{4}$	↗

(5) 函数的极大值为 $f(-1) = 0$，极小值为 $f(1) = -3\sqrt[3]{4}$.

定理 2-10 （第二充分条件）设函数 $f(x)$ 在 x_0 处具有二阶导数且 $f'(x_0) = 0$，$f''(x_0) \neq 0$，那么

(1) 当 $f''(x_0) < 0$ 时，函数 $f(x)$ 在 x_0 处取得极大值；

(2) 当 $f''(x_0) > 0$ 时，函数 $f(x)$ 在 x_0 处取得极小值.

定理 2-10 表明，如果函数 $f(x)$ 在驻点 x_0 处的二阶导数 $f''(x_0) \neq 0$，那么该 x_0 一定是极值点，并且可以按二阶导数 $f''(x_0)$ 的符号来判定 $f(x_0)$ 是极大值还是极小值. 但如果 $f''(x_0) = 0$，定理 2-10 就不能应用.

讨论 函数 $f(x) = x^4$，$g(x) = x^3$ 在 $x = 0$ 处是否有极值？

解 $f'(x) = 4x^3$，$f'(0) = 0$；$f''(x) = 12x^2$，$f''(0) = 0$. 但当 $x < 0$ 时 $f'(x) < 0$，当 $x > 0$ 时 $f'(x) > 0$，所以 $f(0) = 0$ 为极小值. $g'(x) = 3x^2$，$g'(0) = 0$；$g''(x) = 6x$，$g''(0) = 0$，但 $g(0) = 0$ 不是极值.

例 2-33 求函数 $f(x) = (x^2 - 1)^3 + 1$ 的极值.

解 (1) $f'(x) = 6x(x^2 - 1)^2$.

(2) 令 $f'(x) = 0$，求得驻点 $x_1 = -1$，$x_2 = 0$，$x_3 = 1$.

(3) $f''(x) = 6(x^2 - 1)(5x^2 - 1)$.

(4) 因为 $f''(0) = 6 > 0$，所以 $f(x)$ 在 $x = 0$ 处取得极小值，极小值为 $f(0) = 0$.

(5) 因为 $f''(-1) = f''(1) = 0$，用定理 2-10 无法判别. 因为在 $x = -1$ 处的充分小的左、右邻域内 $f'(x) < 0$，所以 $f(x)$ 在 $x = -1$ 处没有极值；同理，$f(x)$ 在 $x = 1$ 处也没有极值.

四、函数的最值及其求法

在工农业生产、工程技术及科学实验中，常常会遇到这样一类问题：在一定条件下，怎样使"产品最多""用料最省""成本最低""效率最高"等. 这类问题在数学上有时可归结为求某一函数（通常称为目标函数）的最大值或最小值问题.

1. 极值与最值的关系

设函数 $f(x)$ 在闭区间 $[a, b]$ 上连续，则函数的最大值和最小值一定存在. 函数的最大值和最小值有可能在区间的端点取得，如果最大值不在区间的端点取得，则必在开区间 (a, b) 内取得，在这种情况下，最大值一定是函数的极大值. 因此，函数在闭区间 $[a, b]$ 上的最大值一定是函数的所有极大值和函数在区间端点的函数值中的最大者. 同理，函数在闭区间 $[a, b]$ 上的最小值一定是函数的所有极小值和函数在区间端点的函数值中的最小者.

2. 最大值和最小值的求法

设 $f(x)$ 在 (a,b) 内的驻点和不可导点（它们是可能的极值点）为 $x_1, x_2, \cdots, x_n$，则比较 $f(a), f(x_1), \cdots, f(x_n), f(b)$ 的大小，其中最大的便是函数 $f(x)$ 在 $[a,b]$ 上的最大值，最小的便是函数 $f(x)$ 在 $[a,b]$ 上的最小值。

例 2-34 求函数 $f(x) = |x^2 - 3x + 2|$ 在 $[-3, 4]$ 上的最大值与最小值。

解
$$f(x) = \begin{cases} x^2 - 3x + 2, & x \in [-3, 1] \cup [2, 4] \\ -x^2 + 3x - 2, & x \in (1, 2) \end{cases},$$

$$f'(x) = \begin{cases} 2x - 3, & x \in (-3, 1) \cup (2, 4) \\ -2x + 3, & x \in (1, 2) \end{cases}.$$

在 $(-3, 4)$ 内，$f(x)$ 的驻点为 $x = \dfrac{3}{2}$，不可导点为 $x=1$ 和 $x=2$。由 $f(-3) = 20$，$f(1) = 0$，$f\left(\dfrac{3}{2}\right) = \dfrac{1}{4}$，$f(2) = 0$，$f(4) = 6$，比较可得 $f(x)$ 在 $x = -3$ 处取得它在 $[-3, 4]$ 上的最大值 20，在 $x=1$ 和 $x=2$ 处取它在 $[-3, 4]$ 上的最小值 0。

例 2-35 某工厂的生产成本函数是 $C(q) = 9\,000 + 40q + 0.001q^2$（$q$ 表示产品件数）。求该工厂生产多少件产品时，平均成本达到最低？

解 平均成本函数是

$$A(q) = \frac{C(q)}{q} = \frac{9\,000}{q} + 40 + 0.001q,$$

$$A'(q) = -\frac{9\,000}{q^2} + 0.001 = 0, \quad q = 3\,000.$$

由 $A''(q) = \dfrac{18\,000}{q^3}$ 得 $A''(3\,000) > 0$，所以当 $q = 3\,000$ 时，$A(q)$ 有极小值，唯一极值即最值，即该工厂生产 3 000 件产品时，平均成本达到最低。

引例 2-7 解析 由题意，每月生产 q t 产品的总利润为

$$L(q) = R(q) - C(q) = -\frac{1}{3}q^3 + 6q^2 - 11q - 40.$$

令

$$L'(q) = -q^2 + 12q - 11 = 0, \text{ 得 } q_1 = 1, q_2 = 11,$$

$$L''(q) = -2q + 12, \quad L''(1) = 10 > 0, \quad L''(11) = -10 < 0,$$

故每月产量为 11 t 时，可获得最大利润。这时，最大利润为

$$L(11) = -\frac{1}{3} \times 11^3 + 6 \times 11^2 - 11 \times 11 - 40 = 121\frac{1}{3} \text{ (万元)}.$$

当每月产量为 11 吨时获利最大。最大利润为 $121\dfrac{1}{3}$ 万元。

习题 2-6

A 知识巩固

1. 判断下列函数的单调性并求极值。

(1) $y = 2x^2 - 8x - 1$; (2) $y = 4x^3 - 3x^2 - 6x - 1$;
(3) $y = x - \ln(x+1)$; (4) $y = x + \tan x$;
(5) $y = 2e^x - e^{-x}$; (6) $y = x + \sqrt{1-x}$.

2. 求下列函数在指定区间内的极值.

(1) $y = \sin x + \cos x$（$-\pi \leqslant x \leqslant \pi$）; (2) $y = e^x \cos x$（$0 < x < 2\pi$）.

3. 如果函数 $y = a\sin x + \dfrac{1}{3}\sin 3x$ 在 $x = \dfrac{\pi}{3}$ 处取得极值，求 a 的值.

4. 求下列函数在给定区间内的最大值与最小值.

(1) $y = x^4 - 2x^2 + 5$，$[-2, 2]$; (2) $y = \sin 2x - x$，$[-\pi, \pi]$;
(3) $y = x + \sqrt{1-x}$，$[-2, 1]$; (4) $y = 2x^3 - 6x^2 - 18x + 5$，$[1, 4]$.

B 能力提升

1. 现有边长为 96 cm 的正方形纸板，将其四角各剪去一个大小相同的小正方形，折成无盖纸箱，问剪去的小正方形边长为多少时折成的无盖纸箱容积最大？

2. 某工厂需要围建一个面积为 512 m² 的矩形堆料场，一边可以利用原有的墙壁，其他三边需要砌新的墙壁．问堆料场的长和宽各为多少时，才能使砌墙所用的材料最省？

3. 某商家销售某商品，其销售量 Q（单位：t）与销售价格 P（单位：万元）满足函数关系 $Q = 35 - 2P$，该商品的成本函数为 $C = 3Q + 1$（万元），销售 1 t，税收为 a 万元．（1）求商家获得最大利润（指交税后）时的销售量 Q；（2）每 t 税收 a 为何值时，商家获得最大利润且政府税收总额也最大？

4. 某商品每月销售 q 件的总收入函数为 $R(q) = 1\,000qe^{-\frac{q}{100}}$．问每月销售多少件该商品时，可使总收入最大？

C 学以致用

二氧化氮是一种损害人体呼吸系统的褐色气体．某市环境检测部门的数据显示，在 6 月的某一天，城区二氧化氮的水平近似为 $A(t) = 0.03t^3(7-t)^4 + 58.3(0 \leqslant t \leqslant 7)$，其中，$A(t)$ 是从上午 7 点开始经 t 小时后城区空气受二氧化氮污染的标准指数，请问这天城区空气受二氧化氮的污染何时增加？何时下降？由增加到下降的临界点在何时？

第七节　函数的凹凸性与图像描绘

引例 2-8　某地区 2020 年的居民消费价格指数 CPI 呈增长趋势，它由下面的函数给出：$I(t) = -0.218\,6t^3 + 3.532\,2t^2 + 100(0 \leqslant t \leqslant 11)$，其中，$t = 0$ 时对应 2020 年 1 月，试分析该地区 2020 年 CPI 何时增长平缓，何时增长加快？

一、凹凸性的概念

定义 2-6　设函数 $y = f(x)$ 在区间 I 上连续，如果函数的曲线位于其上任意一点的切线的上方，则称该曲线在区间 I 上是**凹**的；如果函数的曲线位于其上任意一点的切线的下方，则称该曲线在区间 I 上是**凸**的.

函数的凹凸性

如图 2-9 所示，曲线段 $\overset{\frown}{AB}$ 是凸的，曲线段 $\overset{\frown}{BC}$ 是凹的.

二、凹凸性的判定

定理 2-11　设 $f(x)$ 在 $[a,b]$ 上连续，在 (a,b) 内具有一阶和二阶导数，则

（1）若在 (a,b) 内 $f''(x)>0$，则 $f(x)$ 在 $[a,b]$ 上的图形是凹的；

（2）若在 (a,b) 内 $f''(x)<0$，则 $f(x)$ 在 $[a,b]$ 上的图形是凸的.

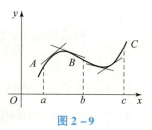

图 2-9

三、曲线的拐点

定义 2-7　连续曲线 $y=f(x)$ 上凹弧与凸弧的分界点称为该曲线的**拐点**.

定理 2-12　（拐点存在的必要条件）若函数 $f(x)$ 在 x_0 处二阶可导，且点 $(x_0,f(x_0))$ 是曲线 $y=f(x_0)$ 的拐点，则 $f''(x)=0$.

定理 2-13　（拐点存在的充分条件）设函数 $f(x)$ 在 x_0 的某邻域内连续且二阶可导（$f'(x_0)$ 或 $f''(x_0)$ 可以不存在），若在 x_0 的左、右邻域内，$f''(x)$ 的符号相反，则点 $(x_0,f(x_0))$ 是曲线 $f(x)$ 的拐点.

确定曲线 $y=f(x)$ 的凹凸区间和拐点的步骤如下.

（1）确定函数 $y=f(x)$ 的定义域；

（2）求出二阶导数 $f''(x)$；

（3）求使二阶导数为零的点和使二阶导数不存在的点；

（4）判断或列表判断，确定曲线 $y=f(x)$ 的凹凸区间和拐点.

例 2-36　判断曲线 $y=\ln x$ 的凹凸性.

解　$y'=\dfrac{1}{x}$，$y''=-\dfrac{1}{x^2}$. 因为在函数 $y=\ln x$ 的定义域 $(0,+\infty)$ 内 $y''<0$，所以曲线 $y=\ln x$ 是凸的.

例 2-37　判断曲线 $y=x^3$ 的凹凸性.

解　$y'=3x^2$，$y''=6x$. 由 $y''=0$，得 $x=0$.

（1）当 $x<0$ 时，$y''<0$，所以曲线在 $(-\infty,0]$ 内为凸的；

（2）当 $x>0$ 时，$y''>0$，所以曲线在 $[0,+\infty)$ 内为凹的.

例 2-38　求曲线 $y=2x^3+3x^2-12x+14$ 的拐点.

解　$y'=6x^2+6x-12$，$y''=12x+6=12\left(x+\dfrac{1}{2}\right)$. 令 $y''=0$，得 $x=-\dfrac{1}{2}$.

因为当 $x<-\dfrac{1}{2}$ 时，$y''<0$；当 $x>-\dfrac{1}{2}$ 时，$y''>0$. 所以点 $\left(-\dfrac{1}{2},20\dfrac{1}{2}\right)$ 是曲线的拐点.

例 2-39　求曲线 $y=3x^4-4x^3+1$ 的拐点及凹凸区间.

解　（1）函数 $y=3x^4-4x^3+1$ 的定义域为 $(-\infty,+\infty)$；

（2）$y'=12x^3-12x^2$，$y''=36x^2-24x=36x\left(x-\dfrac{2}{3}\right)$；

（3）解方程 $y''=0$，得 $x_1=0$，$x_2=\dfrac{2}{3}$；

（4）列表判断（表 2-5）.

表 2-5

x	$(-\infty, 0)$	0	$\left(0, \dfrac{2}{3}\right)$	$\dfrac{2}{3}$	$\left(\dfrac{2}{3}, +\infty\right)$
y''	+	0	-	0	+
y	∪	1	∩	$\dfrac{11}{27}$	∪

由表 2-5 可知，曲线在区间 $(-\infty, 0]$ 和 $\left(\dfrac{2}{3}, +\infty\right)$ 上是凹的，在区间 $\left[0, \dfrac{2}{3}\right]$ 上是凸的. 点 $(0, 1)$ 和 $\left(\dfrac{2}{3}, \dfrac{11}{27}\right)$ 是曲线的拐点.

四、曲线的渐近线

在平面上，当曲线向无穷远处延伸时，有些曲线会逐渐地靠近一条直线，为了较好地把握曲线的这种变化趋势，常常需要确定曲线的渐近线. 对渐近线有下面的定义.

定义 2-8 如果 $\lim\limits_{x\to\infty} f(x) = c$，则直线 $y=c$ 是曲线 $y=f(x)$ 的水平渐近线，如果 $\lim\limits_{x\to x_0} f(x) = \infty$，则直线 $x=x_0$ 是曲线 $y=f(x)$ 的铅直渐近线.

这样就可以利用极限求曲线的渐近线.

例如，曲线 $y=\dfrac{1}{x}$，由于 $\lim\limits_{x\to\infty}\dfrac{1}{x}=0$，故曲线 $y=\dfrac{1}{x}$ 有水平渐近线 $y=0$；由于 $\lim\limits_{x\to 0}\dfrac{1}{x}=\infty$，故曲线 $y=\dfrac{1}{x}$ 有铅直渐近线 $x=0$.

五、描绘函数图像的一般步骤

（1）确定函数 $y=f(x)$ 的定义域；

（2）求出 $f'(x)$，$f''(x)$；

（3）用一、二阶导数为零的点和一、二阶导数不存在的点（如果有间断点，间断点也要作为分点）划分定义区间，列表讨论在各部分区间上曲线的升降、凹凸、拐点、函数的极值；

（4）如果曲线有渐近线，求出渐近线；

（5）综合以上结论，用平滑曲线连接各点画出函数图像.

注意：
作图时利用函数的奇偶性、周期性可以简化作图过程，有时为使图形准确，还要补描一些关键点（如曲线与坐标轴的交点、曲线的端点）.

例 2-40 画出函数 $y = x^3 - x^2 - x + 1$ 的图像.

解 （1）函数的定义域为 $(-\infty, +\infty)$.

（2）$f'(x) = 3x^2 - 2x - 1 = (3x+1)(x-1)$，$f''(x) = 6x - 2 = 2(3x-1)$.

令 $f'(x) = 0$，得 $x_1 = -\dfrac{1}{3}$，$x_2 = 1$；令 $f''(x) = 0$，得 $x_3 = \dfrac{1}{3}$.

（3）列表分析（表 2-6）；

表 2-6

x	$\left(-\infty, -\dfrac{1}{3}\right)$	$-\dfrac{1}{3}$	$\left(-\dfrac{1}{3}, \dfrac{1}{3}\right)$	$\dfrac{1}{3}$	$\left(\dfrac{1}{3}, 1\right)$	1	$(1, +\infty)$
$f'(x)$	+	0	−	−	−	0	+
$f''(x)$	−	−	−	0	+	+	+
$f(x)$	⌒↗	极大	⌒↘	拐点	⌣↘	极小	⌣↗

（4）当 $x \to +\infty$ 时，$y \to +\infty$；当 $x \to -\infty$ 时，$y \to -\infty$.

（5）求特殊点：

$f\left(-\dfrac{1}{3}\right) = \dfrac{32}{27}$，$f\left(\dfrac{1}{3}\right) = \dfrac{16}{27}$，$f(1) = 0$，$f(0) = 1$，$f(-1) = 0$，$f\left(\dfrac{3}{2}\right) = \dfrac{5}{8}$；

（6）描点连线画出图像（图 2-10）.

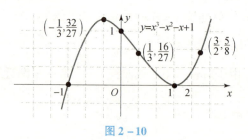

图 2-10

引例 2-8 解析

$I'(t) = -0.655\,8t^2 + 7.064\,4t = 0.655\,8t(10.722\,2 - t)$.

$I''(t) = -1.311\,6t + 7.064\,4 = 1.311\,6(5.386\,1 - t)$.

令 $I''(t) = 0$，得 $t \approx 5.39$，列表分析（表 2-7）.

表 2-7

t	$(0, 5.39)$	5.39	$(5.39, 11)$
$I''(t)$	+	0	−
$I(t)$	凹	拐点	凸

由表 2-7 可知，函数在区间 $(0, 5.39)$ 内是凹的，说明前 6 个月该地区的 CPI 增长平缓，拐点 $(5.39, 168.4)$ 表示真正的增速是从 6 月中旬开始的，函数在区间 $(5.39, 11)$ 内是凸的，说明从 6 月中旬以后该地区的 CPI 增长加快.

习题 2-7

A 知识巩固

1. 判断下列曲线的凹凸性.
   (1) $y = \ln x$；
   (2) $y = 4x - x^2$；
   (3) $y = x + x^{-1}$；
   (4) $y = x\arctan x$.

2. 求下列曲线的凹凸区间与拐点.
   (1) $y = 2x^3 + 3x^2 + x - 1$；
   (2) $y = xe^{-x}$；
   (3) $y = \ln(x^2 + 1)$；
   (4) $y = e^{\arctan x}$.

3. 求下列曲线的渐近线.
   (1) $y = \dfrac{1}{1 - x^2}$；
   (2) $y = x^2 + \dfrac{1}{x}$；
   (3) $y = \dfrac{x}{x - 1}$；
   (4) $y = e^{-(x-1)^2}$.

4. 作出下列函数的图像.
   (1) $y = 2 - x - x^3$；
   (2) $y = \ln(x^2 + 1)$.

B 能力提升

1. 已知曲线 $y = x^3 + ax^2 - 9x + 4$ 在 $x = 1$ 处有拐点，求系数 a，并求曲线的凹凸区间和拐点坐标.

2. a, b 为何值时，点 $(1, 2)$ 为曲线 $y = ax^3 + bx^2$ 的拐点？

C 学以致用

【拐点情报】"拐点情报"在某些方面为决策者提供了一些有用的依据，它具有决策支持价值. 如果通过分析得出拐点，表明产品销量或技术发展等跨过该点后，加速度由正变为负，则速度将发生由增加到降低的变化，虽然产品销量或技术发展水平本身越过该点后仍保持上升，但拐点揭示的深层情报则要求必须对产品生产或技术投资预先采取一些控制措施或指定相应的产品、技术转移预案，以应对被持续增长的表面现象所掩盖的市场饱和与技术停滞. 如果等到产品销量或技术发展水平本身开始下降才给予关注，无疑会失去抢先利用产品换代、巩固市场或进行技术革新保持优势的机会.

情报学中常用于求拐点的逻辑曲线的方程模型为 $y_t = \dfrac{k}{1 + ae^{-bt}}$，其中，$t$ 是时间变量，y_t 是函数，a, b, k 是参数，求其拐点.

【数学文化】

"微积分"究竟是谁发明的？

微积分是在 17 世纪被发现的最具威力的数学工具，是人类思维最珍贵的成果. 正如美国当代数学家柯朗所说，它是震撼人心灵的自力奋斗结晶，这种奋斗已经历经 2 500 年之久，它深深地扎根于人类活动的许多领域，并且只要人们认识自己和认识自然的努力一日不止，这种奋斗就将继续下去．恩格斯也对微积分的发展给予高度评价，认为它是人类精神的最高胜利．

公元前 3 世纪，古希腊的阿基米德在研究解决抛物弓形的面积、球和球冠的表面积、旋转双曲体的体积等问题中，就隐含近代微积分学的思想．而在我国的《庄子·天下篇》中，记有"一尺之棰，日取其半，万世不竭"．这些都是朴素的极限概念，正是微分学的基础思想．

17 世纪初，伽利略和开普勒在天体运动中所得到的一系列观察和试验结果，导致科学家们对新一代数学工具的强烈需求，也激发了新型数学思想的诞生．从大量的数据中，如何才能抽象出大自然的秘密，也就是物体的运动规律呢？

速度、加速度、匀速、匀加速、平均速度、瞬时速度……现在学生很容易理解概念，但在当时，这些名词却曾经困惑过像伽利略这样的大师．从定义平均速度，到定义瞬时速度，是概念上的一个飞跃．平均速度很容易计算：用时间除距离就可以了．但是，如果速度和加速度每时每刻都在变化，又怎么办呢？伽利略和开普勒去世后，两位大师将他们的成果和困惑留在了世界上，等待一代代杰出的数学家对新一代数学工具发起总攻，直至微积分的发明．

然而，谁也没有想到，这个划时代的重大成果竟然导致世界科学史上的一桩公案——"微积分究竟是谁发明的？"

1684 年，德国数学家莱布尼兹发表了他的微积分论文．3 年后，牛顿在 1687 年出版的《自然哲学的数学原理》一书的初版中对莱布尼兹的贡献表示认同，但是却说："和我的几乎没什么不同，只不过表达的用字和符号不一样．"这几句话，导致牛顿和莱布尼兹（图 2 - 11）产生极大的矛盾．

莱布尼兹发表论文 20 年后，牛顿的流数理论正式发表．在序言中，牛顿提到 1676 年给莱布尼兹的信，并补充说："若干年前我曾出借过一份包含这些定理的原稿，之后就见到一些从那篇稿件当中抄出来的东西，所以我现在公开发表这份原稿．"

图 2 - 11

现在，经过历史考证，莱布尼兹和牛顿的方法和途径均不一样，对微积分学的贡献也各有所长．牛顿注重与运动学的结合，发展完善了"变量"的概念，为微积分在各门学科中的应用开辟道路．莱布尼兹从几何层面出发，发明了一套简明方便、使用至今的微积分符号体系．因此，如今学术界将微积分的发明权判定为他们两人共同享有．

复习题二

一、选择题．

1．设函数 $f(x)$ 可导且下列极限均存在，则（　　）成立．

A. $\lim\limits_{x\to 0}\dfrac{f(x)-f(0)}{x}=f'(0)$ B. $\lim\limits_{\Delta x\to 0}\dfrac{f(a+2h)-f(a)}{h}=f'(a)$

C. $\lim\limits_{h\to 0}\dfrac{f(a+2h)-f(a)}{h}=f'(a)$ D. $\lim\limits_{\Delta x\to 0}\dfrac{f(x_0+2\Delta x)-f(x_0)}{\Delta x}=\dfrac{1}{2}f'(x_0)$

2. 设 $y=\ln\cos x$，则 $dy=(\quad)$.

A. $\tan x\,dx$ B. $\cot x\,dx$ C. $-\tan x\,dx$ D. $\csc x\,dx$

3. 设 $y=\cos 3^x$，则 $dy=(\quad)$.

A. $\sin 3^x\ln 3\,dx$ B. $\sin 3^x\cdot 3^x\,dx$

C. $\cos 3^x\cdot 3^x\ln 3$ D. $\sin 3^x\cdot 3^x\ln 3$

4. 设 $y=\ln\sin(x+1)$，则 $dy=(\quad)$.

A. $-\cot(x+1)\,dx$ B. $\cot(x+1)\,dx$

C. $-\tan(x+1)\,dx$ D. $\tan(x+1)\,dx$

5. 设 $y=e^{\sin x}$，则 $dy=(\quad)$.

A. $e^{\sin x}\cos x\,dx$ B. $e^{\sin x}\,dx$ C. $e^x\cos x\,dx$ D. $e^{\cos x}\,dx$

6. 设 $y=\sqrt[3]{x+2}$，则 $dy=(\quad)$.

A. $\dfrac{1}{3}\sqrt[3]{x+2}\,dx$ B. $\dfrac{1}{3}\sqrt[3]{(x+2)^{-2}}\,dx$

C. $\dfrac{1}{3}\sqrt[3]{(x+2)^2}\,dx$ D. $\sqrt[3]{x+2}\,dx$

7. 已知函数 $f(x)=\begin{cases}1-x,&x\le 0\\e^{-x},&x>0\end{cases}$，则 $f(x)$ 在 $x=0$ 处（　　）.

A. 导数 $f'(0)=-1$ B. 间断

C. 导数 $f'(0)=1$ D. 连续但不可导

8. 设 $f(x)=x\ln x$，且 $f'(x_0)=2$，则 $f(x_0)=(\quad)$.

A. $\dfrac{2}{e}$ B. $\dfrac{e}{2}$ C. e D. 1

9. 下列结论正确的是（　　）.

A. 初等函数的导数一定是初等函数

B. 初等函数的导数未必是初等函数

C. 初等函数在其有定义的区间内是可导的

D. 前面三个都不对.

10. 下列函数中，（　　）的导数不等于 $\dfrac{1}{2}\sin 2x$.

A. $\dfrac{1}{2}\sin^2 x$ B. $\dfrac{1}{4}\cos 2x$

C. $-\dfrac{1}{2}\cos^2 x$ D. $1-\dfrac{1}{4}\cos 2x$

11. 已知 $y=\cos x$，则 $y^{(5)}=(\quad)$.

A. $\sin x$ B. $\cos x$ C. $-\sin x$ D. $-\cos x$

12. 设 $y = \ln(x + \sqrt{x^2+1})$，则 $y' = ($ 　　 $)$.

　A. $\dfrac{1}{x + \sqrt{x^2+1}}$　　B. $\dfrac{1}{\sqrt{x^2+1}}$　　C. $\dfrac{2x}{x+\sqrt{x^2+1}}$　　D. $\dfrac{x}{\sqrt{x^2+1}}$

13. 已知 $y = \dfrac{1}{4}x^4$，则 $y'' = ($ 　　 $)$.

　A. x^3　　B. $3x^2$　　C. $6x$　　D. 6

14. 设 $y = f(x)$ 是可微函数，则 $df(\cos 2x) = ($ 　　 $)$.

　A. $2f'(\cos 2x)dx$　　B. $f'(\cos 2x)\sin 2x d2x$

　C. $2f'(\cos 2x)\sin 2x dx$　　D. $-f'(\cos 2x)\sin 2x d2x$

15. 若函数 $f(x)$ 在 x_0 处可导，则（　　）是错误的.

　A. 函数 $f(x)$ 在 x_0 处有定义　　B. $\lim\limits_{x\to x_0} f(x) = A$，但 $A \neq f(x_0)$

　C. 函数 $f(x)$ 在 x_0 处连续　　D. 函数 $f(x)$ 在 x_0 处可微

二、计算题.

1. 求下列函数的导数.

(1) $y = (1+3x^2)^3$；　　(2) $y = \sin x \ln x^2$；

(3) $y = \ln\sqrt{\dfrac{1+t}{1-t}}$；　　(4) $y = \operatorname{arccot}\dfrac{1-x}{1+x}$.

2. 求下列函数的二阶导数.

(1) $y = (1+x^2)\sin x$；　　(2) $y = (1+x^2)\arctan x$.

3. 求下列函数的微分.

(1) $y = e^{\sqrt{x}}$；　　(2) $y = e^{-x^2}$；

(3) $y = e^{-x}\cos 2x$；　　(4) $y = \ln(x + \sqrt{x^2+1})$；

(5) $y = (\arcsin x)^2$；　　(6) $y = \dfrac{x^2}{\sqrt{1+x^2}}$.

4. 求下列极限.

(1) $\lim\limits_{x\to a}\dfrac{\sin x - \sin a}{x-a}$；　　(2) $\lim\limits_{x\to 0}\dfrac{x - \arctan x}{x^3}$；

(3) $\lim\limits_{x\to \frac{\pi}{4}}\dfrac{\tan x - 1}{\sin 4x}$；　　(4) $\lim\limits_{x\to +\infty}\dfrac{x^3}{e^x}$；

(5) $\lim\limits_{x\to +\infty}\dfrac{x^2 + \ln x}{x\ln x}$；　　(6) $\lim\limits_{x\to 0^+}\sin x \ln x$；

(7) $\lim\limits_{x\to \infty}x(e^{-x} - 1)$；　　(8) $\lim\limits_{x\to 0}\left(\dfrac{1}{x} - \dfrac{1}{\sin x}\right)$.

5. 求下列函数的单调区间.

(1) $y = x^3 - 3x^2 - 9x - 1$；　　(2) $y = x - 2\sin x$.

6. 求下列函数的极值.

(1) $y = \dfrac{\ln^2 x}{x}$；　　(2) $y = \dfrac{2x}{1+x^2}$.

7. 求下列曲线的凹凸区间和拐点.

(1) $y = \dfrac{\ln x}{x}$; (2) $y = x^4 - 6x^3 + 12x^2 - 10$.

三、讨论函数 $f(x) = \begin{cases} x\sin\dfrac{1}{x}, & x \neq 0 \\ 0, & x = 0 \end{cases}$ 在 $x = 0$ 处的连续性与可导性.

四、已知函数 $f(x) = ax^3 + bx^2 + cx + d$,当 $x = -3$ 时取极小值 $f(-3) = -2$,当 $x = 3$ 时取得极大值 $f(3) = 6$,确定 a,b,c,d 的值.

五、作下列函数图像.

(1) $y = \dfrac{1}{2}(e^x - e^{-x})$; (2) $y = \dfrac{x^2}{x^2 - 1}$.

第三章　一元函数积分学

◇ 学前导读

前面已经介绍了一元函数微分学，讨论了求已知函数导数（或微分）的问题，但是在科学技术中，常常需要研究与此相反的问题，即已知一个函数的导数，求这个函数．这种由函数的导数（或微分）求原函数的问题是积分学的一个基本问题．本章将研究一元函数积分学．它在实际问题中有着广泛的应用，许多几何、物理、经济学问题中的量都可以用积分来描述和计算．

◇ 知识结构图

本章知识结构图如图 3-0 所示。

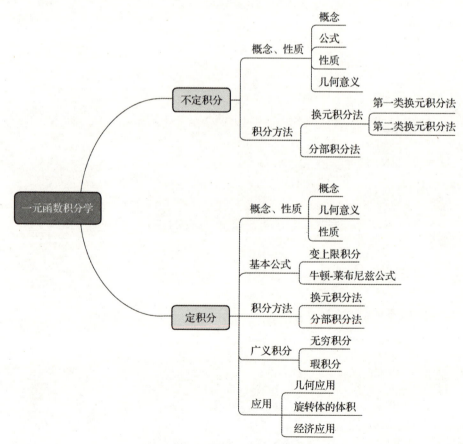

图 3-0　第三章知识结构图

◇ 学习目标与要求

（1）理解原函数、不定积分和定积分的概念．
（2）熟练不定积分和定积分的基本公式及性质，会用直接积分法求解部分不定积分．
（3）掌握换元积分法以及分部积分法，会熟练地求解定积分问题．
（4）了解广义积分的概念．
（5）会计算定积分以及定积分在经济中的相关应用．

第一节　不定积分的概念与性质

引例 3 – 1　已知某厂生产某产品总产量 $Q(t)$ 的变化率是时间 t 的函数，$Q'(t) = 136t + 20$，当 $t = 0$ 时 $Q = 0$，求该产品的总产量函数 $Q(t)$．

> **分析：**
> 总产量的变化率即总产量函数的导数，这是和求导数问题相反的问题，本节讲解在已知导数的条件下求出原函数．

一、不定积分的概念

定义 3 – 1　设函数 $F(x)$ 和 $f(x)$ 在区间 I 上有定义，若对 $\forall x \in I$，有
$$F'(x) = f(x) \text{ 或 } \mathrm{d}F(x) = f(x)\mathrm{d}x,$$
则称 $F(x)$ 是 $f(x)$ 在区间 I 上的一个**原函数**．

例如，因为 $(\sin x)' = \cos x$，所以 $\sin x$ 是 $\cos x$ 在区间 $(-\infty, +\infty)$ 上的一个原函数．

又如，因为 $(x^3)' = 3x^2$，所以 x^3 是 $3x^2$ 在区间 $(-\infty, +\infty)$ 上的一个原函数．

可以看出，求已知函数 $f(x)$ 的原函数就是找到这样一个函数 $F(x)$，使 $F'(x) = f(x)$．

> **思考：**
> 研究原函数需要解决两个问题，即在什么条件下，函数的原函数存在？如果存在，是否只有一个？

定理 3 – 1（原函数存在定理）　若函数 $f(x)$ 在区间 I 上连续，则它在该区间上存在原函数．

由于初等函数在其有定义的区间上是连续的，由定理 3 – 1 可知，每个初等函数在其定义区间上都有原函数．

设 C 是任意常数，因为 $(x^3 + C)' = 3x^2$，所以 $x^3 + C$ 也是 $3x^2$ 的原函数；C 每取定一个实数，就得到 $3x^2$ 的一个原函数，从而 $3x^2$ 有无穷多个原函数．由此可见，若一个函数存在原函数，那么它的原函数不是唯一的．

> **注意**：
> 原函数有如下特性：
> （1）若函数 $F(x)$ 是函数 $f(x)$ 的一个原函数，则函数族 $F(x)+C$（C 为任意常数）也是函数 $f(x)$ 的原函数；
> （2）函数 $f(x)$ 的任意两个原函数之间仅相差一个常数．
> 上述表明，若函数 $f(x)$ 有原函数，则它必有无穷多个原函数；若函数 $F(x)$ 是其中一个原函数，则这无穷多个原函数都可以写成 $F(x)+C$ 的形式．

定义 3-2 函数 $f(x)$ 的所有原函数称为 $f(x)$ 的**不定积分**，记作

$$\int f(x)\,dx,$$

其中，符号"$\int$"为积分号，$f(x)$ 称为被积函数，$f(x)\,dx$ 称为被积表达式，x 称为积分变量．

不定积分的概念

由定义 3-2 可知，$f(x)$ 的不定积分是 $f(x)$ 的原函数的全体，是一族函数，即若 $F(x)$ 是函数 $f(x)$ 的一个原函数，则

$$\int f(x)\,dx = F(x) + C,$$

其中，C 为任意常数，称为积分常数．

例如：$\int \cos x\,dx = \sin x + C$，$\int 3x^2\,dx = x^3 + C$．

例 3-1 求 $\int \sin x\,dx$．

解 因为 $(-\cos x)' = \sin x$，即 $-\cos x$ 是 $\sin x$ 的一个原函数，所以

$$\int \sin x\,dx = -\cos x + C.$$

例 3-2 求 $\int x^\alpha\,dx\,(\alpha \neq -1)$．

解 因为 $(x^{\alpha+1})' = (\alpha+1)x^\alpha$，故 $\left(\dfrac{1}{\alpha+1}x^{\alpha+1}\right)' = x^\alpha$，于是

$$\int x^\alpha\,dx = \frac{1}{\alpha+1}x^{\alpha+1} + C.$$

由例 3-2 可得

$$\int x^3\,dx = \frac{1}{3+1}x^{3+1} + C = \frac{1}{4}x^4 + C,$$

$$\int \frac{1}{x^2}\,dx = \int x^{-2}\,dx = \frac{1}{-2+1}x^{-2+1} + C = -\frac{1}{x} + C,$$

$$\int \sqrt{x}\,dx = \int x^{\frac{1}{2}}\,dx = \frac{1}{\frac{1}{2}+1}x^{\frac{1}{2}+1} + C = \frac{2}{3}x^{\frac{3}{2}} + C,$$

$$\int \frac{1}{\sqrt{x}} dx = \int x^{-\frac{1}{2}} dx = \frac{1}{-\frac{1}{2}+1} x^{-\frac{1}{2}+1} + C = 2\sqrt{x} + C.$$

例 3 – 3 求 $\int \frac{1}{x} dx$.

解 当 $x > 0$ 时，因为 $(\ln x)' = \frac{1}{x}$，所以

$$\int \frac{1}{x} dx = \ln x + C;$$

当 $x < 0$ 时，因为 $[\ln(-x)]' = \frac{1}{-x} \cdot (-1) = \frac{1}{x}$，所以

$$\int \frac{1}{x} dx = \ln(-x) + C.$$

将上面两式综合起来，当 $x \neq 0$ 时，就有

$$\int \frac{1}{x} dx = \ln|x| + C.$$

二、基本积分公式

由于求不定积分与求导数（或微分）互为逆运算，因此可以由导数的基本公式对应地得到不定积分的基本公式（表 3 – 1）.

表 3 – 1

(1) $\int 0 dx = C$;	(2) $\int x^\alpha dx = \frac{1}{\alpha+1} x^{\alpha+1} + C (\alpha \neq -1)$;
(3) $\int \frac{1}{x} dx = \ln|x| + C$;	(4) $\int a^x dx = \frac{a^x}{\ln a} + C (a > 0, a \neq 1)$;
(5) $\int e^x dx = e^x + C$;	(6) $\int \sin x dx = -\cos x + C$;
(7) $\int \cos x dx = \sin x + C$;	(8) $\int \sec^2 x dx = \int \frac{1}{\cos^2 x} dx = \tan x + C$;
(9) $\int \csc^2 x dx = \int \frac{1}{\sin^2 x} dx = -\cot x + C$;	(10) $\int \sec x \tan x dx = \sec x + C$;
(11) $\int \csc x \cot x dx = -\csc x + C$;	(12) $\int \frac{1}{\sqrt{1-x^2}} dx = \arcsin x + C = -\arccos x + C$;
(13) $\int \frac{1}{1+x^2} dx = \arctan x + C = -\text{arccot } x + C$.	

这些公式是求不定积分的基础，请读者务必熟记.

例 3 – 4 求 $\int 3^x e^x dx$.

解 $\int 3^x e^x dx = \int (3e)^x dx = \frac{(3e)^x}{\ln 3e} + C = \frac{3^x e^x}{1 + \ln 3} + C.$

三、不定积分的几何意义

从几何上看,函数 $f(x)$ 的任意一个原函数 $F(x)$ 的图形是一条曲线,因此,不定积分 $\int f(x)dx$ 是一族曲线,称为函数 $f(x)$ 的积分曲线族. 这一族积分曲线可以由其中任一条曲线沿着 y 轴平行移动而得到. 在每一条积分曲线上横坐标相同的点 x 处作切线,切线互相平行,其斜率都为 $f(x)$,如图 3 – 1 所示.

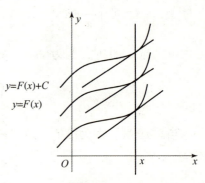

图 3 – 1

例 3 – 5 求过点 (1,2) 且在任意一点 $P(x,y)$ 处切线的斜率为 $2x$ 的曲线方程.

解 设所求的曲线方程为 $y = F(x)$. 由导数的几何意义,有 $F'(x) = 2x$,而

$$\int 2x dx = x^2 + C,$$

于是

$$y = F(x) = x^2 + C.$$

因为曲线过点 (1,2),将 $x=1$,$y=2$ 代入上式可得 $C=1$,所以所求的曲线方程为 $y = x^2 + 1$.

四、不定积分的性质

性质 3 – 1 求不定积分与求导数(或微分)互为逆运算.

(1) $\dfrac{d}{dx}\left[\int f(x)dx\right] = f(x)$ 或 $d\left[\int f(x)dx\right] = f(x)dx$;

(2) $\int F'(x)dx = F(x) + C$ 或 $\int dF(x) = F(x) + C.$

也就是说,不定积分的导数(或微分)等于被积函数(或被积表达式),例如

$$\left(\int \cos x dx\right)' = (\sin x + C)' = \cos x.$$

对一个函数的导数(或微分)求不定积分,其结果与此函数仅相差一个积分常数,例如

$$\int d(\sin x) = \int \cos x dx = \sin x + C.$$

性质 3 – 2 被积函数中不为零的常数因子 k 可以提到积分符号的前面,即

$$\int kf(x)dx = k\int f(x)dx \, (k \neq 0).$$

性质 3 – 3 两个函数代数和的不定积分等于它们不定积分的代数和,即

$$\int [f(x) \pm g(x)]dx = \int f(x)dx \pm \int g(x)dx.$$

推广:

$$\int [f_1(x) \pm f_2(x) \pm \cdots \pm f_n(x)] dx$$
$$= \int f_1(x) dx \pm \int f_2(x) dx \pm \cdots \pm \int f_n(x) dx.$$

例 3 – 6 求 $\int \left(3x - \dfrac{2}{x} + 4e^x - \cos x\right) dx$.

解 $\int \left(3x - \dfrac{2}{x} + 4e^x - \cos x\right) dx$

$= 3\int x dx - 2\int \dfrac{1}{x} dx + 4\int e^x dx - \int \cos x dx$

$= \dfrac{3}{2}x^2 - 2\ln|x| + 4e^x - \sin x + C.$

例 3 – 7 求 $\int \dfrac{(x-1)^2}{\sqrt{x}} dx$.

解 $\int \dfrac{(x-1)^2}{\sqrt{x}} dx = \int \dfrac{x^2 - 2x + 1}{\sqrt{x}} dx$

$= \int x^{\frac{3}{2}} dx - 2\int x^{\frac{1}{2}} dx + \int x^{-\frac{1}{2}} dx$

$= \dfrac{2}{5}x^{\frac{5}{2}} - \dfrac{4}{3}x^{\frac{3}{2}} + 2x^{\frac{1}{2}} + C.$

引例 3 – 1 解析 由于 $Q'(t) = 136t + 20$，所以 $Q(t) = \int (136t + 20) dt = 68t^2 + 20t + C$（$C$ 为任意常数）.

又因为 $t = 0$ 时 $Q = 0$，代入上式得 $C = 0$，故所求总产量函数为 $Q(t) = 68t^2 + 20t.$

习题 3 – 1

A 知识巩固

1. 填空题.

(1) 若 $\int f(x) dx = xe^x + C$，则 $f(x) = $ _____ .

(2) 设 $f(x) = \sin x + \cos x$，则 $\int f'(x) dx = $ _____ .

2. 判断下列各式或结论是否正确.

(1) 若 $F'(x) = f(x)$，则 $\int F(x) dx = f(x) + C.$　　　　　　　　　　　　　(　)

(2) $\dfrac{d}{dx}\left[\int f(x) dx\right] = f(x).$　　　　　　　　　　　　　　　　　　(　)

(3) 对曲线族 $y = \int f(x) dx$，在横坐标为 x 处作切线，其斜率都是 $f'(x).$　(　)

3. 单项选择题.

(1) 设 $f(x)$ 的一个原函数为 $\ln x$，则 $f'(x) = $ (　　).

A. $\dfrac{1}{x}$　　　　　　　　　　　B. $-\dfrac{1}{x^2}$

C. $x\ln x$　　　　　　　　　　　D. e^x

(2) 设 $F_1(x)$，$F_2(x)$ 是区间 I 内连续函数 $f(x)$ 的两个不同的原函数，且 $f(x)\neq 0$，则在区间 I 内必有（　　）．

A. $F_1(x)+F_2(x)=C$　　　　　　B. $F_1(x)\cdot F_2(x)=C$

C. $F_1(x)=CF_2(x)$　　　　　　　D. $F_1(x)-F_2(x)=C$

B 能力提升

1. 求过点 $(1,3)$ 且斜率为 $2x$ 的曲线方程．

2. 计算下列积分．

(1) $\displaystyle\int\left(3x^3-4-\dfrac{1}{x}+2^x\right)\mathrm{d}x$；

(2) $\displaystyle\int(e^x-3\cos x)\mathrm{d}x$；

(3) $\displaystyle\int\left(\sin x+\dfrac{2}{\sqrt{1-x^2}}\right)\mathrm{d}x$；

(4) $\displaystyle\int(3x^2-\sqrt[3]{x}+1)\mathrm{d}x$；

(5) $\displaystyle\int(x-2)^2\mathrm{d}x$；

(6) $\displaystyle\int\dfrac{(2x+1)^2}{\sqrt{x}}\mathrm{d}x$．

C 学以致用

求下列曲线方程 $y=f(x)$．

(1) 已知曲线通过点 $(0,1)$，且其上任意一点处的切线斜率等于该点横坐标的平方；

(2) 已知曲线在任意 x 处的切线斜率为 $3x^2$，且曲线过点 $(1,2)$；

(3) 已知曲线过点 $(e,2)$，且在任一点处的切线斜率等于该点横坐标的倒数．

第二节　换元积分法

引例 3-2　某产品生产 x 个单位时总收入 $R(x)$ 的变化率为 $R'(x)=\left(20+\dfrac{x}{10}\right)^2$，求生产 50 个单位产品时的总收入（$x=0$ 时，$R=0$）．

分析：总收入的变化率即总收入函数的导数，要用不定积分求解变化率的原函数．利用直接积分法只能求出一些简单函数的不定积分，要解决这个问题，需要进一步探讨求不定积分的其他方法．本节介绍求不定积分方法中的换元积分法．

一、第一类换元积分法

定理 3-2　设函数 $u=\varphi(x)$ 可导，若

$$\int f(u)\mathrm{d}u=F(u)+C,$$

则

$$\int f(\varphi(x))\varphi'(x)\mathrm{d}x=\int f(\varphi(x))\mathrm{d}\varphi(x)=F(\varphi(x))+C. \tag{3-1}$$

式（3-1）称为不定积分的第一类换元积分公式. 利用第一类换元积分公式计算不定积分的方法称为第一类换元积分法.

第一类换元积分法的关键是从被积函数中分离出因式 $\varphi'(x)$，使 $\varphi'(x)$ 与 $\mathrm{d}x$ 结合凑成微分 $\mathrm{d}[\varphi(x)]$，因此也称此换元法为凑微分法. 可以用形象的式子表示如下：

$$\int f(\varphi(x))\varphi'(x)\mathrm{d}x \xrightarrow{\text{凑微分}} \int f(\varphi(x))\mathrm{d}\varphi(x) \xrightarrow[\varphi(x)=u]{\text{变量替换}} \int f(u)\mathrm{d}u = F(u) + C$$

$$\xrightarrow[u=\varphi(x)]{\text{变量还原}} F[\varphi(x)] + C.$$

例 3-8 求 $\int \sin^3 x \cos x \mathrm{d}x$.

解 设 $u = \sin x$，则 $\mathrm{d}u = \cos x \mathrm{d}x$，于是

$$\int \sin^3 x \cos x \mathrm{d}x = \int \sin^3 x \mathrm{d}\sin x = \int u^3 \mathrm{d}u = \frac{u^4}{4} + C = \frac{1}{4}\sin^4 x + C.$$

例 3-9 求 $\int \frac{1}{x^2} \mathrm{e}^{\frac{1}{x}} \mathrm{d}x$.

解 设 $u = \frac{1}{x}$，则 $\mathrm{d}u = -\frac{1}{x^2}\mathrm{d}x$，于是

$$\int \frac{1}{x^2} \mathrm{e}^{\frac{1}{x}} \mathrm{d}x = -\int \mathrm{e}^{\frac{1}{x}} \mathrm{d}\left(\frac{1}{x}\right) = -\int \mathrm{e}^u \mathrm{d}u = -\mathrm{e}^u + C = -\mathrm{e}^{\frac{1}{x}} + C.$$

变量替换的目的是便于使用不定积分的基本积分公式，当运算比较熟练时，就可以略去设中间变量的步骤. 如例 3-9 的运算过程可以写为

$$\int \frac{1}{x^2} \mathrm{e}^{\frac{1}{x}} \mathrm{d}x = -\int \mathrm{e}^{\frac{1}{x}} \mathrm{d}\left(\frac{1}{x}\right) = -\mathrm{e}^{\frac{1}{x}} + C.$$

例 3-10 求 $\int (1+2x)^3 \mathrm{d}x$.

解 $\int (1+2x)^3 \mathrm{d}x = \frac{1}{2} \int (1+2x)^3 \mathrm{d}(1+2x) = \frac{1}{8}(1+2x)^4 + C.$

例 3-11 求 $\int \frac{\ln x + 1}{x} \mathrm{d}x$.

解 $\int \frac{\ln x + 1}{x} \mathrm{d}x = \int (\ln x + 1) \mathrm{d}(\ln x + 1) = \frac{1}{2}(\ln x + 1)^2 + C.$

例 3-12 求 $\int \frac{\cos \sqrt{x}}{\sqrt{x}} \mathrm{d}x$.

解 $\int \frac{\cos \sqrt{x}}{\sqrt{x}} \mathrm{d}x = 2\int \cos \sqrt{x} \mathrm{d}\sqrt{x} = 2\sin \sqrt{x} + C.$

例 3-13 求 $\int \frac{1}{a^2 + x^2} \mathrm{d}x \ (a > 0)$.

解 $\int \frac{1}{a^2 + x^2} \mathrm{d}x = \int \frac{1}{a^2\left(1 + \frac{x^2}{a^2}\right)} \mathrm{d}x = \frac{1}{a} \int \frac{\mathrm{d}\left(\frac{x}{a}\right)}{1 + \left(\frac{x}{a}\right)^2} = \frac{1}{a}\arctan \frac{x}{a} + C.$

类似地,可得 $\int \dfrac{1}{\sqrt{a^2-x^2}}dx = \arcsin\dfrac{x}{a} + C(a>0)$.

例 3 – 14 求 $\int \cos^2 x\,dx$.

解 $\int \cos^2 x\,dx = \dfrac{1}{2}\int(1+\cos 2x)dx = \dfrac{1}{2}x + \dfrac{1}{4}\int\cos 2x\,d(2x)$
$= \dfrac{1}{2}x + \dfrac{1}{4}\sin 2x + C.$

凑微分法是非常有用的,下面介绍一些常用的凑微分的等式,见表 3 – 2.

表 3 – 2

(1) $\int f(ax+b)dx = \dfrac{1}{a}\int f(ax+b)d(ax+b) \quad (a\neq 0)$,	$u = ax+b$
(2) $\int f(\ln x)\dfrac{1}{x}dx = \int f(\ln x)d(\ln x)$,	$u = \ln x$
(3) $\int f\left(\dfrac{1}{x}\right)\dfrac{1}{x^2}dx = -\int f\left(\dfrac{1}{x}\right)d\left(\dfrac{1}{x}\right)$,	$u = \dfrac{1}{x}$
(4) $\int f(\sqrt{x})\dfrac{1}{\sqrt{x}}dx = 2\int f(\sqrt{x})d(\sqrt{x})$,	$u = \sqrt{x}$
(5) $\int f(e^x)e^x dx = \int f(e^x)d(e^x)$,	$u = e^x$
(6) $\int f(\sin x)\cos x\,dx = \int f(\sin x)d(\sin x)$,	$u = \sin x$
(7) $\int f(\cos x)\sin x\,dx = -\int f(\cos x)d(\cos x)$,	$u = \cos x$
(8) $\int f(\tan x)\sec^2 x\,dx = \int f(\tan x)d(\tan x)$,	$u = \tan x$
(9) $\int f(\arctan x)\dfrac{1}{1+x^2}dx = \int f(\arctan x)d(\arctan x)$,	$u = \arctan x$
(10) $\int f(\arcsin x)\dfrac{1}{\sqrt{1-x^2}}dx = \int f(\arcsin x)d(\arcsin x)$,	$u = \arcsin x$

注意:

第一类换元积分法主要用于求复合函数的不定积分,实质上是复合函数求导法则的逆运算. 第一类换元积分法是将不定积分 $\int f(\varphi(x))\varphi'(x)dx$ 通过 $\varphi(x) = u$ 变换成不定积分 $\int f(u)du$. 但有时也可将公式反过来使用,如果不定积分 $\int f(x)dx$ 不易直接应用基本积分公式计算,则可以通过变量代换 $x = \varphi(t)$,将其化为比较容易计算的不定积分 $\int f(\varphi(t))\varphi'(t)dt$,这就是第二类换元积分法.

二、第二类换元积分法

定理 3-3 设函数 $f(x)$ 连续，$x=\varphi(t)$ 具有连续的导数 $\varphi'(t)$，且 $\varphi'(t) \neq 0$，$t = \varphi^{-1}(x)$ 是其反函数. 若

$$\int f(\varphi(t))\varphi'(t)\mathrm{d}t = F(t) + C,$$

则

$$\int f(x)\mathrm{d}x \xlongequal{x=\varphi(t)} \int f[\varphi(t)]\varphi'(t)\mathrm{d}t = F[\varphi^{-1}(x)] + C. \qquad (3-2)$$

式 (3-2) 称为不定积分的第二类换元积分公式.

使用第二类换元积分法的关键是选择函数 $x = \varphi(t)$，下面通过例子说明.

例 3-15 求 $\displaystyle\int \frac{1}{1+\sqrt{x}}\mathrm{d}x$.

解 被积函数中含有根式 $\sqrt{x}$，为去掉根式可设 $\sqrt{x} = t$，则 $x = t^2$，$\mathrm{d}x = 2t\mathrm{d}t$.

$$\begin{aligned}
\int \frac{1}{1+\sqrt{x}}\mathrm{d}x &= \int \frac{1}{1+t}\mathrm{d}(t^2) = 2\int \frac{t}{1+t}\mathrm{d}t = 2\int \frac{(t+1)-1}{1+t}\mathrm{d}t \\
&= 2\int\left(1 - \frac{1}{1+t}\right)\mathrm{d}t = 2(t - \ln|1+t|) + C \\
&= 2(\sqrt{x} - \ln|1+\sqrt{x}|) + C.
\end{aligned}$$

由例 3-15 可以看出，如果被积函数中含有根式 $\sqrt[n]{ax+b}\,(a\neq 0)$，可作变量替换 $t = \sqrt[n]{ax+b}$ 去掉根式.

如果被积函数中含有 $\sqrt{a^2-x^2}$，$\sqrt{x^2+a^2}$，$\sqrt{x^2-a^2}$ $(a>0)$，可分别作 $x = a\sin t$，$x = a\tan t$，$x = a\sec t$ 的替换去掉根式，它们统称为三角代换.

例 3-16 求 $\displaystyle\int \sqrt{1-x^2}\,\mathrm{d}x$.

解 设 $x = \sin t$，则 $\sqrt{1-x^2} = \sqrt{1-\sin^2 t} = \sqrt{\cos^2 t} = \cos t$，$\mathrm{d}x = \cos t\mathrm{d}t$，于是

$$\begin{aligned}
\int \sqrt{1-x^2}\,\mathrm{d}x &= \int \sqrt{1-\sin^2 t}\cos t\mathrm{d}t = \int \frac{1+\cos 2t}{2}\mathrm{d}t \\
&= \frac{1}{2}\left(t + \frac{1}{2}\sin 2t\right) + C = \frac{1}{2}(t + \sin t\cos t) + C \\
&= \frac{1}{2}(\arcsin x + x\sqrt{1-x^2}) + C.
\end{aligned}$$

在上面的计算过程中，进行变量还原时，由所设 $x = \sin t$，得到

$$t = \arcsin x,\quad \cos t = \sqrt{1-\sin^2 t} = \sqrt{1-x^2}.$$

也可通过直角三角形边角之间的关系，由所设 $x = \sin t$ 作出直角三角形（图 3-2），可知 $\cos t = \sqrt{1-x^2}$.

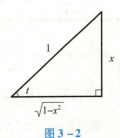

图 3-2

例 3 – 17 求 $\int \dfrac{1}{\sqrt{x^2+a^2}}\mathrm{d}x\,(a>0)$.

解 设 $x=a\tan t$, 则 $\sqrt{x^2+a^2}=\sqrt{a^2\tan^2 t+a^2}=\sqrt{a^2\sec^2 t}=a\sec t$, $\mathrm{d}x=a\sec^2 t\mathrm{d}t$. 于是

$$\int\dfrac{1}{\sqrt{x^2+a^2}}\mathrm{d}x=\int\dfrac{a\sec^2 t}{a\sec t}\mathrm{d}t=\int\sec t\,\mathrm{d}t=\ln|\sec t+\tan t|+C_1$$

$$=\ln\left|\dfrac{\sqrt{x^2+a^2}}{a}+\dfrac{x}{a}\right|+C_1$$

$$=\ln\left|x+\sqrt{x^2+a^2}\right|+C\quad(C=C_1-\ln a).$$

在上面的计算过程中,在变量还原时,由所设 $x=a\tan t$, 得到 $\tan t=\dfrac{x}{a}$, 由 $\sqrt{x^2+a^2}=a\sec t$, 得到 $\sec t=\dfrac{\sqrt{x^2+a^2}}{a}$.

也可由所设 $\tan t=\dfrac{x}{a}$ 作直角三角形 (图 3 – 3).

本节介绍了两类换元积分法. 可见第一类换元积分法应先进行凑微分, 然后换元, 可省略换元过程, 而第二类换元积分法必须先进行换元, 但不可省略换元及回代过程, 运算起来比第一类换元积分法更复杂.

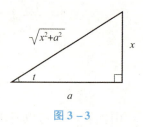

图 3 – 3

补充 (表 3 – 3):

表 3 – 3

(1) $\int\tan x\,\mathrm{d}x=-\ln|\cos x|+C$;	(2) $\int\cot x\,\mathrm{d}x=\ln|\sin x|+C$;
(3) $\int\sec x\,\mathrm{d}x=\ln|\sec x+\tan x|+C$;	(4) $\int\csc x\,\mathrm{d}x=\ln|\csc x-\cot x|+C$;
(5) $\int\dfrac{1}{a^2+x^2}\mathrm{d}x=\dfrac{1}{a}\arctan\dfrac{x}{a}+C$;	(6) $\int\dfrac{1}{a^2-x^2}\mathrm{d}x=\dfrac{1}{2a}\left|\dfrac{a+x}{a-x}\right|+C$;
(7) $\int\dfrac{1}{x^2-a^2}\mathrm{d}x=\dfrac{1}{2a}\left|\dfrac{x-a}{x+a}\right|+C$;	(8) $\int\dfrac{1}{\sqrt{a^2-x^2}}\mathrm{d}x=\arcsin\dfrac{x}{a}+C$;
(9) $\int\dfrac{1}{\sqrt{x^2+a^2}}\mathrm{d}x=\ln\left|x+\sqrt{x^2+a^2}\right|+C$;	—
(10) $\int\dfrac{1}{\sqrt{x^2-a^2}}\mathrm{d}x=\ln\left|x+\sqrt{x^2-a^2}\right|+C$.	—

引例 3 – 2 解析 因为 $R'(x)=\left(20+\dfrac{x}{10}\right)^2$, 可得

$$R(x)=\int\left(20+\dfrac{x}{10}\right)^2\mathrm{d}x=10\int\left(20+\dfrac{x}{10}\right)^2\mathrm{d}\left(20+\dfrac{x}{10}\right)=\dfrac{10}{3}\left(20+\dfrac{x}{10}\right)^3+C.$$

又因为 $x=0$ 时 $R=0$, 代入上式得 $C=0$, 故所求总收入函数为

$$R(x) = \frac{10}{3}\left(20 + \frac{x}{10}\right)^3.$$

因此，将 $x=50$ 代入可得 $R(50) = 52\,083$（元）.

习题 3-2

A 知识巩固

1. 单项选择题

(1) 若 $\int f(x) e^{\frac{1}{x}} dx = -e^{\frac{1}{x}} + C$，则 $f(x) = $ （　　）.

A. $\dfrac{1}{x}$ B. $-\dfrac{1}{x}$

C. $\dfrac{1}{x^2}$ D. $-\dfrac{1}{x^2}$

(2) 若 $\int f(x) dx = F(x) + C$，则 $\int e^{-x} f(e^{-x}) dx = $ （　　）.

A. $F(e^x) + C$ B. $F(e^{-x}) + C$

C. $-F(e^x) + C$ D. $-F(e^{-x}) + C$

2. 求下列不定积分.

(1) $\int e^{-x} dx$;   (2) $\int (3-2x)^4 dx$;

(3) $\int \sin(2x+1) dx$;   (4) $\int \dfrac{1}{(1-2x)^5} dx$;

(5) $\int 10^{3x} dx$;   (6) $\int \dfrac{x}{1+x^2} dx$.

B 能力提升

求下列不定积分.

(1) $\int \dfrac{\ln x}{x} dx$;   (2) $\int \dfrac{\arctan x}{1+x^2} dx$;

(3) $\int \dfrac{e^x}{e^x + 1} dx$;   (4) $\int \dfrac{1}{x^2} \sin \dfrac{1}{x} dx$;

(5) $\int x e^{-x^2} dx$;   (6) $\int \sin x \cos^3 x\, dx$;

(7) $\int x^2 \sqrt[4]{1+x^3}\, dx$;   (8) $\int e^x \sin e^x\, dx$;

(9) $\int \dfrac{4 - \ln x}{x} dx$;   (10) $\int \dfrac{1}{4+9x^2} dx$.

C 学以致用

求下列不定积分.

(1) $\int \dfrac{1}{1+\sqrt{2x}} dx$;   (2) $\int \dfrac{1}{1+\sqrt[3]{x}} dx$;

(3) $\int \dfrac{\sqrt{1+x}}{1+\sqrt{1+x}}dx$;

(4) $\int \dfrac{1}{\sqrt{x}+\sqrt[4]{x}}dx$;

(5) $\int \dfrac{\sqrt{x-1}}{x}dx$;

(6) $\int \sqrt{4-x^2}dx$;

(7) $\int \dfrac{x^2}{\sqrt{1-x^2}}dx$;

(8) $\int \dfrac{\sqrt{x^2+1}}{x^2}dx$;

(9) $\int \dfrac{\sqrt{x^2-a^2}}{x}dx\,(a>0)$.

第三节　分部积分法

分部积分法

换元法是通过换元的方式,将不易求解的积分转化为易求解的积分的方法,它是一种重要的方法.本节介绍另一种基本积分方法——分部积分法.

定理 3 – 4　设函数 $u=u(x)$,$v=v(x)$ 均具有连续的导数.

根据乘积的微分公式有 $d(uv)=udv+vdu$,移项得 $udv=d(uv)-vdu$,两边积分得

$$\int udv = uv - \int vdu.$$

这个公式称为不定积分的**分部积分公式**.

> **注意:**
> (1) 分部积分公式主要用于求解被积函数是两类函数乘积的情况下的不定积分;
> (2) 使用分部积分公式的关键是恰当地选择 u 和 dv.一般地,dv 易求,且新积分 $\int vdu$ 比原积分 $\int udv$ 易求.

下面举例说明其应用.

例 3 – 18　求 $\int x\cos xdx$.

解　设 $u=x$,$dv=\cos xdx=d(\sin x)$,于是 $du=dx$,$v=\sin x$,则

$$\int x\cos xdx = \int xd(\sin x) = x\sin x - \int \sin xdx = x\sin x + \cos x + C.$$

如果令 $u=\cos x$,$dv=xdx=d\left(\dfrac{1}{2}x^2\right)$,则

$$\int x\cos xdx = \dfrac{1}{2}\int \cos xd(x^2) = \dfrac{1}{2}\left[x^2\cos x - \int x^2d(\cos x)\right]$$

$$= \dfrac{1}{2}x^2\cos x + \dfrac{1}{2}\int x^2\sin xdx.$$

可以看出计算变得更为复杂,这样选取 u 和 v 显然失效.

例 3-19 求 $\int \ln x \, dx$.

解 这里被积函数可看作 $\ln x$ 与 1 的乘积,设 $u = \ln x$, $dv = dx$,则

$$\int \ln x \, dx = x \ln x - \int \frac{x}{x} dx = x \ln x - x + C.$$

例 3-20 求 $\int x \arctan x \, dx$.

解
$$\int x \arctan x \, dx = \int \arctan x \, d\left(\frac{x^2}{2}\right) = \frac{1}{2} x^2 \arctan x - \frac{1}{2} \int \frac{x^2}{1+x^2} dx$$

$$= \frac{1}{2} x^2 \arctan x - \frac{1}{2} \int \left(1 - \frac{1}{1+x^2}\right) dx$$

$$= \frac{1}{2} x^2 \arctan x - \frac{1}{2}(x - \arctan x) + C.$$

例 3-21 求 $\int e^x \sin x \, dx$.

解 设 $u = \sin x$, $dv = e^x dx$,则

$$\int e^x \sin x \, dx = \int \sin x \, d(e^x) = e^x \sin x - \int e^x \, d(\sin x)$$

$$= e^x \sin x - \int e^x \cos x \, dx$$

$$= e^x \sin x - \int \cos x \, d(e^x)$$

$$= e^x \sin x - e^x \cos x - \int e^x \sin x \, dx.$$

上式可视为关于积分 $\int e^x \sin x \, dx$ 的方程. 移项,得

$$2\int e^x \sin x \, dx = e^x \sin x - e^x \cos x + C_1,$$

故

$$\int e^x \sin x \, dx = \frac{1}{2} e^x (\sin x - \cos x) + C \quad \left(C = \frac{1}{2} C_1\right).$$

> **注意:**
>
> 在例 3-21 中,连续两次应用分部积分公式,而且第一次取 $u = \sin x$,第二次必须取 $u = \cos x$,即两次所取的 $u(x)$ 一定要是同类函数;假如第二次取的 $u = e^x$,则此时结果将回到原题.

分部积分法中 u, v 的选择方法有以下常用的几种类型.

$$\int P_n(x) e^x dx, \int P_n(x) \sin x \, dx, \int P_n(x) \cos x \, dx \begin{cases} u = P_n(x) \\ dv = e^x dx, \ dv = \sin x \, dx, \ dv = \cos x \, dx, \\ P_n(x) \text{ 为 } n \text{ 次多项式} \end{cases}$$

$$\int P_n(x)\mathrm{e}^x\mathrm{d}x,\ \int P_n(x)\sin x\mathrm{d}x,\ \int P_n(x)\cos x\mathrm{d}x \begin{cases} u=\ln x,\ u=\arcsin x,\ u=\arctan x \\ \mathrm{d}v=P_n(x) \\ P_n(x)\text{为}n\text{次多项式} \end{cases}$$

$$\int P_n(x)\mathrm{e}^x\mathrm{d}x,\ \int P_n(x)\sin x\mathrm{d}x,\ \int P_n(x)\cos x\mathrm{d}x \begin{cases} u,v\text{的选择可以是被积函数中两个因子} \\ \text{的任何一个，注意"通过循环"，解方} \\ \text{程求不定积分.} \end{cases}$$

习题 3-3

A 知识巩固

1. 填空题.

(1) 已知等式 $\int xf(x)\mathrm{d}x = x\cdot\sin x - \int\sin x\mathrm{d}x$，则 $f(x) =$ _____.

(2) $\int xf''(x)\mathrm{d}x =$ _____.

2. 求下列不定积分.

(1) $\int x\sin x\mathrm{d}x$; (2) $\int x\mathrm{e}^{-x}\mathrm{d}x$;

B 能力提升

求下列不定积分.

(1) $\int x\cos 4x\mathrm{d}x$; (2) $\int \mathrm{e}^x\cos x\mathrm{d}x$;

(3) $\int x\ln x\mathrm{d}x$; (4) $\int x\sin 2x\mathrm{d}x$;

(5) $\int x^2\mathrm{e}^x\mathrm{d}x$; (6) $\int \arctan x\mathrm{d}x$.

C 学以致用

设 $f(x)$ 的一个原函数是 $\ln^2 x$，求 $\int xf'(x)\mathrm{d}x$.

第四节　定积分概念及性质

引例 3-3（边际成本） 已知某产品的边际成本为 $MC = C'(q)$，求总成本函数. 我们知道要用不定积分求解，但如果要求 q 在变动区间 $[a, b]$ 上的改变量应该如何求呢？

一、曲边梯形的面积

由连续曲线 $y=f(x)(f(x)\geq 0)$，直线 $x=a$，$x=b$ $(a<b)$ 及 $y=0$（即 x 轴）所围成的平面图形 $AabB$ 称为**曲边梯形**，其中在 x 轴上的线段 ab 称为曲边梯形的底边，曲线

弧$\overset{\frown}{AB}$称为曲边梯形的底边，如图 3-4 所示.

由于曲边梯形在底边上各点处的高 $f(x)$ 在区间 $[a, b]$ 上是不断变化的，因此它的面积不能由公式 $A=$ 底 × 高求得. 如何计算它的面积呢?

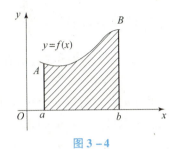

图 3-4

为了计算曲边梯形的面积，可以先将它分割成若干个小曲边梯形，在小曲边梯形中 $f(x)$ 的变化很小，可以用相应的小矩形近似代替，用所有小矩形的面积之和近似代替整个曲边梯形的面积. 显然，分割得越细，近似程度就越高，当无限细分时，所有小矩形面积之和的极限就是曲边梯形面积的精确值.

根据以上分析，按下面的方法求曲边梯形的面积.

(1) **分割**——分曲边梯形为 n 个小曲边梯形.

在 $[a, b]$ 上任取 $n-1$ 个内分点: $a = x_0 < x_1 < x_2 < \cdots < x_{i-1} < x_i < \cdots < x_{n-1} < x_n = b$，将区间 $[a, b]$ 分割为 n 个小区间: $[x_0, x_1], [x_1, x_2], \cdots, [x_{i-1}, x_i], \cdots [x_{n-1}, x_n]$，记每一小区间长度为 $\Delta x_i = x_i - x_{i-1}$，过点 $x_i (i = 1, 2, \cdots, n)$ 作 x 轴的垂线，将曲边梯形 $AabB$ 分割为 n 个小曲边梯形，其中第 i 个小曲边梯形的面积记为 $\Delta A_i (i = 1, 2, \cdots, n)$.

(2) **近似代替**——用小矩形的面积代替小曲边梯形的面积.

设 ΔA_i 表示第 i 个小曲边梯形的面积，则曲边梯形 $AabB$ 的面积为 $A = \sum_{i=1}^{n} \Delta A_i$. 在每个小区间 $[x_{i-1}, x_i] (i = 1, 2, \cdots, n)$ 上任意取一点 ξ_i，以 Δx_i 为底边，以 $f(\xi_i)$ 为高的小矩形的面积 $f(\xi_i) \Delta x_i$ 近似代替小曲边梯形的面积，则有 $\Delta A_i \approx f(\xi_i) \Delta x_i (i = 1, 2, \cdots, n)$，如图 3-5 所示.

(3) **求和**——求 n 个小矩形面积之和.

n 个小矩形构成的阶梯形的面积和为 $\sum_{i=1}^{n} f(\xi_i) \Delta x_i$，是原曲边梯形面积的一个近似值，即

$$A \approx \sum_{i=1}^{n} f(\xi_i) \Delta x_i.$$

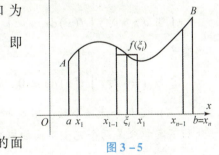

图 3-5

(4) **取极限**——由近似值过渡到精确值.

分割越细，$\sum_{i=1}^{n} f(\xi_i) \Delta x_i$ 就越接近曲边梯形的面积，若用 $\lambda = \max_{1 \leq i \leq n} \{\Delta x_i\}$ 表示所有小区间中的最大区间的长度，当分点数无限增大且 $\lambda \to 0$ 时，和式 $\sum_{i=1}^{n} f(\xi_i) \Delta x_i$ 的极限就是曲边梯形 $AabB$ 的面积 A，即

$$A = \sum_{i=1}^{n} \Delta A_i = \lim_{\lambda \to 0} \sum_{i=1}^{n} f(\xi_i) \Delta x_i.$$

曲边梯形的计算步骤为采取分割、近似代替、求和、取极限，而最后都归结为同一种结构和式的极限. 事实上，很多实际问题的解决都可以采取这种方法而归结为这种和式结构的极限. 现在抛开问题的实际意义，只从数量关系上的共性加以概括总结，

便得到了定积分的概念.

二、定积分的概念

定积分概念

定义 3-3 设函数 $f(x)$ 在 $[a, b]$ 上有定义,任取分点
$$a = x_0 < x_1 < x_2 < \cdots < x_{i-1} < x_i < \cdots < x_{n-1} < x_n = b.$$

将 $[a, b]$ 分成 n 个小区间 $[x_{i-1}, x_i]$ $(i = 1, 2, \cdots, n)$. 记 $\Delta x_i = x_i - x_{i-1}$ $(i = 1, 2, \cdots, n)$ 为区间长度, $\lambda = \max\limits_{1 \leq i \leq n}\{\Delta x_i\}$,并在每个小区间上任取一点 ξ_i $(x_{i-1} \leq \xi_i \leq x_i)$,得出乘积 $f(\xi_i)\Delta x_i$ 的和式 $\sum\limits_{i=1}^{n} f(\xi_i)\Delta x_i$. 若 $\lambda \to 0$ 时,和式的极限存在,且此极限值与区间 $[a, b]$ 的分法及点 ξ_i 的取法无关,则称这个极限值为函数 $f(x)$ 在 $[a, b]$ 上的定积分,记作 $\int_a^b f(x)dx$,即

$$\int_a^b f(x)dx = \lim_{\lambda \to 0} \sum_{i=1}^{n} f(\xi_i)\Delta x_i.$$

这里 $f(x)$ 称为**被积函数**, $f(x)dx$ 称为**被积表达式**, x 称为**积分变量**, $[a, b]$ 称为**积分区间**, a 称为**积分下限**, b 称为**积分上限**. 若 $f(x)$ 在 $[a, b]$ 上的定积分存在,则称在 $[a, b]$ 上可积.

注意:

(1) 定积分的值只与被积函数、积分区间有关,与积分变量的符号无关,即

$$\int_a^b f(x)dx = \int_a^b f(t)dt = \int_a^b f(u)du.$$

(2) 定义 3-3 中要求 $a < b$,而在 $a > b$, $a = b$ 时有如下规定.

① 当 $a > b$ 时, $\int_a^b f(x)dx = -\int_b^a f(x)dx$,即互换定积分的上、下限,定积分要变号.

② 当 $a = b$ 时, $\int_a^a f(x)dx = 0$.

(3) 定积分是一个数,不定积分是一个函数的原函数的全体. 因此,定积分和不定积分是两个完全不同的概念.

那么,现在想一下在怎样的条件下, $f(x)$ 在 $[a, b]$ 上的定积分一定存在呢?

定理 3-5 如果函数 $f(x)$ 在闭区间 $[a, b]$ 上连续,则 $f(x)$ 在 $[a, b]$ 上可积. 在有限区间上,函数连续是可积的充分条件,但不是必要条件.

如果 $f(x)$ 在 $[a, b]$ 上有界,且只有有限个间断点,则 $f(x)$ 在 $[a, b]$ 上可积.

定理 3-6 如果函数 $f(x)$ 在闭区间 $[a, b]$ 上可积,则 $f(x)$ 在 $[a, b]$ 上有界.

> **注意:**
> 函数有界是可积的必要条件；无界函数一定不可积.
> 由此可知，初等函数在其定义区间内都是可积的.

三、定积分的几何意义

在闭区间 $[a,b]$ 上，若函数 $f(x) \geq 0$，则曲边梯形的图形在 x 轴的上方，此时 $\int_a^b f(x)\mathrm{d}x$ 在几何上表示由曲线 $y = f(x) (x \geq 0)$，直线 $x = a$，$x = b$ 和 x 轴围成的曲边梯形的面积. 积分值是正的，即 $\int_a^b f(x)\mathrm{d}x = S \geq 0$，如图 3-6 所示.

特别地，在闭区间 $[a,b]$ 上，若函数 $f(x) \equiv 1$，则 $\int_a^b f(x)\mathrm{d}x = \int_a^b \mathrm{d}x = b - a$.

在闭区间 $[a,b]$ 上，若函数 $f(x) \leq 0$，则曲边梯形的图形在 x 轴的下方，此时 $\int_a^b f(x)\mathrm{d}x$ 在几何上表示由曲线 $y = f(x) (x \leq 0)$，直线 $x = a$，$x = b$ 和 x 轴围成的曲边梯形的面积的相反数. 积分值是负的，即 $\int_a^b f(x)\mathrm{d}x = -S \leq 0$，如图 3-7 所示.

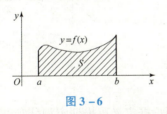

图 3-6

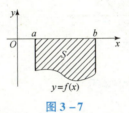

图 3-7

在闭区间 $[a,b]$ 上，若 $f(x)$ 有正有负，则积分值 $\int_a^b f(x)\mathrm{d}x$ 就表示曲线 $y = f(x)$ 在 x 轴上方和 x 轴下方的面积的代数和，如图 3-8 所示.

$$S = S_1 - S_2 + S_3 = \int_a^{c_1} f(x)\mathrm{d}x - \int_{c_1}^{c_2} f(x)\mathrm{d}x + \int_{c_2}^b f(x)\mathrm{d}x$$

或

$$S = S_1 - S_2 + S_3 = \int_a^{c_1} f(x)\mathrm{d}x + \int_{c_1}^{c_2} |f(x)|\mathrm{d}x + \int_{c_2}^b f(x)\mathrm{d}x.$$

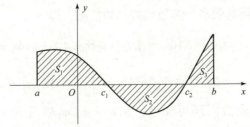

图 3-8

综上所述，曲线 $y=f(x)$，直线 $x=a$，$x=b$ 及 x 轴所围成的平面图形的面积为 $S = \int_a^b |f(x)| dx$.

例 3-22 用定积分表示图 3-9、图 3-10 中阴影部分的面积.

解 （1）$A = \int_1^2 x^2 dx$.

（2）$A = \int_{-1}^1 \sqrt{1-x^2} dx$.

例 3-23 利用定积分的几何意义，说明 $\int_0^2 x dx = 2$ 成立.

解 $\int_0^2 x dx$ 的几何意义是由直线 $y=x$，$x=2$，$y=0$ 围成的图形的面积 S，如图 3-11 所示，求得面积为 $S=2$，故 $\int_0^2 x dx = 2$.

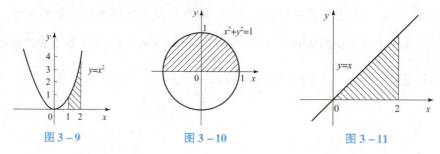

图 3-9　　　　　图 3-10　　　　　图 3-11

四、定积分的性质

设 $f(x)$，$g(x)$ 在区间 $[a,b]$ 上可积，则根据定义可推证定积分有以下性质.

性质 3-4 常数因子可直接提到积分符号前面.

$$\int_a^b kf(x) dx = k\int_a^b f(x) dx.$$

特别地，若函数 $f(x) \equiv 1$，则 $\int_a^b 1 dx = \int_a^b dx = b-a$.

性质 3-5 代数和的积分等于积分的代数和，即

$$\int_a^b [f(x) \pm g(x)] dx = \int_a^b f(x) dx \pm \int_a^b g(x) dx.$$

这一结论可以推广到有限多个函数代数和的情况，即

$$\int_a^b [f_1(x) \pm f_2(x) \pm \cdots \pm f_n(x)] dx = \int_a^b f_1(x) dx \pm \int_a^b f_2(x) dx \pm \cdots \pm \int_a^b f_n(x) dx.$$

性质 3-6 如果 $a<c<b$，那么 $\int_a^b f(x) dx = \int_a^c f(x) dx + \int_c^b f(x) dx$.

这一性质称为定积分的区间可加性，无论 $c \in [a,b]$ 还是 $c \notin [a,b]$，该性质均成立.

性质 3-7 如果在 $[a,b]$ 上有 $f(x) \geq g(x)$，则 $\int_a^b f(x) dx \geq \int_a^b g(x) dx$.

> **注意：**
> 比较两个定积分的大小，必须在同一积分区间上比较两个被积函数的大小．

性质 3-8（估值定理） 若函数 $f(x)$ 在区间 $c \in [a, b]$ 上的最大值与最小值分别为 M 和 m，则 $m(b-a) \leqslant \int_a^b f(x)\mathrm{d}x \leqslant M(b-a)$．

性质 3-9（积分中值定理） 设 $f(x)$ 在闭区间 $[a, b]$ 上连续，则至少存在一点 $\xi \in (a, b)$，使 $\int_a^b f(x)\mathrm{d}x = f(\xi)(b-a)$．

几何意义： 设 $f(x) \geqslant 0$，则由曲线 $y = f(x)$，直线 $x = a$，$x = b$ 及 x 轴所围成的曲边梯形的面积等于以区间 $[a, b]$ 为底，以 $f(\xi)$ 为高的矩形 $abcd$ 的面积（图 3-12），称 $f(\xi) = \frac{1}{b-a}\int_a^b f(x)\mathrm{d}x$ 为 $f(x)$ 在 $[a, b]$ 上的平均值．

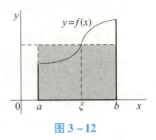

图 3-12

例 3-24 比较下列各对积分值的大小.

(1) $\int_0^1 x^2 \mathrm{d}x$ 与 $\int_0^1 \sqrt{x}\mathrm{d}x$；　　(2) $\int_0^1 10^x \mathrm{d}x$ 与 $\int_0^1 5^x \mathrm{d}x$．

解 (1) 因为在 $[0, 1]$ 上 $x^2 \leqslant \sqrt{x}$，所以 $\int_0^1 x^2 \mathrm{d}x \leqslant \int_0^1 \sqrt{x}\mathrm{d}x$．

(2) 因为在 $[0, 1]$ 上 $10^x \geqslant 5^x$，所以 $\int_0^1 10^x \mathrm{d}x \geqslant \int_0^1 5^x \mathrm{d}x$．

例 3-25 估计定积分 $\int_1^3 \mathrm{e}^x \mathrm{d}x$ 的值．

解 因为 $f(x) = \mathrm{e}^x$ 是指数函数，由指数函数的性质知，$f(x)$ 在 $[1, 3]$ 上的最大值为 e^3，最小值为 e，由性质 3-9 有 $\mathrm{e}(3-1) \leqslant \int_1^3 \mathrm{e}^x \mathrm{d}x \leqslant \mathrm{e}^3(3-1)$，即 $2\mathrm{e} \leqslant \int_1^3 \mathrm{e}^x \mathrm{d}x \leqslant 2\mathrm{e}^3$．

引例 3-3 解析 根据定积分的概念，在区间 $[a, b]$ 上总成本的改变量可以表为 $C(p) = \int_a^b C'(p)\mathrm{d}p$．

习题 3-4

A 知识巩固

1. 函数 $f(x)$ 在闭区间 $[a, b]$ 上可积的必要条件是 $f(x)$ 在 $[a, b]$ 上（　　）．
   A. 有界　　　　　　　　　　B. 无界
   C. 单调　　　　　　　　　　D. 连续

2. 函数 $f(x)$ 在闭区间 $[a, b]$ 上连续是 $f(x)$ 在闭区间 $[a, b]$ 上可积的（　　）条件．
   A. 必要非充分　　　　　　　B. 充分非必要
   C. 充要　　　　　　　　　　D. 无关

3. 设函数 $f(x)$ 在闭区间 $[a, b]$ 上连续，则曲线 $y = f(x)$，直线 $x = a$，$x = b(a <$

b 及 $y=0$ （即 x 轴）所围成的平面图形的面积等于（　　）．

A. $\int_a^b f(x)\,\mathrm{d}x$ B. $-\int_a^b f(x)\,\mathrm{d}x$

C. $\left|\int_a^b f(x)\,\mathrm{d}x\right|$ D. $\int_a^b |f(x)|\,\mathrm{d}x$

B 能力提升

1. 用几何图形说明下列各式对否．

(1) $\int_0^\pi \sin x\,\mathrm{d}x > 0$；   (2) $\int_0^1 x\,\mathrm{d}x = \dfrac{1}{2}$．

2. 利用定积分的几何意义，求下列定积分．

(1) $\int_0^2 3x\,\mathrm{d}x$；   (2) $\int_{-\frac{\pi}{2}}^{\frac{\pi}{2}} \sin x\,\mathrm{d}x$；   (3) $\int_0^2 \sqrt{4-x^2}\,\mathrm{d}x$．

C 学以致用

利用定积分的性质，比较下列各式的大小．

(1) $\int_0^2 x^2\,\mathrm{d}x$ 与 $\int_0^2 x^3\,\mathrm{d}x$；   (2) $\int_0^{\frac{\pi}{4}} \sin x\,\mathrm{d}x$ 与 $\int_0^{\frac{\pi}{4}} \cos x\,\mathrm{d}x$；   (3) $\int_0^1 x\,\mathrm{d}x$ 与 $\int_0^1 \ln(1+x)\,\mathrm{d}x$．

第五节　定积分的基本公式

引例 3 – 4　已知某商品的边际收入为 $-0.08x + 25$（万元/t），求产量 x 从 250 t 增加到 300 t 时的销售收入 $R(x)$．

分析：要求销售收入，需要知道边际收入函数，即销售收入函数的导数，这样边际收入的原函数（销售收入函数）从 250 t 增加到 300 t 时的变化量就需用定积分来求解．下面介绍定积分的基本公式．

一、变上限积分函数

设函数 $f(x)$ 在 $[a,b]$ 上连续，x 为 $[a,b]$ 上的任意一点，则积分 $\int_a^x f(x)\,\mathrm{d}x$ 存在．当 x 在区间 $[a,b]$ 上变化时，积分 $\int_a^x f(x)\,\mathrm{d}x$ 是上限 x 的函数，称为变上限的定积分，记作 $F(x)$．因为定积分与积分变量所用字母无关，为了避免混淆，将积分变量用 t 表示，即 $x \in [a,b]$，$F(x) = \int_a^x f(t)\,\mathrm{d}t$．

变上限积分函数

变上限定积分的几何意义：用 $F(x)$ 表示右侧一边以变动的曲边梯形的面积，$F(x)$ 随着 x 的变化而变化，因而是 x 的函数，如图 3 – 13 所示．

变上限积分函数有以下重要性质．

定理 3 – 7　设函数 $f(x)$ 在 $[a,b]$ 上连续，则变上

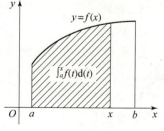

图 3 – 13

限的定积分 $F(x) = \int_a^x f(t)dt$ 在区间 $[a, b]$ 上可导,且 $F'(x) = \left[\int_a^x f(t)dt\right]' = f(x)$.

这说明 $F(x)$ 是连续函数 $f(x)$ 的一个原函数,由此可得到原函数存在定理.

定理 3-8 若函数 $f(x)$ 在 $[a, b]$ 上连续,则函数 $F(x) = \int_a^x f(t)dt$ 是函数 $f(x)$ 在 $[a, b]$ 上的一个原函数.

注意:
  定理 3-7 说明 $F(x)$ 是连续函数 $f(x)$ 的一个原函数,由此可得到原函数存在定理.
  定理 3-8 既肯定了连续函数的原函数是存在的,又初步揭示了定积分与原函数之间的关系. 变上限积分函数的重要性质不仅在证明微积分基本定理时有重要作用,在讨论函数 $f(x)$ 本身的性质时也很重要.

例 3-26 已知 $F(x) = \int_a^x \sin t\, dt$,求 $F'(x)$.

解 由定理 3-7 知 $F'(x) = \left(\int_a^x \sin t\, dt\right)' = \sin x$.

例 3-27 求 $\lim\limits_{x \to 0} \dfrac{1}{x} \int_0^x \ln(1+t)\, dt$.

解 当 $x \to 0$ 时,此极限为 $\dfrac{"0"}{0}$ 型不定式,利用洛必达法则有

$$\lim_{x \to 0} \frac{1}{x} \int_0^x \ln(1+t)\, dt = \lim_{x \to 0} \frac{\left[\int_0^x \ln(1+t)\, dt\right]'}{x'} = \lim_{x \to 0} \ln(1+x) = 0.$$

例 3-28 求 $\dfrac{d}{dx} \int_0^{x^2} \cos t\, dt$.

解 积分上限是 x 的函数,所以变上限积分函数是 x 的复合函数,由复合函数求导法则有 $\dfrac{d}{dx} \int_0^{x^2} \cos t\, dt = \left[\int_0^{x^2} \cos t\, dt\right]' \cdot (x^2)' = 2x\cos x^2$.

一般地,如果 $g(x)$ 可导,则 $\left[\int_a^{g(x)} f(t)\, dt\right]' = f[g(x)] \cdot g'(x)$.

二、牛顿-莱布尼兹公式

定理 3-9 如果函数 $f(x)$ 在 $[a, b]$ 上连续,且 $F(x)$ 是 $f(x)$ 在 $[a, b]$ 上的一个原函数,则

$$\int_a^b f(x)\, dx = F(b) - F(a). \tag{3-3}$$

为了书写方便,通常用 $F(x)\big|_a^b$ 来表示 $F(b) - F(a)$,即

$$\int_a^b f(x)\, dx = F(x)\big|_a^b = F(b) - F(a).$$

> **注意：**
> 定理 3-9 称为微积分基本定理，它揭示了定积分与不定积分之间的联系. 式 (3-3) 称为牛顿-莱布尼兹公式，它为定积分的计算提供了有效的方法. 计算函数 $f(x)$ 在 $[a,b]$ 上的定积分，就是计算 $f(x)$ 的任一原函数在 $[a,b]$ 上的增量，从而将计算定积分转化为求原函数.

例 3-29 求积分 $\int_2^5 \dfrac{dx}{x}$.

解 $\int_2^5 \dfrac{dx}{x} = \ln|x| \Big|_2^5 = \ln 5 - \ln 2 = \ln 2.5$.

例 3-30 求积分 $\int_0^{\frac{\pi}{2}} \sin x \, dx$.

解 $\int_0^{\frac{\pi}{2}} \sin x \, dx = -\cos x \Big|_0^{\frac{\pi}{2}} = -\left(\cos\dfrac{\pi}{2} - \cos 0\right) = 1$.

例 3-31 求积分 $\int_{-1}^{1} \dfrac{dx}{1+x^2}$.

解 $\int_{-1}^{1} \dfrac{dx}{1+x^2} = \arctan x \Big|_{-1}^{1} = \arctan 1 - \arctan(-1) = \dfrac{\pi}{4} - \left(-\dfrac{\pi}{4}\right) = \dfrac{\pi}{2}$.

引例 3-4 解析 由题意得 $R(300) - R(250) = \int_{250}^{300}(-0.08x + 25)dx = 150$（万元）.

习题 3-5

A 知识巩固

1. 填空题.

(1) 设 $F(x) = \int_0^x \sin t \, dt$，则 $F(0) = $ _____，$F\left(\dfrac{\pi}{2}\right) = $ _____，$F'(0) = $ _____，$F'(\pi) = $ _____.

(2) 设 $F(x) = \int_0^x t^2\sqrt{1+t}\,dt$，则 $F'(x) = $ _____.

(3) 设 $F(x) = \int_x^{-1} te^{-t}dt$，则 $F'(x) = $ _____.

(4) 设 $F(x) = \int_a^x f(t)dt = e^x - 1$，则 $a = $ _____.

2. 计算下列定积分.

(1) $\int_1^2 x^3 dx$； (2) $\int_1^3 \left(x^3 + \dfrac{1}{x^2}\right)dx$； (3) $\int_0^1 \dfrac{1}{1+x^2}dx$.

B 能力提升

1. 计算下列定积分.

(1) $\int_0^{\frac{\pi}{4}} \tan^2 x \, dx$;

(2) $\int_0^{\sqrt{3}a} \frac{1}{a^2 + x^2} dx$;

(3) $\int_0^{\frac{\pi}{4}} \cos x \, dx$;

(4) $\int_{-1}^{2} |1 - x| \, dx$.

2. 求下列函数的导数.

(1) $F(x) = \int_2^x \sqrt{1 + t^2} \, dt$;

(2) $F(x) = \int_x^3 \frac{2t}{3 + 2t + t^2} dt$;

(3) $\frac{d}{dx} \int_0^x e^t \cos t \, dt$.

C 学以致用

求下列极限.

(1) $\lim\limits_{x \to 0} \frac{1}{x^2} \int_0^x \arctan t \, dt$;

(2) $\lim\limits_{x \to 0} \frac{1}{2x} \int_0^x \cos t^2 \, dt$.

第六节　定积分的计算

引例 3-5　有一项计划现在需要投入 1 000 万元, 在 10 年中每年收益为 200 万元, 若连续利率为 5%, 求资本价值 W (设购置的设备 10 年后完全失去价值).

分析: 资本价值 = 收益流的现值 − 投入资金的价值, 因此要计算出 10 年中收益流的总现值, $W = \int_0^{10} 200 e^{-0.05t} dt - 100$.

要计算这个定积分, 需要掌握更多计算方法.

一、定积分的换元法

定理 3-10　设函数 $f(x)$ 在区间 $[a, b]$ 上连续, 函数 $x = \varphi(t)$ 在区间 $[\alpha, \beta]$ 上单调且有连续导数 $\varphi'(t)$; 当 t 在 $[\alpha, \beta]$ 上变化时, $x = \varphi(t)$ 在 $[a, b]$ 上变化, 且 $a = \varphi(\alpha)$, $b = \varphi(\beta)$, 则

$$\int_a^b f(x) \, dx = \int_\alpha^\beta f[\varphi(t)] \varphi'(t) \, dt.$$

上式称为**定积分的换元公式**.

> **注意**:
> 　　这个公式与不定积分换元法类似, 它们的区别是: 用不定积分换元法求出积分后, 需要将变量还原为 x; 而定积分在换元的同时, 积分限也相应地变化, 求出原函数后不需要将变量还原, 直接根据新变量的积分限计算.

换元必须换限.

例 3-32　计算 $\int_0^4 \frac{1}{1 + \sqrt{x}} dx$.

解　令 $x = t^2 (t > 0)$, 则 $dt = 2x dx$. 当 $x = 0$ 时, $t = 0$; 当 $x = 4$ 时, $t = 2$, 则

$$\int_0^4 \frac{1}{1+\sqrt{x}} dx = \int_0^2 \frac{2t}{1+t} dt = 2\int_0^2 \frac{t}{1+t} dt = 2\int_0^2 \left(1 - \frac{1}{1+t}\right) dt$$
$$= 2[t - \ln(1+t)]\big|_0^2 = 2(2 - \ln 3).$$

例 3 − 33 计算 $\int_0^{\ln 2} \sqrt{e^x - 1} \, dx$.

解 令 $\sqrt{e^x - 1} = t$，则 $x = \ln(t^2 + 1)$，$dx = \frac{2t}{t^2 + 1} dt$. 当 $x = 0$ 时，$t = 0$；当 $x = \ln 2$ 时，$t = 1$，故

$$\int_0^{\ln 2} \sqrt{e^x - 1} \, dx = \int_0^1 t \cdot \frac{2t}{t^2 + 1} dt = 2\int_0^1 \left(1 - \frac{1}{t^2 + 1}\right) dt$$
$$= 2(t - \arctan t)\big|_0^1 = 2 - \frac{\pi}{2}.$$

例 3 − 34 计算 $\int_0^{\frac{\pi}{2}} \cos^3 \varphi \sin \varphi \, d\varphi$.

解法 1 $\int_0^{\frac{\pi}{2}} \cos^3 \varphi \sin \varphi \, d\varphi = -\int_0^{\frac{\pi}{2}} \cos^3 \varphi \, d(\cos \varphi) = -\frac{1}{4} \cos^4 \varphi \big|_0^{\frac{\pi}{2}} = \frac{1}{4}$.

解法 2 令 $x = \cos \varphi$，则 $dx = -\sin \varphi \, d\varphi$. 当 $\varphi = 0$ 时，$x = 1$；当 $\varphi = \frac{\pi}{2}$ 时，$x = 0$，则

$$\int_0^{\frac{\pi}{2}} \cos^3 \varphi \sin \varphi \, d\varphi = -\int_1^0 x^3 dx = -\frac{1}{4} x^4 \big|_1^0 = \frac{1}{4}.$$

二、定积分的分部积分法

定积分的分部积分法与不定积分的分部积分法有类似的公式.

例 3 − 35 计算 $\int_0^{\pi} x \cos x \, dx$.

解 先用分部积分法求 $x \cos x$ 的原函数：
$$\int x \cos x \, dx = \int x \, d(\sin x) = x \sin x - \int \sin x \, dx = x \sin x + \cos x + c.$$
$$\int_0^{\pi} x \cos x \, dx = [x \sin x + \cos x]\big|_0^{\pi} = -1 - 1 = -2.$$

分部与双重代换同时进行，即以下面的方式完成：
$$\int_0^{\pi} x \cos x \, dx = x \sin x \big|_0^{\pi} - \int_0^{\pi} \sin x \, dx = 0 + \cos x \big|_0^{\pi} = -2.$$

定理 3 − 11 （分部积分）设函数 $u(x)$，$v(x)$ 在区间 $[a, b]$ 上有连续的导数 $u'(x)$，$v'(x)$，则有

$$\int_a^b uv' dx = uv\big|_a^b - \int_a^b v \, du \text{ 或 } \int_a^b u \, dv = uv\big|_a^b - \int_a^b v \, du.$$

上式称为定积分的分部积分公式.

使用定积分的分部积分公式与求不定积分的分部积分法相同. 在使用时要注意：右式中的 $\int_a^b v \, du$ 应比所求积分 $\int_a^b u \, dv$ 容易求得，或右式中的 $\int_a^b v \, du$ 与所求积分 $\int_a^b u \, dv$ 是相

同的积分（循环积分），再合并后求出积分 $\int_a^b u \mathrm{d}v$.

例 3-36 计算 $\int_1^e \ln x \mathrm{d}x$.

解 $\int_1^e \ln x \mathrm{d}x = x\ln x \big|_1^e - \int_1^e x \cdot \frac{1}{x} \mathrm{d}x = e - x\big|_1^e = 1$.

例 3-37 计算 $\int_0^{\frac{\pi}{2}} e^x \cos x \mathrm{d}x$.

解
$$\int_0^{\frac{\pi}{2}} e^x \cos x \mathrm{d}x = \int_0^{\frac{\pi}{2}} \cos x \mathrm{d}e^x = e^x \cos x\big|_0^{\frac{\pi}{2}} - \int_0^{\frac{\pi}{2}} e^x \mathrm{d}\cos x$$
$$= -1 + \int_0^{\frac{\pi}{2}} e^x \sin x \mathrm{d}x = -1 + \int_0^{\frac{\pi}{2}} \sin x \mathrm{d}e^x$$
$$= -1 + e^x \sin x\big|_0^{\frac{\pi}{2}} - \int_0^{\frac{\pi}{2}} e^x \mathrm{d}\sin x$$
$$= -1 + e^{\frac{\pi}{2}} - \int_0^{\frac{\pi}{2}} e^x \cos x \mathrm{d}x,$$

所以 $\int_0^{\frac{\pi}{2}} e^x \cos x \mathrm{d}x = \frac{1}{2}\left(e^{\frac{\pi}{2}} - 1\right)$.

引例 3-5 解析
$$W = \int_0^{10} 200 e^{-0.05t} \mathrm{d}t - 100$$
$$= \left[\frac{-200}{0.05} e^{-0.05t}\right]\Big|_0^{10} - 1\,000$$
$$= 4\,000\,(1 - e^{-0.05t}) - 1\,000$$
$$\approx 573.88\,（万元）.$$

习题 3-6

A 知识巩固

1. 利用换元积分法计算下列定积分.

(1) $\int_0^3 \sqrt{1+x}\,\mathrm{d}x$; (2) $\int_0^1 \frac{x}{1+x^2}\mathrm{d}x$.

2. 利用分部积分法计算下列定积分.

(1) $\int_0^e x\ln x \mathrm{d}x$; (2) $\int_0^1 x e^{-x} \mathrm{d}x$.

B 能力提升

1. 计算下列定积分.

(1) $\int_{-\frac{\pi}{2}}^{\frac{\pi}{2}} x^3 \sin^4 x \mathrm{d}x$; (2) $\int_0^{\frac{\pi}{2}} x \sin^2 x \mathrm{d}x$.

2. 计算下列定积分.

(1) $\int_0^3 \frac{\sqrt{x}}{1+x} \mathrm{d}x$; (2) $\int_0^2 \frac{e^x}{e^{2x}+1} \mathrm{d}x$;

(3) $\int_0^{\frac{\pi}{2}} \cos^2 x \sin x \, dx$;

(4) $\int_0^{e^3} \frac{1}{x\sqrt{1+\ln x}} dx$.

C 学以致用

计算下列定积分.

(1) $\int_0^1 e^x (e^x - 1)^4 dx$;

(2) $\int_0^e \frac{1 + \ln x}{x} dx$;

(3) $\int_0^1 x \sqrt{1 - x^2} \, dx$;

(4) $\int_1^2 \frac{1}{x^2} e^{\frac{1}{x}} dx$;

(5) $\int_1^{64} \frac{dx}{\sqrt{x} + \sqrt[3]{x}}$;

(6) $\int_0^2 x^2 e^{2x} dx$;

(7) $\int_0^{\frac{\pi}{2}} e^{2x} \cos x \, dx$.

第七节 广义积分

引例 3-6 有一个大型的投资项目,投资成本为 $A = 10\,000$ (万元),投资年利率为 5%,每年的均匀收入率为 $a = 10\%$,求该投资为无限期时的纯收入的贴现值.

分析:按照年利率 $r = 5\%$ 的复利计算,在 $[0, +\infty)$ 时间内得到的总收入现值为 $P = \int_0^{+\infty} a e^{-rt} dt$,此时函数的定义域是无穷区间 $[0, +\infty)$.

称上面的积分为无穷区间上的积分. 在实际生活中还会遇到被积函数为无界的情况. 一般地,把这两种情况下的积分称为广义积分.

一、无穷区间上的广义积分——无穷积分

定义 3-6 设函数 $f(x)$ 在区间 $[a, +\infty)$ 上连续,取 $b > a$,若极限 $\lim_{b \to +\infty} \int_a^b f(x) dx$ 存在,则称此极限为函数 $f(x)$ 在 $[a, +\infty)$ 上的广义积分,记作 $\int_a^{+\infty} f(x) dx$,即 $\int_a^{+\infty} f(x) dx = \lim_{b \to +\infty} \int_a^b f(x) dx$. 此时也称广义积分 $\int_a^{+\infty} f(x) dx$ **收敛**;如果上述极限不存在,就称 $\int_a^{+\infty} f(x) dx$ **发散**.

无穷限积分

类似地,定义 $f(x)$ 在区间 $(-\infty, b]$ 上的广义积分为 $\int_{-\infty}^b f(x) dx = \lim_{a \to -\infty} \int_a^b f(x) dx$.

$f(x)$ 在 $(-\infty, +\infty)$ 上的广义积分定义为 $\int_{-\infty}^{+\infty} f(x) dx = \int_{-\infty}^a f(x) dx + \int_a^{+\infty} f(x) dx$.

其中,a 为任意实数. 当且仅当上式右端两个积分同时收敛时,称广义积分 $\int_{-\infty}^{+\infty} f(x) dx$ 收敛,否则称其发散.

从广义积分的定义可以直接得到广义积分的计算方法,即先求有限区间上的定积分,再取极限.

例 3-38 计算广义积分 $\int_0^{+\infty} \dfrac{1}{1+x^2} dx$.

解 任取实数 $b > 0$，则

$$\int_0^{+\infty} \dfrac{1}{1+x^2} dx = \lim_{b \to +\infty} \int_0^b \dfrac{1}{1+x^2} dx = \lim_{b \to +\infty} \arctan x \Big|_0^b$$

$$= \lim_{b \to +\infty} (\arctan b - \arctan 0) = \dfrac{\pi}{2}.$$

例 3-39 计算 $\int_0^{+\infty} \dfrac{x}{1+x^2} dx$.

解 $\int_0^{+\infty} \dfrac{x}{1+x^2} dx = \lim_{b \to +\infty} \int_0^b \dfrac{x}{1+x^2} dx = \lim_{b \to +\infty} \dfrac{1}{2} \int_0^b \dfrac{1}{1+x^2} d(1+x^2)$

$$= \dfrac{1}{2} \lim_{b \to +\infty} \ln(1+x^2) \Big|_0^b = \dfrac{1}{2} \lim_{b \to +\infty} \ln(1+b^2) = +\infty.$$

所以，广义积分 $\int_0^{+\infty} \dfrac{x}{1+x^2} dx$ 发散.

利用极限的性质，可以把定积分的分部积分法、换元积分法推广到广义积分.

例 3-40 计算 $\int_{-\infty}^0 x e^x dx$.

解 $\int_{-\infty}^0 x e^x dx = \lim_{a \to -\infty} \int_a^0 x e^x dx = \lim_{a \to -\infty} \left[x e^x \Big|_a^0 - \int_a^0 e^x dx \right]$

$$= \lim_{a \to -\infty} \left[-a e^a - e^x \Big|_a^0 \right] = \lim_{a \to -\infty} \left[-a e^a - 1 + e^a \right] = -1.$$

注： 显然这里的极限 $\lim\limits_{a \to -\infty} (1-a) e^a$ 是不定式，利用洛必达法则可得其结果为零.

例 3-41 讨论广义积分 $\int_a^{+\infty} \dfrac{1}{x^p} dx (a > 0)$ 的敛散性.

解 当 $p=1$ 时，$\int_a^{+\infty} \dfrac{1}{x^p} dx = \int_a^{+\infty} \dfrac{1}{x} dx = \lim_{b \to +\infty} \ln x \Big|_a^b = \lim_{b \to +\infty} [\ln b - \ln a] = +\infty$（发散）；

当 $p \neq 1$ 时，$\int_a^{+\infty} \dfrac{1}{x^p} dx = \lim_{b \to +\infty} \dfrac{x^{1-p}}{1-p} \Big|_a^b = -\dfrac{a^{1-p}}{1-p} + \lim_{b \to +\infty} \dfrac{b^{1-p}}{1-p} = \begin{cases} +\infty, & p < 1 \text{（发散）} \\ \dfrac{a^{1-p}}{p-1}, & p > 1 \text{（收敛）} \end{cases}$.

因此，$p > 1$ 时，该广义积分收敛，其值为 $\dfrac{a^{1-p}}{p-1}$；当 $p \leq 1$ 时，该广义积分发散. 此广义积分称为 p 积分，牢记它的敛散性，可以直接运用.

*二、无界函数的广义积分——瑕积分

定义 3-7 设函数 $f(x)$ 在区间 $(a, b]$ 上连续，且 $\lim\limits_{x \to a^+} f(x) = \infty$. 取 $A > a$，如果极限 $\lim\limits_{A \to a^+} \int_A^b f(x) dx$ 存在，则称此极限为函数 $f(x)$ 在 $(a, b]$ 上的广义积分，记作

$\int_a^b f(x)\mathrm{d}x$,即 $\int_a^b f(x)\mathrm{d}x = \lim_{A \to a^+} \int_A^b f(x)\mathrm{d}x$.

此时也称**广义积分** $\int_a^b f(x)\mathrm{d}x$ **收敛**,否则就称**广义积分** $\int_a^b f(x)\mathrm{d}x$ **发散**.

类似地,当 $x = b$ 为 $f(x)$ 的无穷大间断点时,$f(x)$ 在 $[a, b)$ 上的广义积分 $\int_a^b f(x)\mathrm{d}x$ 为 $\int_a^b f(x)\mathrm{d}x = \lim_{B \to b^-} \int_a^B f(x)\mathrm{d}x$ (取 $B < b$).

当无穷间断点 $x = c$ 位于区间 $[a, b]$ 的内部时,则定义广义积分 $\int_a^b f(x)\mathrm{d}x$ 为
$$\int_a^b f(x)\mathrm{d}x = \int_a^c f(x)\mathrm{d}x + \int_c^b f(x)\mathrm{d}x.$$

> **注意:**
> 上式右端的两个积分均为广义积分,当且仅当上式右端的两个积分同时收敛时,称广义积分 $\int_a^b f(x)\mathrm{d}x$ 收敛,否则称其发散.

(1) 广义积分是定积分概念的扩充,收敛的广义积分与定积分具有类似的性质,但不能直接利用牛顿 - 莱布尼兹公式.

(2) 求广义积分就是求定积分的一种极限,因此,首先计算一个定积分,再求极限,定积分中的换元积分法和分部积分法都可以推广到广义积分;在求极限时可以利用求极限的一切方法,包括洛必达法则.

(3) 为了方便,利用下列符号表示极限:
$$\lim_{a \to -\infty} F(x)\big|_a^b = F(x)\big|_{-\infty}^b ; \quad \lim_{b \to +\infty} F(x)\big|_a^b = F(x)\big|_a^{+\infty};$$
$$\lim_{B \to a^+} F(x)\big|_B^b = F(x)\big|_a^b ; \quad \lim_{B \to b^-} F(x)\big|_a^B = F(x)\big|_a^b.$$

(4) 瑕积分与定积分的记号一样,要注意判断和区分.

例 3 - 42 求 $\int_0^1 \frac{1}{\sqrt{1-x}}\mathrm{d}x$.

解 因为函数 $f(x) = \frac{1}{\sqrt{1-x}}$ 在 $[0, 1)$ 上连续,且 $\lim_{x \to 1^-} \frac{1}{\sqrt{1-x}} = +\infty$,所以 $\int_0^1 \frac{1}{\sqrt{1-x}}\mathrm{d}x$ 是广义积分,于是

$$\int_0^1 \frac{1}{\sqrt{1-x}}\mathrm{d}x = \lim_{B \to 1^-} \int_0^B \frac{1}{\sqrt{1-x}}\mathrm{d}x = \lim_{B \to 1^-} (-2\sqrt{1-x})\big|_0^B = \lim_{B \to 1^-} (2 - 2\sqrt{1-B}) = 2.$$

引例 3 - 6 解析 按照年利率 $r = 5\%$ 的复利计算,在 $[0, +\infty]$ 时间内得到的总收入现值为

$$P = \int_0^{+\infty} ae^{-rt}\mathrm{d}t = \int_0^{+\infty} 1\,000 e^{-0.05t}\mathrm{d}t = \lim_{b \to +\infty} \int_0^b 1\,000 e^{-0.05t}\mathrm{d}t$$
$$= \lim_{b \to +\infty} \frac{1\,000}{0.05}(1 - e^{-0.05t}) = 1\,000 \times \frac{1}{0.05} = 20\,000(万元),$$

从而投资为无限期时的纯收入贴现值为

$$R = P - A = 20\,000 - 10\,000 = 10\,000(万元).$$

习题 3-7

A 知识巩固

1. 求下列广义积分.

(1) $\int_{-\infty}^{0} e^x dx$; (2) $\int_{1}^{+\infty} \frac{1}{x^2} dx$.

2. 判断下列瑕积分的敛散性，如果收敛，计算积分值.

(1) $\int_{0}^{1} \frac{1}{\sqrt{x}} dx$; (2) $\int_{0}^{1} \frac{dx}{\sqrt{1-x^2}}$.

B 能力提升

1. 求下列广义积分.

(1) $\int_{-\infty}^{+\infty} \frac{1}{1+x^2} dx$; (2) $\int_{e}^{+\infty} \frac{\ln x}{x} dx$.

2. 判断下列瑕积分的敛散性，如果收敛，计算积分值.

(1) $\int_{1}^{2} \frac{1}{x \ln x} dx$; (2) $\int_{\frac{\pi}{4}}^{\frac{\pi}{2}} \frac{1}{\cos^2 x} dx$.

C 学以致用

判断下列瑕积分的敛散性，如果收敛，计算积分值.

(1) $\int_{0}^{2} \frac{dx}{(1-x)^2}$; (2) $\int_{-1}^{1} \frac{1}{x^2} e^{\frac{1}{x}} dx$.

第八节　定积分的应用

引例 3-7　某工厂生产某产品 Q（百台）的边际成本为 $MC(Q) = 2$（万元/百台）. 设固定成本为 0，边际收益为 $MR(Q) = 7 - 2Q$（万元/百台）. 如何求该工厂的最大总利润是本节要解决的问题.

由于定积分的概念和理论是在解决实际问题的过程中产生和发展起来的，因此它的应用非常广泛.

一、定积分的几何应用

下面介绍直角坐标系下面积的计算.

（1）由曲线 $y = f(x)$ 和直线 $x = a$, $x = b$, $y = 0$ 所围成曲边梯形的面积的求法前面已经介绍，此处不再叙述.

（2）求由两条曲线 $y = f(x)$，$y = f(x)(f(x) \geq g(x))$ 及直线 $x = a$, $x = b$ 所围成平面图形（图 3-14）的面积 A.

下面用微元法求面积 A.

定积分的应用

①取 x 为积分变量，$x \in [a,b]$.

②在区间 $[a,b]$ 上任取一小区间 $[x, x+dx]$，该区间上小曲边梯形的面积 dA 可以用为高 $f(x) - g(x)$，底边为 dx 的小矩形的面积近似代替，从而得面积元素 $dA = [f(x) - g(x)]dx$.

③写出积分表达式，即 $A = \int_a^b [f(x) - g(x)]dx$.

(3) 求由两条曲线 $x = \psi(y)$，$x = \varphi(y)$（$\psi(y) \leq \varphi(y)$）及直线 $y = c$，$y = d$ 所围成平面图形（图 3-15）的面积. 这里取 y 为积分变量，$y \in [c,d]$，用类似 (2) 的方法可以推出：

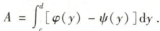

$$A = \int_c^d [\varphi(y) - \psi(y)]dy.$$

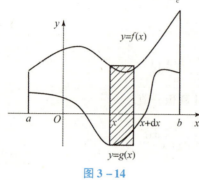

图 3-14

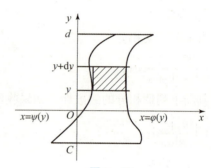

图 3-15

例 3-43 求由曲线 $y = x^2$，$y = 2x - x^2$ 与 $y = 2x - x^2$ 所围图形的面积.

解 先画出所围的图形（图 3-16），由方程组 $\begin{cases} y = x^2 \\ y = 2x - x^2 \end{cases}$ 得两条曲线的交点为 $O(0,0)$，$A(1,1)$，取 x 为积分变量，$x \in [0,1]$. 由公式得

$$A = \int_0^1 (2x - x^2 - x^2)dx = \left(x^2 - \frac{2}{3}x^3\right)\Big|_0^1 = \frac{1}{3}.$$

例 3-44 求曲线 $y^2 = 2x$ 与 $y = x - 4$ 所围图形的面积.

解 画出所围的图形（图 3-17），由方程组 $\begin{cases} y^2 = 2x \\ y = x - 4 \end{cases}$ 得两条曲线的交点为 $A(2, -2)$，$B(8, 4)$，取 y 为积分变量，$y \in [-2, 4]$. 将两曲线方程分别改写为 $x = \frac{1}{2}y^2$ 与 $x = y + 4$，得所求面积为 $A = \int_{-2}^{4} \left(y + 4 - \frac{1}{2}y^2\right)dy = \left(\frac{1}{2}y^2 + 4y - \frac{1}{6}y^3\right)\Big|_{-2}^{4} = 18$.

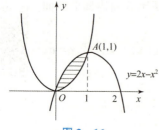

图 3-16

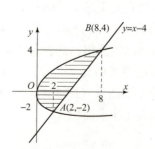

图 3-17

> **注意:**
> 本题若以 x 为积分变量,由于图形在 [0, 2] 和 [2, 8] 两个区间上的构成情况不同,因此需要分成两部分来计算,其结果应为
> $$A = 2\int_0^2 \sqrt{2x}\,dx + \int_2^8 [\sqrt{2x} - (x-4)]\,dx = \frac{4\sqrt{2}}{3}x^{\frac{3}{2}}\Big|_0^2 + \left(\frac{2\sqrt{2}}{3}x^{\frac{3}{2}} - \frac{1}{2}x^2 + 4x\right)\Big|_2^8 = 18.$$

显然,对于例 3 – 44,选取 x 作为积分变量不如选取 y 作为积分变量计算简便. 可见适当选取积分变量可使计算简化.

例 3 – 45 求曲线 $y = \cos x$,$y = \sin x$ 在区间 $[0, \pi]$ 上所围平面图形的面积.

解 如图 3 – 18 所示,曲线 $y = \cos x$ 与 $y = \sin x$ 的交点为 $\left(\dfrac{\pi}{4}, \dfrac{\sqrt{2}}{2}\right)$,选取 x 作为积分变量,$x \in [0, \pi]$,于是所求面积为

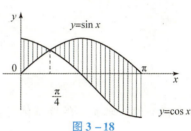

图 3 – 18

$$A = \int_0^{\frac{\pi}{4}}(\cos x - \sin x)\,dx + \int_{\frac{\pi}{4}}^{\pi}(\sin x - \cos x)\,dx$$
$$= (\sin x + \cos x)\Big|_0^{\frac{\pi}{4}} + (-\cos x - \sin x)\Big|_{\frac{\pi}{4}}^{\pi} = 2\sqrt{2}.$$

二、定积分求体积

1. 旋转体的体积

旋转体是一个平面图形绕这平面内的一条直线旋转而成的立体. 这条直线叫作**旋转轴**.

设旋转体是由连续曲线 $y = f(x)(f(x) \geq 0)$ 和直线 $x = a$,$x = b$ 及 x 轴所围成的曲边梯形绕 x 轴旋转一周而成,如图 3 – 19 所示.

取 x 为积分变量,它的变化区间为 $[a, b]$,在 $[a, b]$ 上任取一小区间 $[x, x + dx]$,相应薄片的体积近似于以 $f(x)$ 为底面圆半径,以 dx 为高的小圆柱体的体积,从而得到体积元素为 $dV = \pi [f(x)]^2 dx$,于是,所求旋转体体积为 $V_x = \pi \int_a^b [f(x)]^2 dx$.

类似地,由曲线 $x = \varphi(y)$ 和直线 $y = c$,$y = d$ 及 y 轴所围成的曲边梯形绕 y 轴旋转一周而成(图 3 – 20)的旋转体的体积为

$$V_y = \pi \int_c^d [\varphi(y)]^2 dy.$$

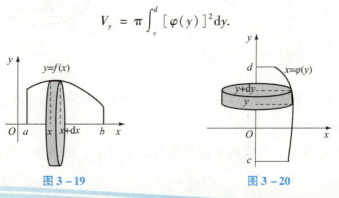

图 3 – 19   图 3 – 20

例 3-46 求由椭圆 $\dfrac{x^2}{a^2}+\dfrac{y^2}{b^2}=1$ 绕 x 轴及 y 轴旋转而成的椭球体的体积.

解 （1）绕 x 轴旋转的椭球体如图 3-21 所示，它可看作上半椭圆 $y=\dfrac{b}{a}\sqrt{a^2-x^2}$ 与 x 轴围成的平面图形绕 x 轴旋转而成. 取 x 为积分变量，$x\in[-a,a]$，由公式所求椭球体的体积为

$$V_x = \pi\int_{-a}^{a}\left(\dfrac{b}{a}\sqrt{a^2-x^2}\right)^2 dx$$

$$= \dfrac{2\pi b^2}{a^2}\int_{0}^{a}(a^2-x^2)dx$$

$$= \dfrac{2\pi b^2}{a^2}\left(a^2 x - \dfrac{x^3}{3}\right)\Big|_{0}^{a}$$

$$= \dfrac{4}{3}\pi ab^2.$$

（2）绕 y 轴旋转的椭球体可看作右半椭圆 $x=\dfrac{a}{b}\sqrt{b^2-y^2}$ 与 y 轴围成的平面图形绕 y 轴旋转而成（图 3-22），取 y 为积分变量，$y\in[-b,b]$，由公式所求椭球体体积为

$$V_y = \pi\int_{-b}^{b}\left(\dfrac{a}{b}\sqrt{b^2-y^2}\right)^2 dy$$

$$= \dfrac{2\pi a^2}{b^2}\int_{0}^{b}(b^2-y^2)dy$$

$$= \dfrac{2\pi a^2}{b^2}\left(b^2 y - \dfrac{y^3}{3}\right)\Big|_{0}^{b}$$

$$= \dfrac{4}{3}\pi a^2 b.$$

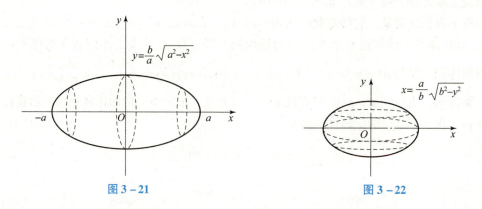

图 3-21　　　　　　　　　　图 3-22

当 $a=b=R$ 时，上述结果为 $V=\dfrac{4}{3}\pi R^3$，这就是大家所熟悉的球体的体积公式.

2. 平行截面面积为已知的立体体积

设一物体被垂直于某直线的平面所截的面积可求，则该物体可用定积分求其

体积.

不妨设直线为 x 轴，则在 x 处的截面面积 $A(x)$ 是 x 的已知连续函数，求该物体介于 $x = a$ 和 $x = b$（$a < b$）之间的体积（图 3 – 23）.

取 x 为积分变量，它的变化区间为 $[a, b]$，在微小区间 $[x, x+dx]$ 上 $A(x)$ 近似不变，即把 $[x, x+dx]$ 上的立体薄片近似看作以 $A(x)$ 为底，以 dx 为高的柱片，从而得到体积元素 $dV = A(x)dx$，于是该物体的体积为 $V = \int_a^b A(x)dx$.

例 3 – 47 一平面经过半径为 R 的圆柱体的底圆圆心，并与底面相交成 α 角，计算该平面截圆柱体所得立体的体积.

解 取该平面与圆柱体的底面交线为 x 轴，建立图 3 – 24 所示的直角坐标系，则底面圆的方程为 $x^2 + y^2 = R^2$. 立体中过点 x 且垂直于 x 轴的截面是一个直角三角形. 它的直角边分别为 y，$y\tan\alpha$，即 $\sqrt{R^2 - x^2}$，$\sqrt{R^2 - x^2}\tan\alpha$.

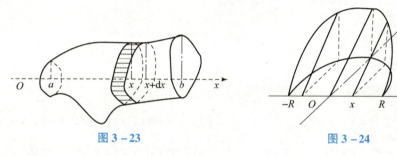

图 3 – 23　　　　　　　　　图 3 – 24

因此截面面积为

$$A(x) = \frac{1}{2}(R^2 - x^2)\tan\alpha.$$

故所求立体体积为

$$V = \int_{-R}^{R} \frac{1}{2}(R^2 - x^2)\tan\alpha\, dx = \frac{1}{2}\tan\alpha\left(R^2 x - \frac{1}{3}x^3\right)\bigg|_{-R}^{R} = \frac{2}{3}R^3\tan\alpha.$$

三、定积分在经济方面的应用举例

我们知道导数在经济方面的应用，可以对经济函数进行边际分析和弹性分析，但在实际中往往还涉及已知边际函数或弹性函数，求原函数的问题，这就需要利用定积分或不定积分来解决. 根据导数与积分的关系可解决以下问题.

（1）已知边际成本 $MC(Q)$，求总成本 $C(Q)$.

有 $C(Q) = \int_0^Q MC(x)dx + C(0)$，其中 $C(0)$ 是固定成本，一般不为零.

（2）已知边际收益 $MR(Q)$，求总成本 $R(Q)$.

有 $R(Q) = \int_0^Q MR(x)dx + R(0) = \int_0^Q MR(x)dx$，其中 $R(0) = 0$ 称为自然条件，意指当销售量为 0 时，自然收益为 0.

下面通过解决本节引入的实例说明定积分在经济方面的应用.

引例 3 – 7 解析 某工厂生产某产品 Q（百台）的边际成本为 $MC(Q) = 2$（万元/

百台). 设固定成本为 0，边际收益为 $MR(Q) = 7 - 2Q$（万元/百台）. 求：

(1) 生产量为多少时，总利润 L 最大？最大总利润是多少？

(2) 在总利润最大的生产量的基础上又生产了 50 台，则总利润减少多少？

解 (1) 因为 $C(Q) = \int_0^Q MC(x)dx + C(0) = \int_0^Q 2dx = 2Q$，

$$R(Q) = \int_0^Q MR(x)dx = \int_0^Q (7-2x)dx = 7Q - Q^2,$$

所以利润函数 $L(Q) = R(Q) - C(Q) = 5Q - Q^2$，则 $L'(Q) = 5 - 2Q$.

令 $L'(Q) = 0$，得唯一驻点 $Q = 2.5$，且有 $L''(Q) = -5 < 0$，故 $Q = 2.5$，即生产量为 2.5 百台时，有最大利润，最大利润为

$$L(2.5) = 5 \times 2.5 - (2.5)^2 = 6.25（万元）.$$

(2) 在 2.5 百台的基础上又生产了 50 台，即生产 3 百台，此时利润为 $L(3) = 5 \times 3 - 3^2 = 6$（万元），即利润减少了 0.25 万元.

习题 3-8

A 知识巩固

求下列曲线所围成平面图形的面积.

(1) $y = \dfrac{1}{x}$，$y = x$，$y = 2$；

(2) $y = \sin x$，$y = \cos x$，$x = 0$，$x = \dfrac{\pi}{2}$；

(3) $y = 4 - x^2$，$y = 0$；

(4) $y = x^2$，$y = (x-2)^2$，$y = 0$.

B 能力提升

1. 求由直线 $y = 0$ 与曲线 $y = x^2$ 及它在点 (1, 1) 处的法线所围成平面图形的面积.

2. 求下列平面图形分别绕 x 轴、y 轴旋转所产生的立体的体积.

(1) $y + 2x = 1$，$x = 0$ 及 $y = 0$；

(2) $y = \sqrt{2x}$，$x = 1$，$x = 2$ 及 $y = 0$.

C 学以致用

某人正在用计算机设计一台机器的底座，它在第一象限的图形由 $y = 8 - x^3$，$y = 2$ 以及 x 轴和 y 轴围成，底座由此图形绕 y 轴旋转一周而成，试求此底座的体积.

【数学文化】

牛顿与莱布尼兹的故事

1665 年夏天，因为英国爆发鼠疫，剑桥大学暂时关闭. 刚刚获得学士学位，准备留校任教的牛顿（图 3-25）被迫离校到他母亲的农场住了一年多. 这一年多被称为"奇迹年"，牛顿对三大运动定律、万有引力定律和光学的研究都开始于这个时期. 在研究这些问题过程中，他发现了被他称为"流数术"的微积分.

图 3-25

他在 1666 年写下了一篇关于流数术的短文,之后又写了几篇有关文章,但是这些文章当时都没有公开发表,只是在一些英国科学家中流传. 首次发表有关微积分研究论文的是德国数学家和哲学家莱布尼兹（图 3 – 26）. 莱布尼兹在 1675 年已发现了微积分,但是也不急于发表,只是在手稿和通信中提及这些发现.

1684 年,莱布尼兹正式发表他对微分的发现. 两年后,他又发表了有关积分的研究文章. 在瑞士人伯努利兄弟的大力推动下,莱布尼兹的方法很快传遍了欧洲。到 1696 年,已有微积分的教科书出版. 起初,并没有人来争夺微积分的发现权. 1699 年,移居英国的一名瑞士人一方面为了讨好英国人,另一方面由于与莱布尼兹的个人恩怨,指责

图 3 – 26

莱布尼兹的微积分是剽窃牛顿的流数术,但此人并无威望,遭到莱布尼兹的驳斥后,就没了下文.

1704 年,牛顿在其光学著作的附录中首次完整地发表了其关于流数术的文章. 当年出现了一篇匿名评论,反过来指责牛顿的流数术是剽窃莱布尼兹的微积分,于是究竟是谁首先发现了微积分就成了一个需要解决的问题了. 1711 年,苏格兰科学家、英国皇家学会会员约翰·凯尔在致皇家学会书记的信中,指责莱布尼兹剽窃了牛顿的成果,只不过用不同的符号表示法改头换面.

问题是,莱布尼兹是否独立地发现了微积分？莱布尼兹是否剽窃了牛顿的发现？

后人通过研究莱布尼兹的手稿还发现,莱布尼兹和牛顿是从不同的思路创建微积分的：牛顿是为了解决运动问题,先有导数的概念,后有积分的概念；莱布尼兹则反过来,受其哲学思想的影响,先有积分的概念,后有导数的概念. 牛顿仅是把微积分当作物理研究的数学工具,而莱布尼兹则意识到微积分将给数学带来一场革命. 这些似乎又表明莱布尼兹像他一再声称的那样,是自己独立地创建微积分的.

即使莱布尼兹不是独立地创建微积分,他也对微积分的发展做出了重大贡献. 莱布尼兹对微积分表述得更清楚,所采用的符号系统比牛顿的更直观、合理,因此被普遍采纳并沿用至今. 现在的教科书一般把牛顿和莱布尼兹共同列为微积分的创建者.

复习题三

一、填空题.

1. 设 $x\ln x - x$ 是 $f(x)$ 的一个原函数,则 $\int f(x)\,dx = $ _____ ,$\int f'(x)\,dx = $ _____ .

2. 已知 $\int f(x)\,dx = \sin^2 x + C$,则 $f(x) = $ _____ .

3. 曲线 $y = \cos x$ 与直线 $x = 0$,$x = \pi$,$y = 0$ 所围成平面图形的面积等于 _____ .

4. 函数 $f(x)$ 在 $[-1, 2]$ 上连续且其平均值为 $-\dfrac{5}{6}$，则 $\int_{-1}^{2} f(x) \mathrm{d}x =$ _____.

5. 设 $f(x)$ 可导，且 $f'(x) \neq 0$ 时下式成立

$\int \sin f(x) \mathrm{d}x = x \cdot \sin f(x) - \int \cos f(x) \mathrm{d}x$，则 $f(x) =$ _____.

6. 若函数 $f(x)$ 的导数 $f(x) = \arcsin x$ 且 $F(0) = 1$，则 $F(x) =$ _____.

7. 若 $\int_{0}^{1} (2x + k) \mathrm{d}x = 2$，则 $k =$ _____.

8. 设可导函数 $f(x)$ 满足条件 $f(0) = 1$，$f(2) = 3$，$f'(2) = 5$，则 $\int_{0}^{1} x f''(2x) \mathrm{d}x =$ _____.

二、单项选择题.

1. 设 C 是不为 1 的常数，则函数 $f(x) = \dfrac{1}{x}$ 的原函数不是（　　）.

A. $\ln |x|$；　　B. $\ln |x| + C$；　　C. $\ln |Cx|$；　　D. $C \ln |x|$.

2. 若 e^{-x} 是 $f(x)$ 的原函数，则 $\int x f(x) \mathrm{d}x =$（　　）.

A. $\mathrm{e}^{-x}(1 - x) + C$　　　　　　B. $\mathrm{e}^{-x}(x + 1) + C$

C. $\mathrm{e}^{-x}(x - 1) + C$　　　　　　D. $-\mathrm{e}^{-x}(x + 1) + C$

3. $\dfrac{\mathrm{d}}{\mathrm{d}x} \int_{a}^{x} \dfrac{\sin t}{t} \mathrm{d}t =$（　　）.

A. $\dfrac{\sin x}{x}$　　B. $\dfrac{\cos x}{x}$　　C. $\dfrac{\sin a}{a}$　　D. $\dfrac{\sin t}{t}$

4. 设 $f(x)$ 在 $[a, b]$ 上连续，$F(x) = \int_{a}^{x} f(t) \mathrm{d}t$，则（　　）.

A. $F(x)$ 是 $f(x)$ 在 $[a, b]$ 上的一个原函数

B. $f(x)$ 是 $F(x)$ 在 $[a, b]$ 上的一个原函数

C. $F(x)$ 是 $f(x)$ 在 $[a, b]$ 上唯一的原函数

D. $f(x)$ 是 $F(x)$ 在 $[a, b]$ 上唯一的原函数

5. 设 $f(x)$ 在 $[a, b]$ 上连续，则下列各式中不成立的是（　　）.

A. $\int_{a}^{b} f(x) \mathrm{d}x = \int_{a}^{b} f(t) \mathrm{d}t$　　　　　B. $\int_{a}^{b} f(x) \mathrm{d}x = -\int_{b}^{a} f(t) \mathrm{d}t$

C. $\int_{a}^{a} f(x) \mathrm{d}x = 0$　　　　　D. 若 $\int_{a}^{b} f(x) \mathrm{d}x = 0$，则 $f(x) = 0$

三、解答下列各题.

1. 求下列不定积分.

(1) $\int \sqrt[3]{x}(x^2 - 5) \mathrm{d}x$；　　　　(2) $\int \dfrac{3x^4 + 3x^2 + 1}{x^2 + 1} \mathrm{d}x$；

(3) $\int \dfrac{x - 9}{\sqrt{x} + 3} \mathrm{d}x$；　　　　(4) $\int \dfrac{2x^2 + 1}{x^2(1 + x^2)} \mathrm{d}x$；

(5) $\int \dfrac{\cos 2x}{\sin^2 x} \mathrm{d}x$；　　　　(6) $\int \dfrac{\tan \sqrt{x}}{\sqrt{x}} \mathrm{d}x$；

(7) $\int \sin^3 x \, dx$;

(8) $\int \dfrac{1+x}{1+\sqrt{x}} dx.$

2. 求下列极限.

(1) $\lim\limits_{x\to 0} \dfrac{\int_0^x \sin t \, dt}{x^2}$;

(2) $\lim\limits_{x\to 0} \dfrac{\int_0^{x^2} \arctan\sqrt{t}\, dt}{x^2}.$

3. 求下列定积分.

(1) $\int_1^2 \left(x + \dfrac{1}{x}\right) dx$;

(2) $\int_0^{\frac{\pi}{4}} (\sin x + \cos x) \, dx$;

(3) $\int_0^{\frac{\pi}{2}} \left|\dfrac{1}{2} - \sin x\right| dx$;

(4) $\int_0^{\frac{\pi}{2}} \sin x \cos^2 x \, dx$;

(5) $\int_0^{\ln 2} \dfrac{e^x}{1+e^{2x}} dx$;

(6) $\int_1^{e^2} \dfrac{dx}{x\sqrt{1+\ln x}}$;

(7) $\int_1^{\sqrt{3}} \dfrac{1}{\sqrt{4-x^2}} dx$;

(8) $\int_0^3 \dfrac{x}{1+\sqrt{x+1}} dx$;

(9) $\int_0^2 x^2\sqrt{4-x^2}\, dx$;

(10) $\int_0^1 \dfrac{x\sqrt{1-x^2}}{2-x^2} dx$;

(11) $\int_1^2 \dfrac{\sqrt{x^2-1}}{x} dx$;

(12) $\int_0^{\ln 2} \sqrt{e^x - 1}\, dx$;

(13) $\int_0^{\sqrt{\ln 2}} x^3 e^{x^2} dx$;

(14) $\int_{\frac{1}{e}}^{e} |\ln x| \, dx.$

四、试求函数 $f(x) = \int_0^x e^{-t} \cos t \, dt$ 在区间 $[0, \pi]$ 上的最大值点.

五、设 $S_1(t)$ 是曲线 $x = \sqrt{y}$ 与直线 $x = 0$ 及 $y = t(0 < t < 1)$ 所围图形的面积. $S_2(t)$ 是曲线 $x = \sqrt{y}$ 与直线 $x = 1$ 及 $y = t(0 < t < 1)$ 所围图形的面积, 试求 t 为何值时 $S_1(t) + S_2(t)$ 最小? 最小值是多少?

六、有一个大型投资项目, 投资成本为 $A = 10\,000$ (万元), 投资年利率为 5%, 每年的均匀收入率为 $a = 10\%$, 求该投资为无限期时的纯收入的贴现值.

七、已知某产品的边际成本和边际收入分别为
$$C'(x) = x^2 - 4x + 6, \quad R'(x) = 105 - 2x,$$
且固定成本为 100, 其中 x 为销售量, 求最大利润.

第二篇 拓 展 篇

第四章　微分方程

◇学前导读

微分方程是高等数学的一个重要组成部分,在科学研究和实际生产中,很多问题可以归结为用微分方程表示的数学模型.本章介绍微分方程的基本概念和几种常见的微分方程的解法.

◇知识结构图

本章知识结构图如图 4-0 所示.

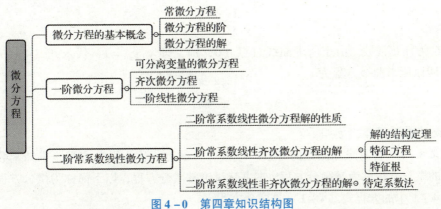

图 4-0　第四章知识结构图

◇学习目标与要求

(1) 理解常微分方程的基本概念.
(2) 熟练掌握常见形式的一阶微分方程并会求解.
(3) 掌握可降阶的二阶微分方程.
(4) 了解二阶常系数线性齐次微分方程.
(5) 了解二阶常系数线性非齐次微分方程并掌握待定系数法.

第一节　微分方程的基本概念

引例 4-1　某公司 t 年净资产有 $W(t)$（百万元）,并且资产本身以每年 5% 的速度连续增长,同时该公司每年要以 300 百万元的数额连续支付职工工资.已知资产 $W(t)$ 的微分方程为

$$\frac{dW}{dt} = 0.05W - 300.$$

微分方程在经济学中有着广泛的应用,有关经济量的变化和变化率问题常转化为微分方程的定解问题,一般先根据某个经济法则或某种经济假说建立一个数学模型,即以所研究的经济量为未知函数,以时间 t 为自变量的微分方程模型,然后求解微分方程,通过求得的解来解释相应的经济量的意义或规律,最后作出预测或决策.

一、微分方程的基本概念

接下来通过几个例题介绍微分方程的基本概念.

例 4-1 一条曲线经过点 $(0,1)$,且曲线上任意点 $M(x,y)$ 处的切线斜率等于该点横坐标的平方,求这条曲线的方程.

解 设所求曲线方程为 $y = f(x)$,由导数的几何意义及已知条件,得

$$\frac{dy}{dx} = x^2. \qquad (4-1)$$

两边积分,得

$$y = \frac{1}{3}x^3 + C. \qquad (4-2)$$

式中,C 为任意常数. 由于所求曲线过点 $(0,1)$,即 $y|_{x=0} = 1$,代入式 $(4-2)$,得 $C = 1$,所以所求曲线方程为

$$y = \frac{1}{3}x^3 + 1. \qquad (4-3)$$

微分方程的基本概念如下.

定义 4-1 含有未知函数的导数(或微分)的方程称为**微分方程**,未知函数是一元函数的微分方程称为**常微分方程**. 本书只讨论常微分方程,以下简称为微分方程.

例 4-1 中的方程式 $(4-1)$ 是微分方程.

定义 4-2 微分方程中所含未知函数的导数的最高阶阶数,称为**微分方程的阶**.

例如,方程式 $(4-1)$ 是一阶微分方程,方程 $\frac{d^2S}{dt^2} = g$ 是二阶微分方程,而方程 $\frac{d^3y}{dx^3} + \left(\frac{dy}{dx}\right)^2 + y^4 = e^x$ 是三阶微分方程.

n 阶微分方程的一般形式是 $F(x, y, y', y'', \cdots, y^{(n)}) = 0$,其中 x 是自变量,y 是未知函数,最高阶导数是 n 阶 $y^{(n)}$.

二阶和二阶以上的微分方程称为**高阶微分方程**.

定义 4-3 如果把某个函数及其各阶导数代入微分方程,能使方程成为恒等式,则称这个函数为**微分方程的解**.

例如,函数式 $(4-2)$ 和函数式 $(4-3)$ 都是方程式 $(4-1)$ 的解.

在例 4-1 中,一阶微分方程式 $(4-1)$ 的解式 $(4-2)$ 中含有一个任意常数;像这样,若微分方程的解中所含独立的任意常数的个数与方程的阶数相等,则称此解为**方程的通解**. 例如,函数式 $(4-2)$ 是方程式 $(4-1)$ 的通解. 给通解中的任意常数

以特定值的解，称为**方程的特解**. 如函数式（4 - 3）是方程式（4 - 1）的特解.

用以确定通解中任意常数的条件称为**初始条件**.

一般地，一阶微分方程的初始条件为：$y|_{x=x_0} = y_0$；二阶微分方程的初始条件为 $y|_{x=x_0} = y_0$，$y'|_{x=x_0} = y_1$.

例 4 - 2 验证函数 $y = C_1 e^{2x} + C_2 e^{-2x}$ 是微分方程 $y'' - 4y = 0$ 的通解，并求满足初始条件 $y|_{x=0} = 0$，$y'|_{x=0} = 1$ 的特解.

解 求 $y = C_1 e^{2x} + C_2 e^{-2x}$ 的一阶导数和二阶导数，得

$$y' = 2C_1 e^{2x} - 2C_2 e^{-2x},$$
$$y'' = 4C_1 e^{2x} + 4C_2 e^{-2x}.$$

将 y，y'' 代入原方程，有

$$y'' - 4y = 4C_1 e^{2x} + 4C_2 e^{-2x} - 4(C_1 e^{2x} + C_2 e^{-2x}) = 0.$$

因此，$y = C_1 e^{2x} + C_2 e^{-2x}$ 是微分方程 $y'' - 4y = 0$ 的解，又因为其中含有两个独立的任意常数，且与方程的阶数相等，所以它是方程的通解.

将初始条件 $y|_{x=0} = 0$，$y'|_{x=0} = 1$ 代入 y 和 y' 的表达式，得

$$\begin{cases} C_1 + C_2 = 0 \\ 2C_1 - 2C_2 = 1 \end{cases},$$

解得 $C_1 = \dfrac{1}{4}$，$C_2 = -\dfrac{1}{4}$，所以满足初始条件的特解为 $y = \dfrac{1}{4}(e^{2x} - e^{-2x})$.

求微分方程满足某初始条件的解的问题，称为微分方程的**初值问题**.

例 4 - 3 建立传染病的数学模型，描述传染病的传播过程，分析感染人数的变化规律，探索制止传染病蔓延的手段一直是各国有关专家和官员关注的课题.

设时刻 t 的病人人数 $y(t)$ 是连续、可微函数. 每天每个病人有效接触（即足以使人致病的接触），接触人数为常数 $\lambda > 0$.

解 考察 t 到 $t + \Delta t$ 时刻病人人数的增加，有

$$y(t + \Delta t) - y(t) = \lambda y(t) \Delta t.$$

再设 $t = 0$ 时有 y_0 个病人，得到微分方程

$$\frac{dy}{dt} = \lambda t, y(0) = y_0.$$

方程的解为

$$y(t) = y_0 e^{\lambda t}.$$

随着 t 的增加，病人人数 $y(t)$ 无限增长.

引例 4 - 1 解析

(1) 求解已知的资产 $W(t)$ 的微分方程，这时假设初始净资产为 600 百万元；

(2) 讨论在 $W_0 = 500$，600，700 三种情况下，$W(t)$ 的变化特点.

(1) **解**

第一步：分离变量.

$$\frac{dW}{W - 600} = 0.05 dt.$$

第二步：两边积分．

$$\int \frac{\mathrm{d}W}{W-600} = \int 0.05 \mathrm{d}t,$$

得 $\ln|W-600| = 0.05t + \ln C_1$（$C_1$ 为正常数），于是 $|W-600| = C_1 \mathrm{e}^{0.05t}$，或 $W-600 = C\mathrm{e}^{0.05t}$（$C = \pm C_1$）．将 $W(0) = W_0$ 代入，得方程特解：$W = 600 + (W_0 - 600)\mathrm{e}^{0.05t}$．

(2) 上式推导过程中 $W \neq 600$，当 $W = 600$ 时，$\dfrac{\mathrm{d}W}{\mathrm{d}t} = 0$，可知

$$W = 600 + (W_0 - 600)\mathrm{e}^{0.05t},$$

$W = 600 = W_0$，通常称为**平衡解**，仍包含在通解表达式中．

由通解表达式可知，当 $W_0 = 500$（百万元）时，净资产额单调递减，公司将在第 36 年破产；当 $W_0 = 600$（百万元）时，公司将收支平衡，将资产保持在 600 百万元不变；当 $W_0 = 700$（百万元）时，公司净资产将按指数不断增加．

习题 4-1

A 知识巩固

1. 下列等式中是微分方程的是（　　）．

A. $u'v + uv' = (uv)'$　　　　　　　　B. $y = \mathrm{e}^x + \sin x$

C. $y^2 - 3y + 2 = 0$　　　　　　　　D. $y'' + 3y' + 4y = 0$

2. 设函数 $y = C\mathrm{e}^{-x}$ 是微分方程 $y' + y = 0$ 的通解，则满足 $y|_{x=0} = -2$ 的特解是（　　）．

A. $y = \mathrm{e}^{-x}$　　B. $y = 2\mathrm{e}^{-x}$　　C. $y = -2\mathrm{e}^{-x}$　　D. $y = \dfrac{1}{2}\mathrm{e}^{-x}$

B 能力提升

1. 判断下列各题中的函数是否为所给微分方程的解．若是，试指出是通解还是特解（其中 C 为常数）．

(1) $y' = -\dfrac{x}{y}$，$x^2 + y^2 = C$（$C > 0$）；　　(2) $y'' - 2y' + y = 0$，$y = x^2 \mathrm{e}^x$；

(3) $y'' + 3y' + y = 0$，$y = \mathrm{e}^x + \mathrm{e}^{-x}$；　　(4) $xy' = 2y$，$y = 5x^2$．

2. 验证 $y = Cx^3$ 是方程 $3y - xy' = 0$ 的通解（C 为任意常数），并求满足初始条件 $y|_{x=1} = \dfrac{1}{3}$ 的特解．

C 学以致用

在某池塘内养鱼，由于条件限制，最多只能养 1 000 条鱼．在时刻 t 的鱼数 y 是时间 t 的函数 $y = y(t)$，其变化率与鱼数 y 和 $1\,000 - y$ 的乘积成正比．现已知池塘内放养鱼 100 条，3 个月后池塘内有 250 条鱼，求 t 个月后池塘内鱼数 $y(t)$ 的公式．问 6 个月后池塘内有多少条鱼？

第二节　可分离变量的微分方程与齐次微分方程

引例 4-2　在宏观经济研究中，发现某地区的国民收入 y、国民储蓄 S 和投资 I 均是

时间 t 的函数，且储蓄额 S 为国民收入的 $\dfrac{1}{10}$（在时刻 t），投资额为国民收入增长率的 $\dfrac{1}{3}$. 若当 $t=0$ 时，国民收入为 5 亿元，试求国民收入函数（假定在时刻 t 储蓄额全部用于投资）．

一、可分离变量的微分方程

形如

$$\frac{dy}{dx}=f(x)g(y)$$

的微分方程，称为**可分离变量的微分方程**. 其中，函数 $f(x)$ 和 $g(y)$ 都是连续函数.

该类方程的求解方法如下.

第一步：分离变量.

若 $g(y)\neq 0$，可将其化为

$$\frac{dy}{g(y)}=f(x)dx$$

的形式，称为**变量已分离的微分方程**.

第二步：两边分别对各自的自变量积分：

$$\int\frac{dy}{g(y)}=\int f(x)dx+C.$$

若设 $G(y)$，$F(x)$ 分别是 $\dfrac{1}{g(y)}$ 和 $f(x)$ 的一个原函数，则有 $G(y)=F(x)+C$，可以证明，$G(y)=F(x)+C$ 就是方程的通解.

例 4-4 求微分方程 $\dfrac{dy}{dx}=-\dfrac{x}{y}$ 的通解.

解 分离变量，得 $ydy=-xdx$. 两边积分，得 $\int ydy=\int(-x)dx+C_1$，$\dfrac{1}{2}y^2=-\dfrac{1}{2}x^2+C_1$，所以通解为 $x^2+y^2=C(2C_1=C)$. 其中，C 为任意常数.

例 4-5 求微分方程 $dy=x(2ydx-xdy)$ 满足初始条件 $y|_{x=1}=4$ 的特解.

解 原方程可化为 $(1+x^2)dy=2xydx$，它是可分离变量的微分方程.

分离变量，得 $\dfrac{dy}{y}=\dfrac{2xdx}{1+x^2}$. 两边积分，得 $\int\dfrac{dy}{y}=\int\dfrac{2xdx}{1+x^2}$，$\ln|y|=\ln|1+x^2|+C_1$.

若记 $C_1=\ln C$（C 为大于零的任意常数），即有 $\ln|y|=\ln|1+x^2|+\ln C$.

因此，原方程的通解是 $y=C(1+x^2)$.

将初始条件 $y|_{x=1}=4$ 代入上式得 $C=2$，于是原方程满足初始条件 $y|_{x=1}=4$ 的特解是 $y=2(1+x^2)$.

二、齐次微分方程

定义 4-4 形如

$$\frac{dy}{dx}=f\left(\frac{y}{x}\right) \tag{4-4}$$

齐次微分方程

的一阶微分方程，称为**齐次微分方程**．这种方程可通过变量替换化为可分离变量的微分方程．

在方程式（4-4）中作变换 $\dfrac{y}{x}=u$，则 $y=ux$，两边同时对 x 求导，得

$$\frac{dy}{dx}=u+x\frac{du}{dx}.$$

将 $\dfrac{y}{x}=u$ 及上式代入方程式（4-4），得

$$u+x\frac{du}{dx}=f(u).$$

这是可分离变量的微分方程，因此可求其通解，进而可求得方程式（4-4）的解．

例 4-6 求微分方程 $xy'=y(1+\ln y-\ln x)$ 的通解．

解 将方程化为齐次方程的形式：

$$\frac{dy}{dx}=\frac{y}{x}\left(1+\ln\frac{y}{x}\right).$$

令 $u=\dfrac{y}{x}$，则方程化为 $u+x\dfrac{du}{dx}=u(1+\ln u)$，分离变量，得 $\dfrac{du}{u\ln u}=\dfrac{1}{x}dx$，两边积分，得 $\ln\ln u=\ln x+\ln C$，即 $\ln u=Cx$ 或 $u=e^{Cx}$（C 为大于零的任意常数），代回 $u=\dfrac{y}{x}$，得通解 $y=xe^{Cx}$．

例 4-7 求微分方程 $xdy=\left(2x\tan\dfrac{y}{x}+y\right)dx$ 满足初始条件 $y\big|_{x=2}=\dfrac{\pi}{2}$ 的特解．

解 原方程可改写为 $\dfrac{dy}{dx}=2\tan\dfrac{y}{x}+\dfrac{y}{x}$，这是齐次微分方程．

先求所给方程的通解．设 $y=vx$，则 $\dfrac{dy}{dx}=v+x\dfrac{dv}{dx}$．

将其代入上述微分方程，得 $v+x\dfrac{dv}{dx}=2\tan v+v$，即 $x\dfrac{dv}{dx}=2\tan v$．

这是可分离变量的方程．分离变量，得 $\cot v\,dv=\dfrac{2}{x}dx$．

两边积分，得 $\ln\sin v=2\ln x+\ln C$，即 $\sin v=Cx^2$．

将 $v=\dfrac{y}{x}$ 代入上式，得所给方程的通解 $\sin\dfrac{y}{x}=Cx^2$．

再求满足条件 $y\big|_{x=2}=\dfrac{\pi}{2}$ 的特解．将 $x=2$，$y=\dfrac{\pi}{2}$ 代入通解中得

$$\sin\frac{\pi}{4}=4C,\ C=\frac{\sqrt{2}}{8},$$

于是，所求的特解为 $\sin\dfrac{y}{x}=\dfrac{\sqrt{2}}{8}x^2$ 或 $y=x\arcsin\left(\dfrac{\sqrt{2}}{8}x^2\right)$．

引例 4-2 解析 由题意可得，当 $S=I$ 时，有

$$\frac{1}{10}y=\frac{1}{3}\cdot\frac{dy}{dt},\ S=\frac{1}{10}y,I=\frac{1}{3}\cdot\frac{dy}{dt}.$$

解此微分方程得 $y = Ce^{\frac{3}{10}t}$，由 $t=0$ 时 $y=5$，得 $C=5$，即国民收入函数为 $y = 5e^{\frac{3}{10}t}$，而储蓄额函数和投资额函数为 $S = I = \frac{1}{2}e^{\frac{3}{10}t}$.

习题 4-2

A 知识巩固

1. 求下列微分方程满足所给初始条件的特解.

(1) $x\mathrm{d}y + 2y\mathrm{d}x = 0$，$y|_{x=2} = 1$；

(2) $y'\sin x = y\ln y$，$y|_{x=\frac{\pi}{2}} = \mathrm{e}$；

(3) $\cos y\mathrm{d}x + (1 + \mathrm{e}^{-x})\mathrm{d}y = 0$，$y|_{x=0} = \frac{\pi}{4}$.

2. 求下列微分方程的通解.

(1) $xy' = y + \sqrt{y^2 - x^2}$；

(2) $(x^2 + y^2)\mathrm{d}x - xy\mathrm{d}y = 0$；

(3) $x\dfrac{\mathrm{d}y}{\mathrm{d}x} = y\ln\dfrac{y}{x}$；

(4) $y' = \mathrm{e}^{-\frac{y}{x}} + \dfrac{y}{x}$.

B 能力提升

1. 求下列微分方程的通解.

(1) $xy' - y\ln y = 0$；

(2) $(\mathrm{e}^{x+y} - \mathrm{e}^{x})\mathrm{d}x + (\mathrm{e}^{x+y} + \mathrm{e}^{y})\mathrm{d}y = 0$；

(3) $x^2\mathrm{d}x + (x^3 + 5)\mathrm{d}y = 0$；

(4) $\cos x\sin y\mathrm{d}x + \sin x\cos y\mathrm{d}y = 0$.

2. 求下列微分方程的特解.

(1) $y' = \dfrac{x}{y} + \dfrac{y}{x}$，$y|_{x=-1} = 2$；

(2) $\dfrac{\mathrm{d}y}{\mathrm{d}x} = \dfrac{y}{x} + \tan\dfrac{y}{x}$，$y|_{x=6} = \pi$.

C 学以致用

某商品的需求量 y 对价格 x 的弹性为 $-x\ln 3$. 若该商品的最大需求量为 1 200（即 $x=0$ 时，$y=1\,200$）（x 的单位为元，y 的单位为公斤），试求需求量 y 与价格 x 的函数关系，并求当价格为 1 元时市场上对该商品的需求量.

第三节 一阶线性微分方程

引例 4-3 设有某种新产品要推向市场，x 时刻的销量为 $y(x)$，由于产品性能良好,每个产品都是一个宣传品,因此,x 时刻产品销售的增长率 $\dfrac{\mathrm{d}y}{\mathrm{d}x}$ 与 $y(x)$ 成正比,同时,考虑到产品销售存在一定的市场容量(10 000),统计表明 $\dfrac{\mathrm{d}y}{\mathrm{d}x}$ 与尚未购买该产品的潜在顾客的数量也成正比,于是有

$$\frac{\mathrm{d}y}{\mathrm{d}x} = 10y(10\ 000 - y). \tag{4-5}$$

定义 4-5　一般,形如

$$\frac{\mathrm{d}y}{\mathrm{d}x} + P(x)y = Q(x) \tag{4-6}$$

一阶线性微分方程

的微分方程,称为**一阶线性微分方程**,其中 $P(x)$,$Q(x)$ 都是已知的连续函数,"线性"是指未知函数 y 和其导数 y' 都是一次的. $Q(x)$ 称为自由项.

当 $Q(x) \equiv 0$ 时,方程式 (4-6) 即

$$\frac{\mathrm{d}y}{\mathrm{d}x} + P(x)y = 0, \tag{4-7}$$

称为**一阶线性齐次微分方程**. 相应的 $Q(x) \neq 0$ 时,方程式 (4-6) 称为**一阶线性非齐次微分方程**.

不难看出,一阶线性齐次微分方程是可分离变量的微分方程.

下面先求一阶线性齐次微分方程式 (4-7) 的解.

分离变量,得 $\dfrac{\mathrm{d}y}{y} = -P(x)\mathrm{d}x$,两边积分,得 $\ln y = -\int P(x)\mathrm{d}x + \ln C$.

于是,方程式 (4-7) 的通解为

$$y = C\mathrm{e}^{-\int P(x)\mathrm{d}x}, \tag{4-8}$$

其中,C 为任意常数.

其次,求一阶线性非齐次微分方程式 (4-6) 的解.

这里采用微分方程中常用的"常数变易法",即将式 (4-8) 中的常数 C 用函数 $C(x)$ 代替,这里 $C(x)$ 是待定函数,并设方程式 (4-6) 有如下形式的解:

$$y = C(x)\mathrm{e}^{-\int P(x)\mathrm{d}x}. \tag{4-9}$$

上式对 x 求导,得

$$y' = C'(x)\mathrm{e}^{-\int P(x)\mathrm{d}x} - C(x)P(x)\mathrm{e}^{-\int P(x)\mathrm{d}x}. \tag{4-10}$$

将式 (4-9) 和式 (4-10) 代入微分方程式 (4-6) 中,得

$$C'(x)\mathrm{e}^{-\int P(x)\mathrm{d}x} - C(x)P(x)\mathrm{e}^{-\int P(x)\mathrm{d}x} + P(x)C(x)\mathrm{e}^{-\int P(x)\mathrm{d}x} = Q(x),$$

即 $C'(x)\mathrm{e}^{-\int P(x)\mathrm{d}x} = Q(x)$,$C'(x) = Q(x)\mathrm{e}^{\int P(x)\mathrm{d}x}$,两边积分,得 $C(x) = \int Q(x)\mathrm{e}^{\int P(x)\mathrm{d}x}\mathrm{d}x + C$.

于是,一阶线性非齐次微分方程式 (4-6) 的通解是

$$y = \mathrm{e}^{-\int P(x)\mathrm{d}x}\left(\int Q(x)\mathrm{e}^{\int P(x)\mathrm{d}x}\mathrm{d}x + C\right), \tag{4-11}$$

或

$$y = Ce^{-\int P(x)dx} + e^{-\int P(x)dx}\int Q(x)e^{\int P(x)dx}dx. \qquad (4-12)$$

上式右端第一项是对应的一阶线性齐次微分方程式 (4-7) 的通解, 第二项是一阶线性非齐次微分方程式 (4-6) 的一个特解. 由此可知, 一阶线性非齐次微分方程的通解等于对应的一阶线性齐次微分方程的通解与一阶线性非齐次微分方程的一个特解之和.

例 4-8 求微分方程 $\dfrac{dy}{dx} + 2xy = 2xe^{-x^2}$ 的通解.

解 这是一阶线性非齐次微分方程, 其中 $P(x) = 2x$, $Q(x) = 2xe^{-x^2}$.

先求与所给方程对应的一阶线性齐次微分方程 $\dfrac{dy}{dx} + 2xy = 0$ 的通解.

分离变量, 得

$$\frac{dy}{y} = -2xdx,$$

两边积分, 得 $\ln y = -x^2 + \ln C$, 即 $y = Ce^{-x^2}$.

其次, 求所给微分方程的通解. 设其有如下形式的解:

$$y = C(x)e^{-x^2},$$

则

$$\frac{dy}{dx} = -2xe^{-x^2}C(x) + e^{-x^2}\frac{dC(x)}{dx}.$$

将 y 与 y' 的表达式代入原方程, 有

$$e^{-x^2}\frac{dC(x)}{dx} = 2xe^{-x^2}.$$

消去 e^{-x^2}, 分离变量, 积分得 $C(x) = x^2 + C$.

于是, 原方程的通解是 $y = (x^2 + C)e^{-x^2}$.

例 4-9 求微分方程 $(1+x^2)dy = (1+2xy+x^2)dx$ 满足初始条件 $y|_{x=0} = 1$ 的一个特解.

解 原方程可化为

$$\frac{dy}{dx} - \frac{2x}{1+x^2}y = 1.$$

这是一阶线性非齐次微分方程, 其中 $P(x) = -\dfrac{2x}{1+x^2}$, $Q(x) = 1$.

用通解公式式 (4-8) 求解 $e^{-\int P(x)dx} = e^{\int \frac{2x}{1+x^2}dx} = 1+x^2$.

$$e^{\int P(x)dx} = e^{-\int \frac{2x}{1+x^2}dx} = \frac{1}{1+x^2}.$$

又

$$\int Q(x)e^{\int P(x)dx}dx = \int \frac{1}{1+x^2}dx = \arctan x,$$

所以原方程的通解为 $y = (1+x^2)(\arctan x + C)$.

将初始条件 $y|_{x=0} = 1$ 代入上式可得 $C = 1$, 所以所求的特解为 $y = (1+x^2)(\arctan x + 1)$.

引例 4-3 解析　对于新产品的推广模型，首先分离变量积分，可以解得

$$y(x) = \frac{10\,000}{1 + Ce^{-100\,000x}}.$$

习题 4-3

A 知识巩固

求下列微分方程的通解.

(1) $(1+x^2)y' - 2xy = (1+x^2)^2$；

(2) $xy' + y = x^2 + 3x + 2$；

(3) $y' + y\cos x = e^{-\sin x}$；

(4) $y' + y = e^{-x}$.

B 能力提升

求下列微分方程满足所给初始条件的特解.

(1) $y' + \dfrac{y}{x} = \dfrac{\sin x}{x}$，$y\big|_{x=\pi} = 1$；

(2) $\dfrac{dy}{dx} + 3y = 8$，$y\big|_{x=0} = 2$；

(3) $x^2 + xy' = y$，$y\big|_{x=1} = 0$.

C 学以致用

每年大学毕业生中都有一定比例的人员留在学校充实教师队伍，其余人员将分配到其他部门从事科学技术和经济管理工作. 设 x 年教师人数为 $y_1(x)$，从事科学技术和经济管理工作人员的数目为 $y_2(x)$，又设 1 位教员每年平均培养 α 个毕业生，每年在科学技术和经济管理岗位退休、死亡或调出人员的比率为 $\delta(0<\delta<1)$，β 表示每年大学毕业生中从事教师职业的人员所占比率（$0<\beta<1$），于是有方程

$$\frac{dy_1}{dx} = \alpha\beta y_1 - \delta y_1,$$

$$\frac{dx_2}{dt} = \alpha(1-\beta)x_1 - \delta x_2.$$

求解两个方程，并对职业分配给出相应的建议.

第四节　可降价的二阶微分方程

引例 4-4　在公路交通事故的现场，常会发现事故车辆的车轮底下留有一段拖痕. 这是紧急刹车后制动片抱紧制动箍使车轮停止转动，由于惯性的作用，车轮在地面上摩擦滑动所留下的. 如果在事故现场测得拖痕的长度为 10 m，那么事故调查人员是如何判定事故车辆在紧急刹车前的车速的？

本节介绍几种常见的可用降阶法求解的二阶微分方程.

1. $y''=f(x)$ 型微分方程

这种二阶微分方程不显含未知函数 y 及其一阶导数,是最简单的二阶微分方程,通过两次积分便可得到通解.

例 4 – 10　求微分方程 $y''=x+\sin x$ 的通解.

解　方程两边积分,得

$$y'=\frac{1}{2}x^2-\cos x+C_1.$$

再积分,得方程通解 $y=\frac{1}{6}x^3-\sin x+C_1 x+C_2$. 其中,$C_1$,$C_2$ 为任意常数.

2. $y''=f(x,y')$ 型微分方程

这类二阶微分方程不显含未知函数 y,可以通过变量代换,降为一阶微分方程求解.

令 $y'=p(x)$,则将 $y''=p'(x)$ 代入原方程得到一个关于未知函数 p 与自变量 x 的一阶微分方程

$$\frac{\mathrm{d}p}{\mathrm{d}x}=f(x,p).$$

用一阶微分方程的解法求出它的解,设其通解为

$$p=\varphi(x,C_1)\text{ 或 } y'=\varphi(x,C_1),$$

两边积分得原方程的通解 $y=\int\varphi(x,C_1)\mathrm{d}x+C_2$.

例 4 – 11　求微分方程 $y''=\frac{1}{x}y'+x$ 的通解.

解　令 $y'=p$,则将 $y''=p'$ 代入原方程有 $p'-\frac{1}{x}p=x$,这是一阶线性非齐次微分方程,其通解为

$$p=\mathrm{e}^{-\int-\frac{1}{x}\mathrm{d}x}\left(\int x\mathrm{e}^{\int-\frac{1}{x}\mathrm{d}x}\mathrm{d}x+C_1\right)$$

$$=x\left(\int\mathrm{d}x+C_1\right)=x(x+C_1)=x^2+C_1 x,$$

即 $y'=x^2+C_1 x$,再次积分得到方程的通解为 $y=\frac{1}{3}x^3+\frac{C_1}{2}x^2+C_2$.

引例 4 – 4 解析　调查人员首先测定出现场的路面与事故车辆之车轮的摩擦系数为 $\lambda=1.02$(此系数由路面质地、车轮与地面的接触面积等因素决定),然后设拖痕所在的直线为 x 轴,并令拖痕的起点为原点,车辆的滑动位移为 x,滑动速度为 v. 当 $t=0$ 时,$x=0$,$v=v_0$;当 $t=t_1$ 时(t 是滑动停止的时刻),$x=10$,$v=0$.

在滑动过程中,车辆受到与运动方向相反的摩擦力 f 的作用,如果车辆的质量为 m,则摩擦力 f 的大小为 λmg. 根据牛顿第二定律,有

$$m\frac{\mathrm{d}^2 x}{\mathrm{d}t^2}=-\lambda mg,$$

即

$$\frac{d^2x}{dt^2} = -\lambda g.$$

积分得

$$\frac{dx}{dt} = -\lambda g t + C_1.$$

根据条件，当 $t=0$ 时，$v = \frac{dx}{dt} = v_0$，定出 $C_1 = v_0$，即有

$$\frac{dx}{dt} = -\lambda g t + v_0. \tag{4-13}$$

再一次积分，得

$$x = -\frac{\lambda g}{2} t^2 + v_0 t + C_2.$$

根据条件，当 $t=0$ 时，$x=0$，定出 $C_2 = 0$，即有

$$x = -\frac{\lambda g}{2} t^2 + v_0 t. \tag{4-14}$$

最后根据条件 $t = t_1$ 时，$x = 10$，$v = 0$，由式（4-13）和式（4-14），得

$$\begin{cases} -\lambda g t_1 + v_0 = 0 \\ -\dfrac{\lambda g}{2} t_1^2 + v_0 t_1 = 10 \end{cases} \tag{4-15}$$

在此方程组中消去 t_1，得

$$v_0 = \sqrt{2\lambda g \times 10}.$$

代入 $\lambda = 1.02$，$g \approx 9.81 \text{ m/s}^2$，计算得

$$v_0 \approx 14.15(\text{m/s}) \approx 50.9(\text{km/h}).$$

这是车辆开始滑动时的初速度，而实际上在车轮开始滑动之前车辆还有一个滚动减速的过程，因此车辆在刹车前的速度要远大于 50.9 km/h。此外，如果根据勘察，确定了事故发生的临界点（即事故发生瞬间的确切位置）在距离拖痕起点 x_1(m) 处，由方程式（4-14）还可以计算出 t_1 的值，这就是驾驶员因突发事件而紧急制动的提前反应时间。可见依据刹车拖痕的长短，调查人员可以判断驾驶员的行驶速度是否超出规定值以及驾驶员对突发事件是否作出了及时的反应。

习题 4-4

A 知识巩固

求下列各微分方程的通解.

（1）$y'' = \dfrac{1}{1+x^2}$；

（2）$y'' = \sin 2x$.

B 能力提升

求下列微分方程的通解或特解.

（1）$y'' = y' + x$；

(2) $y'' = 2y'$;

(3) $y'' - ay'^2 = 0$, $y|_{x=0} = 0$, $y'|_{x=0} = -1$.

C 学以致用

在长津湖战役中，中国人民志愿军凭着钢铁意志和英勇无畏的战斗精神，征服了极度恶劣的环境，打退了美军最精锐的王牌部队，收复了"三八线"以北的东部广大地区．我军士兵以速度 $v_0 = 200\ \text{m/s}$ 将子弹垂直射进一块厚度为 10 cm 的木板，穿透后以速度 $v_1 = 80\ \text{m/s}$ 飞出，假设子弹在木板中只受到阻力的作用，木板对子弹运动的阻力与运动速度的平方成反比，如果假设在时刻 t 子弹射入板子的厚度为 $y(t)$，由牛顿第二定律可知 $y(t)$ 满足微分方程

$$m\frac{\mathrm{d}^2 y}{\mathrm{d}x^2} = -k\left(\frac{\mathrm{d}y}{\mathrm{d}t}\right)^2 (k>0).$$

求方程的通解.

第五节 二阶常系数线性微分方程解的结构定理

引例 4-5 一个单位质量的质点在数轴上运动，开始时质点在原点 O 处且速度为 v_0，在运动过程中，它受到一个力的作用，这个力的大小与质点到原点的距离成正比（比例系数 $k_1 > 0$）而方向与初速一致．介质的阻力与速度成正比（比例系数 $k_2 > 0$）．求反映该质点的运动规律的函数．由导数的物理意义，质点的运动速度 $v(t)$ 为其运动位移 $x(t)$ 对时间 t 的导数，即 $v(t) = x'(t)$．根据题意，再由牛顿第二定律可得质点的受力关系 $x'' = k_1 x - k_2 x'$，这是二阶常系数线性齐次微分方程.

一、二阶常系数线性齐次微分方程解的结构定理

二阶常系数线性微分方程的一般形式是

$$y'' + py' + qy = f(x). \tag{4-16}$$

其中，y''，y' 和 y 都是一次的；p，q 为常数；$f(x)$ 是 x 的已知连续函数，称为方程的自由项.

当 $f(x) \neq 0$ 时，称方程式（4-16）为二阶常系数线性非齐次微分方程.

当 $f(x) \equiv 0$ 时，方程变为

$$y'' + py' + qy = 0. \tag{4-17}$$

称方程式（4-17）为二阶常系数线性齐次微分方程．通常称方程式（4-17）是方程式（4-16）对应的齐次方程.

定理 4-1 若函数 y_1，y_2 是线性齐次微分方程式（4-17）的两个解，则函数 $y = C_1 y_1 + C_2 y_2$（C_1，C_2 为任意常数）也是方程式（4-17）的解.

定理 4-2 若函数 y_1，y_2 是线性齐次微分方程式（4-17）的两个线性无关的特解，则函数 $y = C_1 y_1 + C_2 y_2$（C_1，C_2 为任意常数）也是方程式（4-17）的通解.

求二阶常系数线性齐次微分方程式（4-17）通解的关键是求它的两个线性无关的特解.

定理 4-3 设 y^* 是二阶常系数线性非齐次微分方程式 (4-16) 的一个特解, Y 是对应的线性齐次微分方程式 (4-17) 的通解, 则 $y = y^* + Y$ 是方程式 (4-16) 的通解.

求线性非齐次微分方程式 (4-16) 通解的关键是先求出对应的线性齐次微分方程的通解, 再求它本身的一个特解.

定理 4-4 设线性非齐次微分方程式 (4-16) 的右端 $f(x)$ 是两个函数之和, 即 $y'' + py' + qy = f_1(x) + f_2(x)$, 而 y_1^* 与 y_2^* 分别是 $y'' + py' + qy = f_1(x)$ 与 $y'' + py' + qy = f_2(x)$ 的特解, 则 $y_1^* + y_2^*$ 就是原方程的特解.

二、二阶常系数线性齐次微分方程的解法

设二阶常系数线性齐次微分方程为
$$y'' + py' + qy = 0. \qquad (4-18)$$

二阶常系数线性齐次微分方程

在方程中, 由于 p 和 q 都是常数, 所以函数 y 必须满足求一、二阶导数后函数形式不变的条件, 最多相差常系数, 代入方程左端整理后才可能为零.

我们已经知道, 函数 $y = e^{rx}$ 具有这一特性. 由此, 设函数 $y = e^{rx}$ 是方程式 (4-18) 的解, 其中 r 是待定的常数.

将 $y = e^{rx}$, $y' = re^{rx}$, $y'' = r^2 e^{rx}$ 代入方程式 (4-18) 中, 得 $(r^2 + pr + q)e^{rx} = 0$.

由于 $e^{rx} \neq 0$, 所以
$$r^2 + pr + q = 0. \qquad (4-19)$$

这是关于 r 的二次代数方程, 若函数 $y = e^{rx}$ 是方程式 (4-19) 的解, 则 r 必须满足方程式 (4-19).

称方程式 (4-19) 为方程式 (4-18) 的特征方程, 特征方程的根称为特征根.

方程式 (4-18) 的通解有下面三种情况.

(1) 当 $\Delta > 0$ 时, 特征根为相异实根: $r_1 \neq r_2$.

通解为 $y = C_1 e^{r_1 x} + C_2 e^{r_2 x}$ (C_1, C_2 是任意常数).

(2) 当 $\Delta = 0$ 时, 特征根为重根: $r = r_1 = r_2$.

通解为 $y = (C_1 + C_2 x) e^{rx}$ (C_1, C_2 是任意常数).

(3) 当 $\Delta < 0$ 时, 特征根为共轭复根: $r_1 = \alpha + i\beta$, $r_2 = \alpha - i\beta$.

通解为 $y = e^{\alpha x}(C_1 \cos\beta x + C_2 \sin\beta x)$ (C_1, C_2 是任意常数).

例 4-12 求微分方程 $y'' + 5y' + 6y = 0$ 的通解.

解 方程所对应的特征方程为 $r^2 + 5r + 6 = 0$, 即 $(r+2)(r+3) = 0$. 其根为 $r_1 = -2$, $r_2 = -3$, 故原方程的通解为 $y = C_1 e^{-2x} + C_2 e^{-3x}$.

例 4-13 求微分方程 $y'' + 4y' + 4y = 0$ 满足初始条件 $y|_{x=0} = 1$, $y'|_{x=0} = 1$ 的特解.

解 方程所对应的特征方程为 $r^2 + 4r + 4 = 0$, 即 $(r+2)^2 = 0$, 其根为 $r_1 = r_2 = -2$, 故原方程的通解为 $y = (C_1 + C_2 x)e^{-2x}$. 将 $y|_{x=0} = 1$, $y'|_{x=0} = 1$ 代入通解, 得 $C_1 = 1$, $C_2 = 3$, 故满足初始条件的特解为 $y = (1 + 3x)e^{-2x}$.

例 4-14 求微分方程 $y'' - 4y' + 5y = 0$ 的通解.

解 方程所对应的特征方程为 $r^2 - 4r + 5 = 0$. 它有一对共轭复根, $r_1 = 2 + \mathrm{i}$, $r_2 = 2 - \mathrm{i}$, 故原方程的通解为 $y = \mathrm{e}^{2x}(C_1 \cos x + C_2 \sin x)$.

*三、二阶常系数线性非齐次微分方程

二阶常系数线性非齐次微分方程的一般形式是

$$y'' + py' + qy = f(x). \tag{4-20}$$

其中 p, q 是常数.

方程式 (4-20) 的通解为对应的齐次方程

$$y'' + py' + qy = 0 \tag{4-21}$$

的通解 Y 和方程式 (4-20) 的一个特解 y^* 之和, 即 $y = Y + y^*$. 在前面已解决了求二阶常系数线性齐次微分方程通解的问题, 所以, 这里只需讨论求二阶常系数线性非齐次微分方程的一个特解 y^* 的方法.

本节只介绍当方程式 (4-20) 中的 $f(x)$ 取两种常见形式时求其特解 y^* 的方法. 这种方法是根据自由项 $f(x)$ 的形式, 断定方程式 (4-20) 应该具有某种特定形式的特解. 特解的形式确定了, 将其代入所给方程, 使方程成为恒等式; 然后根据恒等关系定出这个具体函数. 这就是通常所谓的**待定系数法**.

这种方法不用求出积分就可求出特解 y^*.

下面只考虑当 $f(x) = \mathrm{e}^{\lambda x} P_m(x)$, 其中 λ 是常数, $P_m(x)$ 是 x 的一个 m 次多项式, 即 $f(x) = \mathrm{e}^{\lambda x}[P_l(x) \cos \omega x + Q_n(x) \sin \omega x]$ 时, y^* 的求法.

有如下结论.

如果 $f(x) = \mathrm{e}^{\lambda x} P_m(x)$, 那么二阶常系数线性非齐次微分方程式 (4-20) 具有形如

$$y^* = x^k R_m(x) \mathrm{e}^{\lambda x} \tag{4-22}$$

的特解, 其中 $R_m(x)$ 是与 $P_m(x)$ 同次 (m 次) 的多项式, 而 k 按 λ 不是特征方程的根、是特征方程的单根或是特征方程的重根依次取 0, 1 或 2.

例 4-15 求微分方程 $y'' - 5y' + 6y = x\mathrm{e}^{2x}$ 的通解.

解 该方程是二阶常系数线性非齐次微分方程, 且 $f(x)$ 为 $\mathrm{e}^{\lambda x} P_m(x)$ 型 (其中 $\lambda = 2$, $P_m(x) = x$).

与原方程对应的齐次方程为 $y'' - 5y' + 6y = 0$, 它的特征方程为 $r^2 - 5r + 6 = 0$, 有两个特征根 $r_1 = 2$, $r_2 = 3$, 于是与原方程对应的齐次方程的通解为 $Y = C_1 \mathrm{e}^{2x} + C_2 \mathrm{e}^{3x}$.

由于 $\lambda = 2$ 是特征方程的单根, 所以, 设非齐次方程的特解为

$$y^* = x(b_0 x + b_1) \mathrm{e}^{2x},$$

则 $y^{*\prime} = [2b_0 x^2 + (2b_0 + 2b_1)x + b_1] \mathrm{e}^{2x}$, $y^{*\prime\prime} = [4b_0 x^2 + (8b_0 + 4b_1)x + 2b_0 + 4b_1] \mathrm{e}^{2x}$. 将上述三式代入原方程, 得 $(-2b_0 x + 2b_0 - b_1) \mathrm{e}^{2x} \equiv x \mathrm{e}^{2x}$, 比较恒等式两端的系数, 得

$$\begin{cases} -2b_0 = 1 \\ 2b_0 - b_1 = 0 \end{cases}$$

解得 $b_0 = -\dfrac{1}{2}$, $b_1 = -1$, 因此求得一个特解为 $y^* = -x\left(\dfrac{1}{2}x + 1\right)\mathrm{e}^{2x}$, 所以原方程的通

解为 $y = C_1 e^{2x} + C_2 e^{3x} - x\left(\dfrac{1}{2}x + 1\right) e^{2x}$.

引例 4-5 解析 设质点的位置函数为 $x = x(t)$. 由题意得 $x'' = k_1 x - k_2 x'$, 即 $x'' + k_2 x' - k_1 x = 0$, 且 $x|_{t=0} = 0, x'|_{t=0} = v_0$. 解特征方程 $r^2 + k_2 r - k_1 = 0$, 得 $r_{1,2} = \dfrac{-k_2 \pm \sqrt{k_2^2 + 4k_1}}{2}$, 故有通解 $x = C_1 e^{r_1 t} + C_2 e^{r_2 t}$, 且有 $x' = r_1 C_1 e^{r_1 t} + r_2 C_2 e^{r_2 t}$, 代入初始条件 $x|_{t=0} = 0$, $x'|_{t=0} = v_0$, 得

$$\begin{cases} C_1 + C_2 = 0 \\ r_1 C_1 + r_2 C_2 = v_0 \end{cases},$$

解得

$$\begin{cases} C_1 = \dfrac{-v_0}{r_2 - r_1} = \dfrac{v_0}{\sqrt{k_2^2 + 4k_1}} \\ C_2 = \dfrac{v_0}{r_2 - r_1} = -\dfrac{v_0}{\sqrt{k_2^2 + 4k_1}} \end{cases},$$

故

$$x = \dfrac{v_0}{\sqrt{k_2^2 + 4k_1}} \left(e^{\frac{-k_2 + \sqrt{k_2^2 + 4k_1}}{2} t} - e^{\frac{-k_2 - \sqrt{k_2^2 + 4k_1}}{2} t} \right).$$

习题 4-5

A 知识巩固

求下列微分方程的通解.

(1) $y'' + y' - 2y = 0$;

(2) $y'' - 4y' = 0$;

(3) $y'' + y = 0$;

(4) $4\dfrac{d^2 x}{dt^2} - 20\dfrac{dx}{dt} + 25x = 0$;

(5) $y'' - 4y' + 5y = 0$.

B 能力提升

求下列微分方程满足所给初始条件的特解.

(1) $y'' - 3y' - 4y = 0$, $y|_{x=0} = 0$, $y'|_{x=0} = -5$;

(2) $y'' + 25y = 0$, $y|_{x=0} = 2$, $y'|_{x=0} = 5$;

(3) $y'' + 2y' + 2y = 0$, $y|_{x=0} = 1$, $y'|_{x=0} = -1$;

(4) $y'' + 4y' + 29y = 0$, $y|_{x=0} = 0$, $y'|_{x=0} = 15$.

C 学以致用

某汽车公司在长期运营中发现每辆汽车的总维修成本 y 随汽车大修时间间隔 x 的变化率等于总维修成本的 2 倍与大修的时间间隔之比减去常数 81 与大修时间间隔的平方之比. 已知当大修时间间隔 $x = 1$（年）时，总维修成本 $y = 27.5$（百元）. 试求每辆汽

车的总维修成本 y 与大修时间间隔 x 的函数关系,并问每辆汽车多少年大修一次,可使每辆汽车的总维修成本最低?

【数学文化】

数学家欧拉:所有人的老师

恩格斯曾说,微积分的发明是人类精神的最高胜利. 1687 年,牛顿在《自然哲学的数学原理》一书中首次公开他的微积分学说,几乎同时,莱布尼兹也发表了微积分论文,但牛顿、莱布尼兹创建的微积分基础不稳,应用范围也有限. 18 世纪,一批数学家拓展了微积分,并拓广其应用,产生一系列新的分支,这些分支与微积分自身一起形成了被称为"分析"的广大领域. 李文林说:"欧拉(图 4-1)就生活在这个分析的时代. 如果说在此之前数学是代数、几何二雄并峙,欧拉和 18 世纪的其他一批数学家的工作则使数学形成了代数、几何、分析三足鼎立的局面. 如果没有他们的工作,微积分不可能春色满园,也许会打不

图 4-1

开局面而荒芜凋零. 欧拉在其中的贡献是基础性的,被尊为'分析的化身'." 中国科学院数学与系统科学研究院研究员胡作玄说:"牛顿形成了一个突破,但是突破不一定能形成学科,还有很多遗留问题." 比如,牛顿对无穷小的界定不严格,有时等于零有时又参与运算,被称为"消逝量的鬼魂",当时甚至连教会神父都抓住这点攻击牛顿. 另外,由于当时函数有局限,牛顿和莱布尼兹只涉及少量函数及其微积分的求法. 而欧拉极大地推进了微积分,并且发展了很多技巧.

"在分析之前,数学主要是解决常量、匀速运动问题. 18 世纪工业革命时,以蒸汽机、纺织机等机械为主体的技术得到广泛运用,但如果没有微积分、没有分析,就不可能对机械运动与变化进行精确计算." 李文林表示,到现在为止,微积分和微分方程仍然是描写运动的最有效工具,教科书中陈述的方法不少属于欧拉的贡献. 更重要的是,牛顿、莱布尼兹微积分的对象是曲线,而欧拉明确地指出,数学分析的中心应该是函数,第一次强调了函数的角色,并对函数的概念作了深化. 变分法来源于微积分,后来由欧拉和拉格朗日从不同的角度把它发展成一门独立学科,用于求解极值问题. 变分学的起源颇富戏剧性. 1696 年,欧拉的老师、巴塞尔大学教授约翰·伯努利提出这样一个问题,并向其他数学家挑战:设想一个小球从空间一点沿某条曲线滚落到另外一点,问什么形状的曲线使球降落所用时间最短,这就是著名的"最速降线问题". 半年之后仍没人解出,于是伯努利更明确地表示"即使那些对自己的方法自视甚高的数学家也解决不了这个问题". 有人说他在影射牛顿,因为伯努利是莱布尼兹的追随者,而莱布尼兹和牛顿正因为微积分优先权的问题在"打仗",并导致欧洲大陆和英国数学家的分裂.

这个问题中,变量本身就是函数,因此比微积分的极大极小值问题更为复杂. 这个问题和其他一些类似问题的解决,成为变分法的起源. 欧拉找到了解决这类问题的

一般方法，教科书中变分法的基本方程就叫作欧拉方程.

复习题四

一、单项选择题.

1. 微分方程 $\dfrac{d^2 y}{dx^2} - \left(\dfrac{dy}{dx}\right)^3 = 12x^4 y$ 的阶数是（　　）.

   A. 1 阶　　　　B. 2 阶　　　　C. 3 阶　　　　D. 4 阶

2. 已知函数 $y = y(x)$ 满足方程 $xy dx = \sqrt{2-x^2} dy$，且当 $y|_{x=1} = 1$，则 $y|_{x=-1} =$（　　）.

   A. 1　　　　B. e　　　　C. -1　　　　D. e^{-1}

3. 微分方程 $\dfrac{dy}{dx} = e^{x+y}$ 的通解为（　　）.

   A. $e^{-y} + Ce^x = 0$　　　　　　　　B. $e^{-y} - Ce^x = 0$
   C. $e^{-y} + e^x = C$　　　　　　　　D. $e^{-y} + e^x = 0$

4. 下列方程为一阶线性微分方程的是（　　）.

   A. $yy' = x^2 + 1$　　　　　　　　B. $y' - x\cos y = 1$
   C. $y dx = (x + y^2) dy$　　　　　　D. $x dx = (x + y) dy$

5. 下列方程是齐次微分方程的是（　　）.

   A. $(x+1)e^y dx = (y+x)e^x dy$　　　　B. $y' = \dfrac{1}{x+y}$
   C. $|\lambda E - A| = |\lambda E - B|$　　　　　D. $(x^2 + 2y) dx = xy(dx + dy)$

6. 已知某二阶常系数齐次线性微分方程的两个特征根分别为 $r_1 = 1, r_2 = 2$，则该方程为（　　）.

   A. $y'' - y' + y = 0$　　　　　　　　B. $y'' - 3y' + 2 = 0$
   C. $y'' - 3y' - 2y = 0$　　　　　　　D. $y'' - 3y' + 2y = 0$

7. 方程 $y'' - 4y' + 4y = 0$ 的两个线性无关的解为（　　）.

   A. e^{2x}, xe^{2x}　　　　　　　　B. e^{2x}, Ce^{2x}
   C. $e^{2x}, e^{2x} + 1$　　　　　　　D. $3e^{2x}, -e^{2x}$

二、填空题.

1. 微分方程 $x^2 dy + y^2 dx = 0$ 的阶数是_____.

2. 一阶线性微分方程的通解公式是_____.

3. 已知 $\dfrac{dy}{dx} + \dfrac{x}{y} e^y = 0$，$y(1) = 0$，则微分方程的特解为_____.

4. 已知 $xy' - y = x\tan\dfrac{y}{x}$，$y(1) = \dfrac{\pi}{2}$，则微分方程的特解为_____.

5. $y''' = e^{2x} - \cos x$ 的通解为_____.

三、计算题.

1. 解微分方程 $x\dfrac{dy}{dx} = y + \sqrt{x^2 - y^2}$.

2. 求微分方程 $y' + \dfrac{2}{x}y - \dfrac{1}{1+x^2} = 0$ 的通解.

3. 求微分方程 $\dfrac{dy}{dx} = y + \sin x$ 的通解.

4. 解微分方程 $\dfrac{dy}{dx} = 6\dfrac{y}{x} - xy^2$.

5. 求微分方程 $y'' = \dfrac{2\ln x}{x} + 1$ 的通解.

6. 求微分方程 $y'' + y' = x^2$ 的通解.

7. 求微分方程 $2y'' = -\dfrac{1}{y^2}$ 在 $y|_{x=0} = 1$，$y'|_{x=0} = 1$ 条件下的特解.

8. 求微分方程 $y'' = y'\ln y$ 在 $y|_{x=0} = e^2$，$y'|_{x=0} = e^2$ 条件下的特解.

四、应用题

1. 记某商品的需求量函数为 $Q = f(P)$，其需求弹性为 $\eta = P\ln 3$. 已知该商品的最大需求量为 12（即当 $P = 0$ 时 $Q = 12$），求需求量 Q 与价格 P 的函数关系.

2. 一曲线通过点 (1，1)，它的切线在纵轴上的截距等于切点的横坐标，求该曲线方程.

第五章 多元函数微积分

◇学前导读

前面讨论了只有一个自变量的函数，也就是一元函数．但是在很多实际问题中，我们遇到的函数却可能依赖两个或更多个变量，由此引出了多元函数以及多元函数的微积分的问题．多元函数微积分是一元函数微积分的推广，它具有一元函数的许多性质，但也存在本质上的差别．本章探讨二元函数微积分，即有两个变量函数的微分与积分．至于三元或者一般的 n 元函数的微积分，完全可以仿照二元函数的情形来研究，它们之间没有本质上的差别．

◇知识结构图

本章知识结构图如图 5-0 所示．

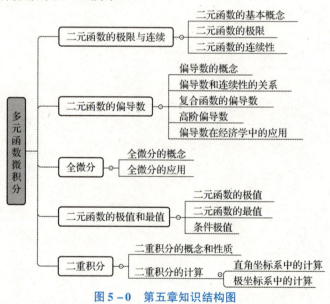

图 5-0 第五章知识结构图

◇学习目标与要求

(1) 了解二元函数的相关概念、几何意义及二元函数的极限和连续的概念．

(2) 理解二元函数偏导数和全微分的概念，掌握二元函数的一阶、二阶偏导数的求法，会求二元函数的全微分．

(3) 了解二元函数在经济学中的应用．

(4) 掌握复合函数一阶偏导数的求法.

(5) 理解二元函数的极值和最值的概念,会计算二元函数的极值和最值.

(6) 理解二重积分的概念、性质及几何意义,掌握二重积分在直角坐标系中的计算方法.

第一节 二元函数的极限与连续

引例 5-1 生产函数 $Q = AK^{\alpha}L^{\beta}$ ($A>0$,$\alpha>0$,$\beta>0$ 且 A,α,β 为常数,$K>0$,$L>0$) 描述了产量 Q (因变量) 与投入的两种生产要素 K (资本) 和 L (劳动力) 之间的确定关系. 这是一个以 K 和 L 为自变量的二元函数. 两个变量每取定一对值时,按照确定的对应关系可以确定另外一个变量的取值.

一、二元函数的基本概念

1. 平面区域

定义 5-1 由 xOy 平面上的一条或者几条曲线所围成的一部分平面或者整个平面,称为 xOy 平面上的**平面区域**,简称区域. 围成区域的曲线称为**区域的边界**,边界上的点称为**边界点**.

分类:若区域可以延伸到平面的无限远处,则称为**无界区域**;若区域可以包围在一个以原点 $(0,0)$ 为中心,半径适当的圆内,则称为**有界区域**. 包括边界在内的区域称为**闭区域**;不包括边界在内的区域称为**开区域**.

平面区域一般用 D 表示,例如:

$D = \{(x,y) \mid -\infty < x < +\infty, -\infty < y < +\infty\}$ 表示整个 xOy 平面,是无界区域;

$D = \{(x,y) \mid x^2 + y^2 < 1\}$ 表示圆心在原点,半径为 1 的圆面(不包括边界),是有界开区域,如图 5-1 中的阴影部分所示;

$D = \{(x,y) \mid x + y \geq 1\}$ 表示以直线 $x + y = 1$ 为界的上半平面,包括直线 $x + y = 1$,是无界闭区域,如图 5-2 所示.

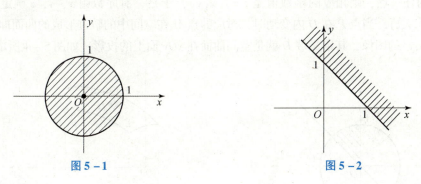

图 5-1　　　　　　　　　图 5-2

2. 邻域

定义 5-2 在 xOy 平面上,以点 $P_0(x_0,y_0)$ 为中心,以 $\delta(\delta>0)$ 为半径的开区域,称为点 $P_0(x_0,y_0)$ 的**邻域**.

它可以表示为 $\{(x,y) \mid \sqrt{(x-x_0)^2+(y-y_0)^2}<\delta\}$，或者简记为 $\sqrt{(x-x_0)^2+(y-y_0)^2}<\delta$.

3. 二元函数

定义 5-3 设 x，y，z 是三个变量，D 是一个给定的非空数对集，若对于每一数对 $(x,y) \in D$，按照某一确定的对应法则 f，变量 z 总有唯一确定的数值与之对应，则称 z 是 x，y 的函数，记作 $z=f(x,y)$，$(x,y) \in D$，其中 x，y 称为自变量，z 称为因变量，数对集 D 称为该函数的定义域.

对照一元函数的概念，若 x，y 取有序数组 $(x_0,y_0) \in D$，则称该函数在点 (x_0,y_0) 有定义；与 (x_0,y_0) 对应的 z 的数值称为函数在点 (x_0,y_0) 的函数值，记作 $f(x_0,y_0)$ 或 $z|_{(x_0,y_0)}$. 当 (x,y) 取遍数对集 D 中的所有数对时，对应的函数值全体构成的数集 $Z=\{z \mid z=f(x,y),(x,y) \in D\}$ 称为函数的值域.

从几何上看，二元函数 $z=f(x,y)$ 的定义域就是 xOy 平面上的平面区域. 例如，二元函数 $z=2x-3y$ 的定义域 $D=\{(x,y) \mid -\infty<x<+\infty, -\infty<y<+\infty\}$ 是整个 xOy 平面；二元函数 $z=\ln(y-x)+\dfrac{\sqrt{x}}{\sqrt{1-x^2-y^2}}$ 的定义域 $D=\{(x,y) \mid x \geqslant 0, x<y, x^2+y^2<1\}$ 是 xOy 平面上的一个有界区域，如图 5-3 中的阴影部分所示.

类似的可以定义三元函数 $w=f(x,y,z)$ 以及三元以上的函数. 二元函数及二元以上的函数统称为**多元函数**.

思考：
三元以及三元以上的函数是怎么定义的？

例 5-1 求函数 $f(x,y)=\sqrt{4-x^2-y^2}$ 的定义域.

解 显然当根式内的表达式非负时才有确定的值，所以定义域为
$$D=\{(x,y) \mid x^2+y^2 \leqslant 4\}.$$
在 xOy 平面上，D 表示以原点为圆心，以 2 为半径的圆以及圆的内部全部点构成的闭区域.

二元函数 $z=f(x,y)$ 在几何上通常表示空间曲面. 设点 $P(x,y)$ 是二元函数的定义域 D 内的任一点，则相应的函数值是 $z=f(x,y)$，于是，有序数组 x，y，z 确定了空间一点 $M(x,y,z)$. 当点 P 在 D 内变动时，对应的点 M 在空间中的轨迹形成的曲面即二元函数 $z=f(x,y)$ 的图像，其定义域 D 就是空间曲面在 xOy 面上的投影，如图 5-4 所示.

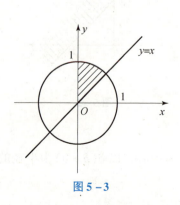

图 5-3

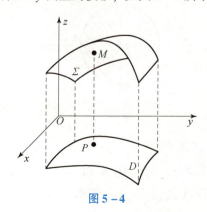

图 5-4

> 注:
> 关于求定义域有以下几点需要注意.
> (1) 分式的分母不为零;
> (2) 偶次根号下大于等于零;
> (3) 对数的真数大于零.

二、二元函数的极限与连续性

1. 二元函数的极限

对于一元函数,"$x \to x_0$ 时函数 $f(x)$ 的极限"就是讨论当自变量 x 无限接近 x_0 时,函数 $f(x)$ 的变化趋势. 类似的,二元函数 $z = f(x,y)$ 的极限问题,就是讨论当自变量 x, y 无限接近 x_0, y_0 时,即 $x \to x_0$, $y \to y_0$ 时,该函数的变化趋势.

二元函数的极限

定义 5 – 4 设函数 $z = f(x,y)$ 在点 $P_0(x_0, y_0)$ 的某一邻域内有定义(点 P_0 可以除外),如果当点 $P(x,y)$ 以任意方式无限趋向于点 $P_0(x_0, y_0)$ 时,对应的函数值 $f(x,y)$ 趋向于一个确定的常数 A,则称 A 为函数 $z = f(x,y)$ 当 $(x,y) \to (x_0, y_0)$ 时的**极限**,记为

$$\lim_{\substack{x \to x_0 \\ y \to y_0}} f(x,y) = A \quad \text{或} \quad \lim_{P \to P_0} f(x,y) = A.$$

> 注:
> 与一元函数的极限不同的是二元函数的极限要求点 $P(x,y)$ 以任何方式趋向于点 $P_0(x_0, y_0)$ 时,函数值 $z = f(x,y)$ 都趋向于同一个确定的常数 A. 因此,如果当 $P(x,y)$ 沿着两条不同的路径趋向于 $P_0(x_0, y_0)$ 时,函数 $z = f(x,y)$ 趋向于不同的值,那么可以断定函数极限一定不存在.

例 5 – 2 讨论函数 $f(x,y) = (x^2 + y^2) \sin \dfrac{1}{x^2 + y^2}$ 在点 $(0, 0)$ 的极限.

解 当 $(x, y) \to (0, 0)$ 时,由于 $(x^2 + y^2) \to 0$ 且 $\left| \sin \dfrac{1}{x^2 + y^2} \right| \leqslant 1$,根据无穷小量的性质之"无穷小量与有界函数的乘积还是无穷小量",可知 $f(x,y)$ 的极限存在,且

$$\lim_{\substack{x \to 0 \\ y \to 0}} (x^2 + y^2) \sin \dfrac{1}{x^2 + y^2} = 0.$$

例 5 – 3 讨论函数 $f(x,y) = \dfrac{xy}{x^2 + y^2}$,当 $(x, y) \to (0, 0)$ 时的极限.

解 令点 (x, y) 沿 $y = kx\ (x \neq 0)$ 趋向于点 $(0, 0)$ 时,

$$\lim_{\substack{x \to 0 \\ y = kx \to 0}} \dfrac{xy}{x^2 + y^2} = \lim_{x \to 0} \dfrac{kx^2}{x^2 + k^2 x^2} = \dfrac{k}{1 + k^2}.$$

显然 k 取不同的值时,$\dfrac{k}{1 + k^2}$ 也不同,所以函数极限不存在.

> **注：**
> 判断二元函数极限是否存在，可以使 (x,y) 沿不同的路径趋近于 (x_0,y_0)，观察极限是否一样.

2. 二元函数的连续性

定义 5-5 设函数 $z=f(x,y)$ 在点 $P_0(x_0,y_0)$ 的某个邻域内有定义，如果当点 $P(x,y)$ 趋向于点 $P_0(x_0,y_0)$ 时，函数 $z=f(x,y)$ 的极限存在，且等于它在点 P_0 处的函数值，即 $\lim\limits_{\substack{x\to x_0\\y\to y_0}}f(x,y)=f(x_0,y_0)$，则称函数 $z=f(x,y)$ 在点 $P_0(x_0,y_0)$ 处连续，称点 $P_0(x_0,y_0)$ 为函数的连续点.

若函数 $f(x,y)$ 在点 (x_0,y_0) 处不满足连续的定义，则称这一点是函数的不连续点或间断点.

例如，函数 $f(x,y)=\dfrac{x}{x^2-y^2}$，当 $x^2-y^2=0$ 时函数 $f(x,y)$ 无定义，所以直线 $y=x$ 和 $y=-x$ 上的点都是它的间断点.

若函数 $f(x,y)$ 在区域 D 内的每一点都连续，则称函数在区域 D 内连续，或称 $f(x,y)$ 为 D 上的连续函数.

思考：

(1) 比较一元函数与二元函数的连续性有什么异同.

(2) 比较一元函数与二元函数的间断点有什么异同.

与一元连续函数类似，二元连续函数的和、差、积、商（分母不等于零）仍为连续函数，二元函数的复合函数也是连续函数，因此，二元初等函数在其定义域内是连续的. 计算二元函数在其定义域内一点 $P_0(x_0,y_0)$ 的极限，只要求它在该点的函数值即可，即 $\lim\limits_{\substack{x\to x_0\\y\to y_0}}f(x,y)=f(x_0,y_0)$.

例如，函数 $f(x,y)=\dfrac{y^2-\sin x+\mathrm{e}^x}{1-x^2-y^2}$ 在点 $(0,0)$ 的极限为

$$\lim_{\substack{x\to 0\\y\to 0}}\frac{y^2-\sin x+\mathrm{e}^x}{1-x^2-y^2}=\frac{0^2-\sin 0+\mathrm{e}^0}{1-0^2-0^2}=1.$$

习题 5-1

A 知识巩固

1. 画出下列区域 D 的图形.

(1) $D=\{(x,y)\mid -1\leqslant x<2,2\leqslant y\leqslant 4\}$；

(2) $D=\{(x,y)\mid x<0,y\geqslant 0,x+y<1\}$；

(3) $D=\{(x,y)\mid x^2+y^2\leqslant 2x\}$；

(4) 由直线 $y=x$，$x=2$ 和曲线 $xy=1$ 围成区域.

2. 设函数 $f(x,y) = \dfrac{xy}{x+y}$，求 $f(1, 0)$，$f(-2, 3)$，$f\left(a, \dfrac{1}{a}\right)$，$f(x+y, x-y)$.

3. 求下列二元函数的定义域，并绘出定义域的图形.

(1) $z = \sqrt{1 - x^2 - y^2}$；　　(2) $z = \ln(x + y)$；　　(3) $z = \dfrac{1}{\sqrt{x+y}} + \dfrac{1}{\sqrt{x-y}}$；

(4) $z = \ln(y - x) + \dfrac{\sqrt{x}}{\sqrt{4 - x^2 - y^2}}$；　　(5) $u = \arccos \dfrac{z}{\sqrt{x^2 + y^2}}$.

4. 求下列极限.

(1) $\lim\limits_{\substack{x \to 0 \\ y \to 1}} \dfrac{1 - xy}{x^2 + y^2}$；　　(2) $\lim\limits_{(x,y) \to (2,0)} \dfrac{\sin(xy)}{y}$；　　(3) $\lim\limits_{(x,y) \to (0,0)} \dfrac{xy^2}{x^2 + y^4}$.

B 能力提升

1. 函数 $z = \ln(x^2 + y^2 - 4) + \sqrt{9 - x^2 - y^2}$ 的定义域为 _____.

2. 求 $\lim\limits_{\substack{x \to 0 \\ y \to 0}} \dfrac{2x^2 y}{x^4 + y^2}$.

3. 求 $\lim\limits_{(x,y) \to (0,0)} \dfrac{\sqrt{xy + 1} - 1}{xy}$.

C 学以致用

查阅资料，搜索经济中常见的二元函数有哪些.

第二节　偏导数

引例 5-2　某工厂的生产函数是 $Q = 100 L^{\frac{1}{2}} K^{\frac{2}{3}}$，其中 Q 是产量（单位：件），L 是劳力投入（单位：百工时），K 是资本投入（单位：千元）. 求当 $L = 9$，$K = 8$ 时的边际产量，并解释其经济意义.

一、偏导数的概念

在一元函数微分学中，我们知道函数 $y = f(x)$ 的导数为函数增量 $f(x + \Delta x) - f(x)$ 与自变量增量 Δx 的比值在 $\Delta x \to 0$ 时的极限，即

$$\dfrac{dy}{dx} = \lim\limits_{\Delta x \to 0} \dfrac{f(x + \Delta x) - f(x)}{\Delta x}.$$

偏导数的定义

对于二元函数，也有类似的问题，但由于自变量多了一个，问题变得更为复杂. 本节主要研究二元函数关于其中一个自变量的变化规律，这就产生了偏导数的概念.

一般地，在二元函数 $z = f(x, y)$ 中，如果只有自变量 x 变化，而另一个自变量 y 固定（即看作常量），这时二元函数 $z = f(x, y)$ 可以看作关于 x 的一元函数，此函数对 x 的导数就是二元函数 $z = f(x, y)$ 对 x 的偏导数；若自变量 y 变化，另一个自变量 x 固定（即看作常量），二元函数 $z = f(x, y)$ 可以看作关于 y 的一元函数，此函数对 y 的导数就是二元函数 $z = f(x, y)$ 对 y 的偏导数. 由此得到偏导数的定义.

定义 5-6　设函数 $z = f(x, y)$ 在点 (x_0, y_0) 的某一个邻域内有定义，固定 $y = y_0$，

如果极限 $\lim\limits_{\Delta x \to 0} \dfrac{f(x_0 + \Delta x, y_0) - f(x_0, y_0)}{\Delta x}$ 存在，则称此极限为函数 $z = f(x, y)$ 在点 (x_0, y_0) 处对 x 的**偏导数**，记作

$$\left.\dfrac{\partial z}{\partial x}\right|_{\substack{x = x_0 \\ y = y_0}}, \left.\dfrac{\partial f}{\partial x}\right|_{\substack{x = x_0 \\ y = y_0}}, z_x\bigg|_{\substack{x = x_0 \\ y = y_0}}, f_x(x_0, y_0).$$

类似地，当 x 固定为 x_0 时，可定义 $f(x, y)$ 在 (x_0, y_0) 处对 y 的偏导数为

$$\left.\dfrac{\partial z}{\partial y}\right|_{\substack{x = x_0 \\ y = y_0}}, \left.\dfrac{\partial f}{\partial y}\right|_{\substack{x = x_0 \\ y = y_0}}, z_y\bigg|_{\substack{x = x_0 \\ y = y_0}}, f_y(x_0, y_0).$$

定义 5–7 如果 $z = f(x, y)$ 在区域 D 内每一点 (x, y) 都具有对 x（或 y）的偏导数，显然此偏导数是变量 x、y 的二元函数，则称其为函数 $z = f(x, y)$ 在 D 内对 x（或 y）的**偏导函数**，简称为**偏导数**，记为

$$\dfrac{\partial z}{\partial x}, \dfrac{\partial f}{\partial x}, z_x, f_x(x, y);$$

$$\dfrac{\partial z}{\partial y}, \dfrac{\partial f}{\partial y}, z_y, f_y(x, y).$$

> **注：**
> 　　由偏导数的定义可以看出，二元函数对某一个变量求偏导，就是将另一个变量看作常量，运用一元函数求导法即可求得.

例 5–4 求函数 $z = x^2 + 3xy - y^2 + 2$ 在点 $(1, 2)$ 处的偏导数.

解 先求偏导函数.

把 y 看作常量，对 x 求导得 $f_x(x, y) = 2x + 3y$；

把 x 看作常量，对 y 求导得 $f_y(x, y) = 3x - 2y$.

把 $x = 1$，$y = 2$ 代入上两式，得到函数在点 $(1, 2)$ 处的偏导数：

$$f_x(1, 2) = (2x + 3y)\big|_{(1,2)} = 8, f_y(1, 2) = (3x - 2y)\big|_{(1,2)} = -1.$$

例 5–5 设函数 $z = x\ln(x^2 + y^2)$，求 $\dfrac{\partial z}{\partial x}$，$\dfrac{\partial z}{\partial y}$.

解 $\dfrac{\partial z}{\partial x} = (x)'_x \ln(x^2 + y^2) + x[\ln(x^2 + y^2)]'_x$

$= 1 \cdot \ln(x^2 + y^2) + x \cdot \dfrac{2x}{x^2 + y^2} = \ln(x^2 + y^2) + \dfrac{2x^2}{x^2 + y^2}.$

$\dfrac{\partial z}{\partial y} = x \cdot \dfrac{2y}{x^2 + y^2} = \dfrac{2xy}{x^2 + y^2}.$

> **注意：**
> 　　对于一元函数 $y = f(x)$，$\dfrac{\mathrm{d}y}{\mathrm{d}x}$ 既表示 y 对 x 的导数，又可以看成一个分式：y 的微分 $\mathrm{d}y$ 与 x 的微分 $\mathrm{d}x$ 之商. 但是对于二元函数 $z = f(x, y)$，$\dfrac{\partial z}{\partial x}$，$\dfrac{\partial z}{\partial y}$ 只是一个偏导数的整体记号，不能再看成商的形式.

二、函数的偏导数与函数的连续性的关系

若一元函数 $y=f(x)$ 在 x_0 处可导，则函数在 x_0 处必连续．对于二元函数则没有这样的结论．例如二元函数 $f(x,y)=\begin{cases}\dfrac{xy}{x^2+y^2}, & x^2+y^2\neq 0\\ 0, & x^2+y^2=0\end{cases}$ 在点 (0,0) 处的极限不存在，故 $f(x,y)$ 在点 (0,0) 处不连续，但有

$$f_x(0,0)=\lim_{\Delta x\to 0}\frac{f(0+\Delta x,0)-f(0,0)}{\Delta x}=\lim_{\Delta x\to 0}\frac{\dfrac{\Delta x\cdot 0}{\Delta x^2+0^2}-0}{\Delta x}=0,$$

$$f_y(0,0)=\lim_{\Delta y\to 0}\frac{f(0,0+\Delta y)-f(0,0)}{\Delta y}=\lim_{\Delta y\to 0}\frac{\dfrac{0\cdot \Delta y}{0^2+\Delta y^2}-0}{\Delta y}=0,$$

即在点 (0,0) 处的偏导数存在．

思考：与一元函数比较，说明二元函数的连续性、偏导数之间的关系．

三、复合函数求微分

1. 全导数

定义 5-8 函数 $z=f(u,v)$ 通过中间变量 $u=\varphi(x)$ 及 $v=\psi(x)$ 构成复合函数 $z=f[\varphi(x),\psi(x)]$，它是具有两个中间变量、一个自变量的复合函数．当自变量 x 发生变化时，通过两个中间变量 $\varphi(x)$ 及 $\psi(x)$ 引起 z 的变化．函数 z 对 x 的全部变化率，即 z 对 x 的导数称为**全导数**．

定理 5-1 设函数 $u=\varphi(x)$ 及 $v=\psi(x)$ 在 x 处可导，函数 $z=f(u,v)$ 在对应点 $(\varphi(x),\psi(x))$ 处可微，则复合函数 $z=f[\varphi(x),\psi(x)]$ 在 x 处可导，且

$$\frac{\mathrm{d}z}{\mathrm{d}x}=\frac{\partial z}{\partial u}\cdot\frac{\mathrm{d}u}{\mathrm{d}x}+\frac{\partial z}{\partial v}\cdot\frac{\mathrm{d}v}{\mathrm{d}x}.$$

例 5-6 设 $z=u^v$，而 $u=\sin x$，$v=\cos x$，求 $\dfrac{\mathrm{d}z}{\mathrm{d}x}$．

解 这是在两个中间变量、一个自变量的情形下求全导数．

$$\frac{\partial z}{\partial u}=vu^{v-1},\ \frac{\partial z}{\partial v}=u^v\ln u,\ \frac{\mathrm{d}u}{\mathrm{d}x}=\cos x,\ \frac{\mathrm{d}v}{\mathrm{d}x}=-\sin x.$$

由全导数公式得

$$\frac{\mathrm{d}z}{\mathrm{d}x}=vu^{v-1}\cos x+u^v\ln u\ (-\sin x)$$

$$=(\sin x)^{\cos x-1}\cos^2 x-(\sin x)^{\cos x+1}\ln\sin x.$$

2. 一般情况

函数 $z=f(u,v)$ 通过中间变量 $u=\varphi(x,y)$ 及 $v=\psi(x,y)$ 构成的复合函数 $z=f[\varphi(x,y),\psi(x,y)]$ 的偏导数可用如下定理求出．

定理 5-2 设函数 $u=\varphi(x,y)$ 及 $v=\psi(x,y)$ 在点 (x,y) 处有偏导数，$z=f(u,v)$ 在对应点 (u,v) 处有连续偏导数，则复合函数 $z=f[\varphi(x,y),\psi(x,y)]$ 在点

(x,y) 处的偏导数 $\dfrac{\partial z}{\partial x}$, $\dfrac{\partial z}{\partial y}$ 存在，且

$$\frac{\partial z}{\partial x} = \frac{\partial z}{\partial u} \cdot \frac{\partial u}{\partial x} + \frac{\partial z}{\partial v} \cdot \frac{\partial v}{\partial x},$$

$$\frac{\partial z}{\partial y} = \frac{\partial z}{\partial u} \cdot \frac{\partial u}{\partial y} + \frac{\partial z}{\partial v} \cdot \frac{\partial v}{\partial y}.$$

上述公式也称为"链锁法则"。

例 5-7 设 $z = (x+y)^{xy}$，求 $\dfrac{\partial z}{\partial x}$, $\dfrac{\partial z}{\partial y}$。

解 引入中间变量 $u = x+y$, $v = xy$，则 $z = u^v$，得

$$\begin{aligned}\frac{\partial z}{\partial x} &= \frac{\partial z}{\partial u} \cdot \frac{\partial u}{\partial x} + \frac{\partial z}{\partial v} \cdot \frac{\partial v}{\partial x} = vu^{v-1} \cdot 1 + u^v \ln u \cdot y \\ &= xy(x+y)^{xy-1} + y(x+y)^{xy} \ln(x+y) \\ &= y(x+y)^{xy-1} [x + (x+y)\ln(x+y)].\end{aligned}$$

同理得 $\dfrac{\partial z}{\partial y} = \dfrac{\partial z}{\partial u} \cdot \dfrac{\partial u}{\partial y} + \dfrac{\partial z}{\partial v} \cdot \dfrac{\partial v}{\partial y} = x(x+y)^{xy-1}[y+(x+y)\ln(x+y)].$

例 5-8 设 $z = x^u + y$, $u = x^2 + y^2$，求 $\dfrac{\partial z}{\partial x}$, $\dfrac{\partial z}{\partial y}$。

解 令 $x = v$, $y = w$，则有 $z = v^u + w$，可得

$$\begin{aligned}\frac{\partial z}{\partial x} &= v^u \ln v \cdot 2x + uv^{u-1} \cdot 1 + 1 \cdot 0 \\ &= 2x^{x^2+y^2+1} \ln x + (x^2+y^2)x^{x^2+y^2-1}.\end{aligned}$$

同理可得

$$\begin{aligned}\frac{\partial z}{\partial y} &= \frac{\partial z}{\partial u} \cdot \frac{\partial u}{\partial y} + \frac{\partial z}{\partial v} \cdot \frac{\partial v}{\partial y} + \frac{\partial z}{\partial w} \cdot \frac{\partial w}{\partial y} \\ &= v^u \ln v \cdot 2y + uv^{u-1} \cdot 0 + 1 \cdot 1 \\ &= 2yx^{x^2+y^2} \ln x + 1.\end{aligned}$$

四、高阶偏导数

定义 5-9 二元函数 $z = f(x,y)$ 的二个偏导数 $\dfrac{\partial z}{\partial x}$, $\dfrac{\partial z}{\partial y}$ 一般来说仍然是 x, y 的函数，如果这两个函数关于 x, y 的偏导数也存在，则称这两个偏导数的偏导数为 $z = f(x,y)$ 的**二阶偏导数**。按照对自变量求导的次序不同，有下列四个二阶偏导数：

高阶偏导数

$$\frac{\partial}{\partial x}\left(\frac{\partial z}{\partial x}\right) = \frac{\partial^2 z}{\partial x^2} = f_{xx}(x,y), \quad \frac{\partial}{\partial y}\left(\frac{\partial z}{\partial x}\right) = \frac{\partial^2 z}{\partial x \partial y} = f_{xy}(x,y),$$

$$\frac{\partial}{\partial x}\left(\frac{\partial z}{\partial y}\right) = \frac{\partial^2 z}{\partial y \partial x} = f_{yx}(x,y), \quad \frac{\partial}{\partial y}\left(\frac{\partial z}{\partial y}\right) = \frac{\partial^2 z}{\partial y^2} = f_{yy}(x,y).$$

其中 $f_{xy}(x,y)$, $f_{yx}(x,y)$ 称为**混合偏导数**。$f_{xy}(x,y)$ 是先对 x 求偏导数，所得结果再对 y 求偏导数；$f_{yx}(x,y)$ 是先对 y 求偏导数，所得结果再对 x 求偏导数。同样的，可以定义三阶、四阶以及 n 阶偏导数。二阶及二阶以上的偏导数统称为**高阶偏导数**。

例 5 – 9 求函数 $z = x^3 y^2 - 3xy^3 - x$ 的所有二阶偏导数.

解 因为 $\dfrac{\partial z}{\partial x} = 3x^2 y^2 - 3y^3 - 1$，$\dfrac{\partial z}{\partial y} = 2x^3 y - 9xy^2$，所以

$$\frac{\partial}{\partial x}\left(\frac{\partial z}{\partial x}\right) = f_{xx}(x,y) = 6xy^2,$$

$$\frac{\partial}{\partial y}\left(\frac{\partial z}{\partial x}\right) = f_{xy}(x,y) = 6x^2 y - 9y^2,$$

$$\frac{\partial}{\partial x}\left(\frac{\partial z}{\partial y}\right) = f_{yx}(x,y) = 6x^2 y - 9y^2,$$

$$\frac{\partial}{\partial y}\left(\frac{\partial z}{\partial y}\right) = f_{yy}(x,y) = 2x^3 - 18xy.$$

例 5 – 10 求 $z = x\ln(xy)$ 的二阶偏导数.

解 因为 $\dfrac{\partial z}{\partial x} = \ln(xy) + x\dfrac{y}{xy} = \ln(xy) + 1$，$\dfrac{\partial z}{\partial y} = x\dfrac{x}{xy} = \dfrac{x}{y}$，所以

$$\frac{\partial^2 z}{\partial x^2} = \frac{\partial}{\partial x}[\ln(xy) + 1] = \frac{y}{xy} = \frac{1}{x},$$

$$\frac{\partial^2 z}{\partial y^2} = \frac{\partial}{\partial y}\left(\frac{x}{y}\right) = -\frac{x}{y^2},$$

$$\frac{\partial^2 z}{\partial x \partial y} = \frac{\partial}{\partial y}[\ln(xy) + 1] = \frac{x}{xy} = \frac{1}{y},$$

$$\frac{\partial^2 z}{\partial y \partial x} = \frac{\partial}{\partial x}\left(\frac{x}{y}\right) = \frac{1}{y}.$$

定理 5 – 3 如果函数 $z = f(x,y)$ 的两个混合偏导数在区域 D 内连续，则在该区域 D 上有 $f_{xy}(x,y) = f_{yx}(x,y)$（证明略）.

五、偏导数在经济学中的应用

1. 边际经济量

现以库柏 – 道格拉斯生产函数 $Q = AL^\alpha B^\beta$ 为例说明边际经济量.

由偏导数定义可知

$$\frac{\partial Q}{\partial L} = A\alpha L^{\alpha-1} B^\beta = \alpha \frac{Q}{L}$$

它表示当资本投入在某水平上保持水平，而劳力投入变化时产量的变化率，称为劳力的边际产量.

$$\frac{\partial Q}{\partial K} = A\beta L^\alpha B^{\beta-1} = \beta \frac{Q}{K}$$

则表示当劳力投入在某水平上保持不变，而资本投入变化时产量的变化率，称为资本的边际产量.

2. 偏弹性

一元函数 $y = f(x)$ 在 x 处的弹性 $\dfrac{Ef(x)}{Ex} = x\dfrac{f'(x)}{f(x)}$，它表示 $f(x)$ 在 x 处的相对变化率，可解释为自变量增加 1% 时函数变化的百分数.

对多元函数，利用偏导数的知识来定义偏弹性（局部弹性）的概念.

$z=f(x,y)$ 对 x 的偏弹性

$$\frac{Ez}{Ex}=\frac{x}{z}\cdot\frac{\partial z}{\partial x}$$

表示 y 保持不变，z 对 x 的相对变化率.

$z=f(x,y)$ 对 y 的偏弹性

$$\frac{Ez}{Ey}=\frac{y}{z}\cdot\frac{\partial z}{\partial y}$$

表示 x 保持不变，z 对 y 的相对变化率.

经济学中经常用到需求价格弹性，对此给出如下概念.

定义 5-10 设两种相关的商品 A 和 B 的需求函数分别为

$$Q_A=f(P_A,P_B),\quad Q_B=g(P_A,P_B).$$

其中 P_A，P_B 分别为商品 A、B 的单位价格，Q_A，Q_B 是各自的需求量，则

$$\frac{EQ_A}{EP_A}=\frac{P_A}{Q_A}\cdot\frac{\partial Q_A}{\partial P_A},\quad \frac{EQ_B}{EP_B}=\frac{P_B}{Q_B}\cdot\frac{\partial Q_B}{\partial P_B}$$

分别称为商品 A、B 的自身价格弹性，而

$$\frac{EQ_A}{EP_B}=\frac{P_B}{Q_A}\cdot\frac{\partial Q_A}{\partial P_B},\quad \frac{EQ_B}{EP_A}=\frac{P_A}{Q_B}\cdot\frac{\partial Q_B}{\partial P_A}$$

分别称为商品 A、B 的交叉价格弹性.

利用两种商品的交叉价格弹性，有助于分析两种商品的相互关系，即两种商品是相互竞争（相互取代）还是相互补充.

若商品 A 的需求对商品 B 的交叉价格弹性是负数，即 $\frac{EQ_A}{EP_B}<0$，则表示当商品 A 的价格不变，而商品 B 的价格上升时，商品 A 的需求量将相应地减少，这时称商品 A 和 B 是相互补充的关系.

若 $\frac{EQ_A}{EP_B}>0$，则表示当商品 A 的价格不变，而商品 B 的价格上升时，商品 A 的需求量将相应地增加，这时称商品 A 和 B 是相互竞争（相互取代）的关系.

例如计算机的软盘和硬盘这两种商品就是相互补充的关系，用交叉价格弹性来刻划，就有 $\frac{EQ_A}{EP_B}<0\left(\text{或}\frac{EQ_B}{EP_A}<0\right)$.

鱼和猪肉这两种商品的关系就是相互竞争的，用交叉价格弹性来刻划，就有 $\frac{EQ_A}{EP_B}>0$ $\left(\text{或}\frac{EQ_B}{EP_A}>0\right)$.

引例 5-2 解析 劳力的边际产量为

$$\frac{\partial Q}{\partial L}=50\frac{K^{\frac{2}{3}}}{L^{\frac{1}{2}}}=\frac{1}{2}\cdot\frac{Q}{L},$$

资本的边际产量为

$$\frac{\partial Q}{\partial K} = \frac{200}{3} \cdot \frac{L^{\frac{1}{2}}}{K^{\frac{1}{3}}} = \frac{2}{3} \cdot \frac{Q}{K},$$

又

$$Q\bigg|_{\substack{L=9\\K=8}} = 100 \times 3 \times 4 = 1\,200,$$

所以

$$\frac{\partial Q}{\partial L}\bigg|_{\substack{L=9\\K=8}} = \frac{200}{3},$$

$$\frac{\partial Q}{\partial K}\bigg|_{\substack{L=9\\K=8}} = 100.$$

这就是说,当劳力投入 900 工时和资本投入 8 000 元时产量是 1 200 件. 若资本投入保持不变,每增加一个单位的劳力收入,产量增加 $\frac{200}{3}$ 件;若劳力投入保持不变,每增加一个单位的资本投入,产量增加 100 件.

习题 5-2

A 知识巩固

1. 求下列函数的偏导数.

(1) $z = x^3 y - xy^3$; (2) $z = \sqrt{\ln(xy)}$; (3) $z = x\ln(x+y)$.

2. 设 $z = \arcsin(x-y)$, 而 $x = 3t$, $y = 4t^3$, 求 $\dfrac{dz}{dt}$.

3. 设 $z = \dfrac{y}{x}$, 而 $x = e^t$, $y = 1 - e^{2t}$, 求 $\dfrac{dz}{dt}$.

4. 设 $z = u^2 \ln v$, 而 $u = \dfrac{x}{y}$, $v = 3x - 2y$, 求 $\dfrac{\partial z}{\partial x}$, $\dfrac{\partial z}{\partial y}$.

5. 设 $z = x^2 y - xy^2$, 而 $x = u\cos v$, $y = u\sin v$, 求 $\dfrac{\partial z}{\partial u}$, $\dfrac{\partial z}{\partial v}$.

6. 设 $u = \dfrac{e^{ax}(y-z)}{a^2+1}$, 而 $y = a\sin x$, $z = \cos x$, 求 $\dfrac{du}{dx}$.

7. 求下列函数的 $\dfrac{\partial^2 z}{\partial x^2}$, $\dfrac{\partial^2 z}{\partial y^2}$, $\dfrac{\partial^2 z}{\partial x \partial y}$.

(1) $z = e^{xy}$; (2) $z = \arctan\dfrac{y}{x}$; (3) $z = \dfrac{x+y}{x-y}$; (4) $z = \ln(x^2+y)$.

B 能力提升

1. 求下列函数的偏导数.

(1) $z = \sin(3x-y) + y$; (2) $f(x,y) = \tan\dfrac{x}{y}$; (3) $z = \sin(xy) + \cos^2(xy)$.

2. 设 $f(x,y,z) = x^{y^z}$, 则 $\dfrac{\partial f}{\partial y} =$ _____.

3. 设 $u = e^{\frac{x}{y}}$, 求 $\dfrac{\partial^2 u}{\partial x \partial y}$.

4. 设 $z = e^{\frac{x}{y^2}}$，求证：$2x\dfrac{\partial z}{\partial x} + y\dfrac{\partial z}{\partial y} = 0$.

C 学以致用

某商品 A 的单位价格为 P_A，与其相关联的商品 B 的单位价格为 P_B，已知商品 A 的需求函数为

$$Q_A = \frac{P_A^2}{P_B},$$

求商品 A 的自身价格弹性、交叉价格弹性，并说明商品 A 和商品 B 是相互竞争的还是相互补充的.

第三节　全微分

引例 5–3　设某产品的生产函数为 $Q = 4L^{\frac{3}{4}}K^{\frac{1}{4}}$，期中 Q 是产量，L 是劳力投入，K 是资金投入. 现在劳力投入由 256 增加到 258，资金投入由 10 000 增加到 10 500，问产量大约增加多少？

一、全微分的概念

定义 5–11　设函数 $z = f(x,y)$ 在点 (x,y) 的某邻域内有定义，自变量由 x，y 改变为 $x + \Delta x$ 和 $y + \Delta y$，且点 $(x + \Delta x, y + \Delta y)$ 在邻域内，此时函数的相应改变量 $\Delta z = f(x + \Delta x, y + \Delta y) - f(x,y)$ 称为二元函数 $z = f(x,y)$ 在点 (x,y) 处的**全增量**.

参照一元函数微分的定义，对多元函数的全微分定义如下.

定义 5–12　设有二元函数 $z = f(x,y)$ 在点 (x,y) 的某邻域内有定义，如果函数在点 (x,y) 处的全增量 $\Delta z = f(x + \Delta x, y + \Delta y) - f(x,y)$ 可以表示为

$$\Delta z = A\Delta x + B\Delta y + o(\rho),$$

其中 A，B 是 x，y 的函数，与 Δx，Δy 无关，$\rho = \sqrt{(\Delta x)^2 + (\Delta y)^2}$，$o(\rho)$ 是当 $\rho \to 0$ 时比 ρ 高阶的无穷小，则称二元函数 $z = f(x,y)$ 在点 (x,y) 处**可微**，并称 $A\Delta x + B\Delta y$ 是 $z = f(x,y)$ 在点 (x,y) 处的**全微分**，记作 $dz = A\Delta x + B\Delta y$.

如果函数 $z = f(x,y)$ 在区域 D 内每一点都可微，则称函数 $z = f(x,y)$ 在区域 D 内**可微**.

思考：在一元函数中，可微与可导是等价的，且 $dy = f'(x)dx$，那么二元函数 $z = f(x,y)$ 在点 (x,y) 处的可微与偏导数之间存在什么关系呢？全微分定义中的 A，B 又如何确定？它们是否与函数 $f(x,y)$ 有关系呢？

定理 5–4　若函数 $z = f(x,y)$ 在点 (x,y) 处可微，即 $\Delta z = A\Delta x + B\Delta y + o(\rho)$，则在该点处，函数 $z = f(x,y)$ 的两个偏导数都存在，且 $A = f_x(x,y)$，$B = f_y(x,y)$. 与一元函数一样，由于自变量的改变量等于自变量的微分，即 $\Delta x = dx$，$\Delta y = dy$，所以全微分记作 $dz = f_x(x,y)dx + f_y(x,y)dy$.

定理 5–4 指出，如果函数 $z = f(x,y)$ 可微，则其偏导数一定存在. 反之，若 $z = $

$f(x,y)$ 的两个偏导数 $\dfrac{\partial z}{\partial x}$, $\dfrac{\partial z}{\partial y}$ 在点 (x_0, y_0) 处存在且连续，则函数 $z=f(x,y)$ 在点 (x_0, y_0) 处可微.

例 5 – 11　求函数 $z = \ln(x + y^2)$ 的全微分.

解　因为 $f_x(x,y) = \dfrac{1}{x+y^2}$, $f_y(x,y) = \dfrac{2y}{x+y^2}$，故 $dz = \dfrac{1}{x+y^2}dx + \dfrac{2y}{x+y^2}dy$.

例 5 – 12　计算函数 $f(x,y) = 2x^2 - 3y^2$，当 $x=2$，$y=1$，$\Delta x = 0.2$，$\Delta y = 0.1$ 时的全增量 Δz 及全微分 dz.

解　函数 $f(x,y)$ 的全增量为

$$\begin{aligned}\Delta z &= f(x+\Delta x, y+\Delta y) - f(x,y) \\ &= [2\times(2+0.2)^2 - 3\times(1+0.1)^2] - (2\times 2^2 - 3\times 1^2) \\ &= 6.05 - 5 = 1.05.\end{aligned}$$

由于 $\dfrac{\partial f}{\partial x} = 4x$, $\dfrac{\partial f}{\partial y} = -6y$，所以函数 $f(x,y)$ 的全微分为 $dz = 4x\Delta x - 6y\Delta y$.

当 $x=2$，$y=1$，$\Delta x = 0.2$，$\Delta y = 0.1$ 时，全微分 $dz = 4\times 2\times 0.2 - 6\times 1\times 0.1 = 1$.

二、全微分在近似计算中的应用

设函数 $z = f(x,y)$ 在点 (x,y) 处可微，则函数在该点的全增量可以表示为

$$\begin{aligned}\Delta z &= f(x_0+\Delta x, y_0+\Delta y) - f(x_0, y_0) \\ &= f_x(x_0, y_0)\Delta x + f_y(x_0, y_0)\Delta y + o(\rho)\ (\rho = \sqrt{\Delta x^2 + \Delta y^2}).\end{aligned}$$

当 $|\Delta z|$ 很小时，就可以用函数的全微分 dz 代替函数的全增量 Δz，即

$$\Delta z \approx dz = f_x(x_0, y_0)\Delta x + f_y(x_0, y_0)\Delta y$$

或

$$f(x_0+\Delta x, y_0+\Delta y) \approx f(x_0, y_0) + f_x(x_0, y_0)\Delta x + f_y(x_0, y_0)\Delta y.$$

利用以上两式可以计算函数增量的近似值.

引例 5 – 3 解析　由 $\dfrac{\partial Q}{\partial L} = 3L^{-\frac{1}{4}}K^{\frac{1}{4}}$, $\dfrac{\partial Q}{\partial K} = L^{\frac{3}{4}}K^{-\frac{3}{4}}$，得 $dQ = 3L^{-\frac{1}{4}}K^{\frac{1}{4}}dL + L^{\frac{3}{4}}K^{-\frac{3}{4}}dK$，于是，当 $L = 256$，$\Delta L = 2$，$K = 10\,000$，$\Delta K = 500$ 时，

$$\Delta Q \approx dQ = 3\times 256^{-\frac{1}{4}}\times 10\,000^{\frac{1}{4}}\times 2 + 256^{\frac{3}{4}}\times 10\,000^{-\frac{3}{4}}\times 500 = 47,$$

即产量大约增加 47 个单位.

习题 5 – 3

A　知识巩固

1. 求下列函数的全微分.

(1) $z = \dfrac{y}{\sqrt{x^2+y^2}}$；　　(2) $z = x^y$.

2. 求二元函数 $z = \ln(1 + x^2 + y^2)$ 当 $x = 1$，$y = 2$ 时的全微分.

B 能力提升

（1）求二元函数 $z = e^{xy}$ 在点 (2，1) 处的全微分.

（2）设二元函数 $z = \arctan \dfrac{y}{x}$，求全微分 $dz|_{(1,1)}$.

（3）求函数 $w = x + \sin \dfrac{y}{2} + e^y$ 的全微分.

C 学以致用

已知一工厂的日产量是由熟练工的工作时数 x 与非熟练工的工作时数 y 所决定的，且 $Q(x,y) = 2x^2 y$. 现在 $x = 8$（小时），$y = 16$（小时），若工厂计划增加熟练工的工作时数 1 小时，试估计需减少非熟练工的工作时数几小时才能使日产量不变.

第四节 二元函数的极值和最值

引例 5-4 设生产函数为 $Q = 8K^{\frac{1}{4}}L^{\frac{1}{2}}$，若两种生产要素的投入价格 $p_K = 8$，$p_L = 4$，而产品的价格 $p = 4$. 试求使利润最大的两种要素的投入水平、产出水平和最大利润.

前面介绍过一元函数的极值问题，进而求得实际问题中的最大值和最小值. 类似地，二元函数的最大值、最小值与极值也有密切联系，下面探讨二元函数的极值求法.

一、二元函数的极值

1. 极值的定义

定义 5-13 设函数 $z = f(x, y)$ 在点 (x_0, y_0) 的某一邻域内有定义，如果对于该邻域内异于点 (x_0, y_0) 的点 (x, y) 都有 $f(x, y) < f(x_0, y_0)$，则称函数 $z = f(x, y)$ 在点 (x_0, y_0) 处有**极大值** $f(x_0, y_0)$，点 (x_0, y_0) 称为函数 $f(x, y)$ 的**极大值点**；同理，如果都有 $f(x, y) > f(x_0, y_0)$，则称函数 $z = f(x, y)$ 在点 (x_0, y_0) 处有**极小值** $f(x_0, y_0)$，点 (x_0, y_0) 称为函数 $f(x, y)$ 的**极小值点**. 极大值和极小值统称为**极值**，使函数取得极值的点称为**极值点**.

二元函数的极值

例如，函数 $f(x, y) = x^2 + y^2 + 1$ 在点 (0，0) 处有极小值. 因为对点 (0，0) 处的任一邻域内异于点 (0，0) 的点 (x, y)，都有 $f(x, y) > f(0,0) = 1$. 从图形上看，点 (0，0) 是开口向上的旋转抛物面的顶点.

又如，函数 $f(x, y) = \sqrt{1 - x^2 - y^2}$ 在点 (0，0) 处有极大值. 因为对点 (0，0) 处的任一邻域内异于点 (0，0) 的点 (x, y)，都有 $f(x, y) < f(0,0) = 1$. 从图形上看，点 (0，0) 是单位球面的上半球面顶点.

2. 极值存在的条件

设函数 $z = f(x, y)$ 在点 (x_0, y_0) 处取得极值，如果将函数 $z = f(x, y)$ 中的变量 y 固

定，令 $y=y_0$，则函数 $z=f(x,y_0)$ 是一元函数，它在 $x=x_0$ 处取得极值，由一元函数极值存在的必要条件可得 $f_x(x_0,y_0)=0$. 由此得到如下定理.

定理 5-5（极值的必要条件） 设函数 $z=f(x,y)$ 在点 (x_0,y_0) 处取得极值，且函数在该点的偏导数存在，则 $f_x(x_0,y_0)=0$，$f_y(x_0,y_0)=0$.

使 $f_x(x_0,y_0)=0$，$f_y(x_0,y_0)=0$ 同时成立的点 (x_0,y_0) 称为函数 $f(x,y)$ 的**驻点**.

由定理 5-5 可知，具有偏导数的函数，其极值点必定为驻点. 反之，函数的驻点不一定是极值点. 例如，函数 $z=xy$ 在驻点 $(0,0)$ 的任何邻域内函数值可取正值，也可取负值，而 $z(0,0)=0$. 可见定理 5-5 只给出了二元函数具有极小值的必要条件. 为了判断二元函数的驻点是否为极值点，有如下定理.

定理 5-6（极值的充分条件） 设函数 $z=f(x,y)$ 在点 (x_0,y_0) 的某邻域内有连续二阶偏导数，且点 $P_0(x_0,y_0)$ 是函数 $f(x,y)$ 的驻点，记

$$A=f_{xx}(x_0,y_0), B=f_{xy}(x_0,y_0), C=f_{yy}(x_0,y_0),$$

则：(1) 当 $B^2-AC<0$ 时，点 $P_0(x_0,y_0)$ 是极值点，且当 $A<0$ 时，点 $P_0(x_0,y_0)$ 为极大值点，且当 $A>0$ 时，点 $P_0(x_0,y_0)$ 为极小值点.

(2) 当 $B^2-AC>0$ 时，点 $P_0(x_0,y_0)$ 不是极值点.

(3) 当 $B^2-AC=0$ 时，点 $P_0(x_0,y_0)$ 可能是极值点，也可能不是极值点.

例 5-13 求函数 $f(x,y)=x^3-4x^2+2xy-y^2+1$ 的极值.

解 $f_x(x,y)=3x^2-8x+2y$，$f_y(x,y)=2x-2y$，有

$$f_{xx}(x,y)=6x-8, f_{xy}(x,y)=2, f_{yy}(x,y)=-2,$$

解方程组 $\begin{cases} f_x=3x^2-8x+2y=0 \\ f_y=2x-2y=0 \end{cases}$，得驻点 $(0,0)$，$(2,2)$.

故在点 $(0,0)$ 处有 $B=2$，$A=-8$，$C=-2$，$B^2-AC=-12<0$，所以 $f(0,0)=0$ 为函数的极大值.

同理，在点 $(2,2)$ 处有 $B=2$，$A=4$，$C=-2$，$B^2-AC=12>0$，所以点 $(2,2)$ 不是函数的极值点.

二、二元函数的最大值与最小值

与一元函数类似，若 $z=f(x,y)$ 在有界区域 D 上连续，则 $f(x,y)$ 在 D 上必有最大值和最小值. 具体求法是：求出 D 内的一切可能极值，以及边界上的最大值和最小值，然后进行比较，以确定最大值和最小值. 但在解决实际问题时，若 $f(x,y)$ 在 D 内的驻点唯一，由问题性质，即可确定唯一驻点就是所求最值点，不必比较.

例 5-14 某工厂生产 A，B 两种产品，其销售单价分别为 $p_A=12$ 元，$p_B=18$ 元. 总成本 C（单位：万元）是两种产品的产量 x 和 y（单位：千件）的函数，

$$C(x,y)=2x^2+xy+2y^2.$$

当两种产品的产量为多少时，可获最大利润？最大利润是多少？

解 收益函数

$$R(x,y)=p_A \cdot x + p_B \cdot y = 12x+18y,$$

从而利润函数

$$L(x,y) = R(x,y) - C(x,y)$$
$$= 12x + 18y - 2x^2 - xy - 2y^2.$$

由
$$\begin{cases} L_x(x,y) = 12 - 4x - y = 0 \\ L_y(x,y) = 18 - x - 4y = 0 \end{cases}$$

求得驻点 $(2,4)$,而 $L(2,4) = 48$.

由题意知,最大利润存在,而驻点唯一,故生产 2 千件产品 A、4 千件产品 B 时,利润最大,最大利润为 48 万元.

例 5 – 15 用铁皮做一个体积为 V 的无盖长方体箱子,问箱子的尺寸为多少时才能使铁皮最省?

解 设箱子的长、宽分别为 x,y,故箱子的高为 $\dfrac{V}{xy}$ ($x>0$,$y>0$),所以箱子的表面积为

$$s = 2xy + \frac{V}{xy}(2x + 2y) = 2xy + 2V\left(\frac{1}{x} + \frac{1}{y}\right).$$

求偏导数 $\dfrac{\partial s}{\partial x} = 2y - \dfrac{2V}{x^2}$,$\dfrac{\partial s}{\partial y} = 2x - \dfrac{2V}{y^2}$.

解方程组 $\begin{cases} 2y - \dfrac{2V}{x^2} = 0 \\ 2x - \dfrac{2V}{y^2} = 0 \end{cases}$,得唯一解 $x = y = \sqrt[3]{V}$.

因此,当长、宽、高均为 $\sqrt[3]{V}$ 时用料最省.

三、条件极值

在前面研究的极值问题中,所考虑的二元函数的自变量都是相互独立的,这些自变量除了受到函数定义域的限制外,别无其他附加条件,这类极值问题称为**无条件极值问题**.然而,在许多实际问题中函数的自变量除了受到定义域的限制外,常常还要受到其他附加条件的限制,比如例 5 – 15 中,若设箱子的长、宽、高分别为 x,y,z,则箱子的表面积 $S = 2(xy + yz + zx)$,此时还有一个约束条件 $xyz = V$,这类极值问题称为**条件极值问题**.例 5 – 15 中的解法是将它转化为无条件极值问题来求解,但很多实际问题中这种转化无法顺利进行,因此还需要其他方法.下面介绍一种求条件极值的方法——**拉格朗日数乘法**.

求函数 $z = f(x,y)$ 在附加条件 $g(x,y) = 0$ 的情况下的极值问题,可采用以下步骤:

(1) 以常数 λ (λ 称为拉格朗日乘数) 乘以 $g(x,y)$ 后与 $f(x,y)$ 相加,得拉格朗日函数 $F(x,y) = f(x,y) + \lambda g(x,y)$;

(2) 求出 $F(x,y)$ 对 x、y 的一阶偏导数
$$F_x(x,y) = f_x(x,y) + \lambda g_x(x,y),\ F_y(x,y) = f_y(x,y) + \lambda g_y(x,y);$$

(3) 解方程组 $\begin{cases} F_x(x,y) = 0 \\ F_y(x,y) = 0 \\ g(x,y) = 0 \end{cases}$.

所得点 (x, y) 即函数 $z = f(x,y)$ 在条件 $g(x,y) = 0$ 下的可能极值点. 至于所求点是否为极值点,一般可由问题的实际意义判断.

例 5 – 16 求 $z = x^2 + y^2$ 在 $\dfrac{x}{a} + \dfrac{y}{b} = 1$ 时的条件极值.

解 记 $f(x,y) = x^2 + y^2$, $g(x,y) = \dfrac{x}{a} + \dfrac{y}{b} - 1$.

作拉格朗日函数:$F(x,y) = x^2 + y^2 + \lambda\left(\dfrac{x}{a} + \dfrac{y}{b} - 1\right)$.

求偏导数:$F_x(x,y) = 2x + \dfrac{\lambda}{a}$,$F_y(x,y) = 2y + \dfrac{\lambda}{b}$.

解方程组 $\begin{cases} 2x + \dfrac{\lambda}{a} = 0 \\ 2y + \dfrac{\lambda}{b} = 0 \\ \dfrac{x}{a} + \dfrac{y}{b} - 1 = 0 \end{cases}$,得 $x = \dfrac{ab^2}{a^2 + b^2}$,$y = \dfrac{a^2 b}{a^2 + b^2}$,对应的函数值 $z = \dfrac{a^2 b^2}{a^2 + b^2}$.

由几何意义可知,函数 $z = x^2 + y^2$ 在 $x = \dfrac{ab^2}{a^2 + b^2}$,$y = \dfrac{a^2 b}{a^2 + b^2}$ 时有极小值,极小值为 $\dfrac{a^2 b^2}{a^2 + b^2}$.

引例 5 – 4 解析 设收益函数 R 和成本函数 C 分别为

$$R = p \cdot Q = 32 K^{\frac{1}{4}} L^{\frac{1}{2}}, \quad C = p_K \cdot K + p_L \cdot L = 8K + 4L,$$

于是利润函数为

$$\pi = R - C = 32 K^{\frac{1}{4}} L^{\frac{1}{2}} - 8K - 4L.$$

由极值存在的必要条件有

$$\begin{cases} \dfrac{\partial \pi}{\partial K} = 8 K^{-\frac{3}{4}} L^{\frac{1}{2}} - 8 = 0 \\ \dfrac{\partial \pi}{\partial L} = 16 K^{\frac{1}{4}} L^{-\frac{1}{2}} - 4 = 0 \end{cases}$$

由上述方程组得 $K = 16$,$L = 64$.

由题意,应该存在最大利润,而函数有唯一驻点,故当两种要素的投入量分别为 $K = 16$,$L = 64$ 时,利润最大. 此时,产出水平 Q 和最大利润 π 分别为

$$Q = 8 \times 16^{\frac{1}{4}} \times 64^{\frac{1}{2}} = 128,$$

$$\pi = R - C = 32 \times 16^{\frac{1}{4}} \times 64^{\frac{1}{2}} - 8 \times 16 - 4 \times 64 = 128.$$

习题 5-4

A 知识巩固

1. 求下列函数的极值.
   (1) $f(x,y) = e^{2x}(x + y^2 + 2y)$;
   (2) $f(x,y) = x^2 - xy + y^2 + 9x - 6y + 20$;
   (3) $f(x,y) = 4(x-y) - x^2 - y^2$;
   (4) $f(x,y) = x^3 + y^3 - 3xy$.

2. 求下列函数在指定条件下可能取得极值的点.
   (1) $z = x^2 + y^2$，若 $x + y = 1$；
   (2) $f(x,y) = 60x + 120y - 2x^2 - 2xy - 5y^2$，若 $x + y = 15$.

B 能力提升

1. 若可微函数 $z = f(x,y)$ 在点 (x_0, y_0) 处取得极小值，下列各项说法正确的是_____.

   A. $f(x_0, y)$ 在 $y = y_0$ 处的导数大于 0
   B. $f(x_0, y)$ 在 $y = y_0$ 处的导数等于 0
   C. $f(x_0, y)$ 在 $y = y_0$ 处的导数小于 0
   D. $f(x_0, y)$ 在 $y = y_0$ 处的导数不存在

2. 求内接于椭圆 $\dfrac{x^2}{3} + \dfrac{y^2}{4} = 1$ 的最大长方形的面积.

3. 求内接于半径为 R 的球体且有最大体积的长方体的边长.

C 学以致用

已知某制造商的生产函数 $f(x,y) = 100x^{\frac{3}{4}} y^{\frac{1}{4}}$，其中 x 代表劳动力的数量，y 代表资本数量，每个劳动力与每单位资本的成本分别为 150 元及 250 元，该制造商的总预算是 50 000 元，问该制造商应如何分配这笔钱用于雇用劳动力与资本，以使生产量最高.

第五节　二重积分

引例 5-5　工厂要加工一块三角形薄铁片，该铁片的图形由 $y = 0$，$y = x$，$x = 1$ 围成，密度函数为 $\rho = x^2 + y^2$，计算该铁片的质量.

前面在学习定积分时介绍过微元法，这里密度函数为二元函数，故先介绍二元函数的积分——二重积分.

一、二重积分的概念与性质

1. 曲顶柱体的体积

设有一立体，它的底面是 xOy 平面上的有界闭区域 D，侧面是以 D 的边界曲线为准线、母线平行于 z 轴的柱面，它的顶是由二元非负连续函数 $z = f(x,y)$ 所表示的曲面，这里 $f(x,y) \geq 0$ 且在 D 上连续，如图 5-5（a）所示，这种立体称为**曲顶柱体**. 试求其体积 V.

如果曲顶柱体的顶是与 xOy 平面平行的平面，也就是该柱顶的高度是不变的，那么它的体积可以用公式"体积 = 底面积 × 高"来计算. 现在柱体的顶是曲面 $z = f(x,y)$，当

自变量 (x,y) 在区域 D 上变动时，高度 $f(x,y)$ 是个变量，因此它的体积不能直接用上式计算．可采用类似求曲边梯形面积的方法来研究曲顶柱体的体积．

分割　将区域 D 分割成 n 个小区域（$\Delta\sigma_1$，$\Delta\sigma_2$，$\cdots$，$\Delta\sigma_n$），同时也用 $\Delta\sigma_i$（$i=1$，2，$\cdots$，n）表示第 i 个小区域的面积．以每个小区域的边界线为准线，以平行于 z 轴的直线为母线作柱面，这样就把给定的曲顶柱体分割成了 n 个小曲顶柱体．

近似　由于 $z=f(x,y)$ 是连续变化的，在每个小区域 $\Delta\sigma_i$ 上，各点高度变化不大，可以近似看作平顶柱体．并在 $\Delta\sigma_i$ 中任意取一点（ξ_i，η_i），把这点的高度 $f(\xi_i,\eta_i)$ 认为就是这个小平顶柱体的高度，如图 5–5（b）所示，所以第 i 个小曲顶柱体的体积的近似值为

$$\Delta V_i \approx f(\xi_i,\eta_i)\Delta\sigma_i\ (i=1,2,\cdots,n).$$

求和　将 n 个小曲顶柱体体积的近似值相加，得到所求曲顶柱体体积的近似值 $V=\sum_{i=1}^{n}\Delta V_i \approx \sum_{i=1}^{n}f(\xi_i,\eta_i)\Delta\sigma_i$．

取极限　区域 D 分割得越细密，上式右端的和式越接近体积 V．令 n 个小区域的最大直径 $\lambda\to 0$，则上述和式的极限值就是曲顶柱体的体积 V，即 $V=\lim\limits_{\lambda\to 0}\sum_{i=1}^{n}f(\xi_i,\eta_i)\Delta\sigma_i$．

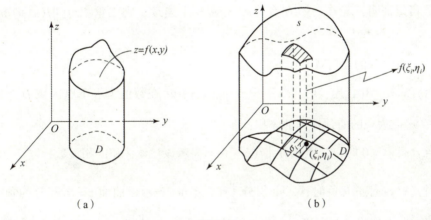

图 5–5

许多实际问题都可按以上做法归结为和式 $\sum_{i=1}^{n}f(\xi_i,\eta_i)\Delta\sigma_i$ 的极限．剔除具体问题的实际意义，可从这类问题抽象概括出它们的共同数学本质，得出二重积分的定义．

定义 5–14　设函数 $z=f(x,y)$ 是定义在有界闭区域 D 上的有界函数，将闭区域 D 任意分割成个 n 小区域 $\Delta\sigma_i$（$i=1,2,\cdots,n$），同时它也表示其面积，在每个小区域 $\Delta\sigma_i$ 上任取一点（ξ_i，η_i），作和 $\sum_{i=1}^{n}f(\xi_i,\eta_i)\Delta\sigma_i$，如果当各个小区域的直径的最大值 λ 趋于零时，上式和的极限存在，且此极限与区域 D 的分割方法以及点（ξ_i，η_i）的取法无关，则称此极限为函数 $z=f(x,y)$ 在闭区域 D 上的**二重积分**，记作 $\iint\limits_{D}f(x,y)\mathrm{d}\sigma$，即

$$\iint_D f(x,y)\,d\sigma = \lim_{\lambda \to 0} \sum_{i=1}^{n} f(\xi_i, \eta_i) \Delta \sigma_i.$$

其中 $f(x,y)$ 叫作**被积函数**，$f(x,y)d\sigma$ 叫作**积分表达式**，$d\sigma$ 叫作**面积微元**，D 称为**积分区域**，x，y 为**积分变量**.

关于定义 5-14 的几点说明如下.

(1) 这里积分和的极限是否存在与区域 D 分成小区域 $\Delta \sigma_i$ 的分法和点 (x_i, y_i) 的取法无关.

当 $z = f(x,y)$ 在区域 D 上可积时，常采用特殊的分割方式和取特殊的点来计算二重积分. 在平面直角坐标系中，常用分别平行于 x 轴和 y 轴的两组直线来分割积分区域 D，这样小区域 $\Delta \sigma_i$ 都是小矩形（图 5-6）. 这时小区域 $\Delta \sigma_i = \Delta x_i \cdot \Delta y_i$，因此面积元素为 $d\sigma = dxdy$，在直角坐标系下

$$\iint_D f(x,y)\,d\sigma = \iint_D f(x,y)\,dxdy.$$

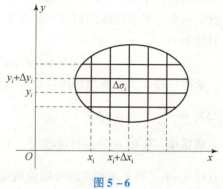

图 5-6

(2) 可以证明，若 $f(x,y)$ 在有界闭区域 D 上连续，则二重积分 $\iint_D f(x,y)\,d\sigma$ 一定存在.

(3) 二重积分的几何意义如下.

①当 $f(x,y) \geq 0$ 且连续时，二重积分 $\iint_D f(x,y)\,d\sigma$ 在数值上等于以区域 D 为底，以曲面 $z = f(x,y)$ 为顶的曲顶柱体的体积；

②当 $f(x,y) \leq 0$ 时，二重积分 $\iint_D f(x,y)\,d\sigma$ 表示该柱体体积的相反数；

③当 $f(x,y)$ 有正有负时，二重积分 $\iint_D f(x,y)\,d\sigma$ 表示以曲面 $z = f(x,y)$ 为顶，以 D 为底的被 xOy 面分成的上方和下方的曲顶柱体体积的代数和.

特别地，当 $f(x,y) = 1$ 时，$\iint_D f(x,y)\,d\sigma = \iint_D d\sigma$ 表示区域 D 的面积，即 $\iint_D d\sigma = \sigma$.

2. 二重积分的性质

由于二重积分和定积分本质都是和式的极限，所以它们有相似的性质，下面给出二重积分的基本性质.

性质 5-1 被积函数中的常数因子可以提到二重积分号前面，即

$$\iint_D kf(x,y)\,d\sigma = k\iint_D f(x,y)\,d\sigma.$$

性质 5-2 函数和或差的二重积分等于各个函数二重积分的和或差，即

$$\iint_D [f(x,y) \pm g(x,y)]\,d\sigma = \iint_D f(x,y)\,d\sigma \pm \iint_D g(x,y)\,d\sigma.$$

性质 5-3 如果积分区域 D 被分成两个子区域 D_1，D_2，则在 D 上的二重积分等于

各个子区域 D_1,D_2 上二重积分的和,即

$$\iint_D f(x,y)\,d\sigma = \iint_{D_1} f(x,y)\,d\sigma + \iint_{D_2} f(x,y)\,d\sigma.$$

二、平面直角坐标系下二重积分的计算

用和式的极限来计算二重积分是非常困难的,所以需要寻求一种实际可行的方法来计算二重积分,下面介绍在平面直角坐标系下和极坐标系下将二重积分化为两次积分的计算方法.

平面直角坐标系下
二重积分的计算

在平面直角坐标系下计算二重积分的方法是把二重积分化为二次积分. 首先画出积分区域,找出积分区域中 x 的最小值和最大值,并将其擦去,则积分区域的边界上只剩下两条"线". 上面一条线为 $y = \varphi_2(x)$,下面一条线为 $y = \varphi_1(x)$,如图 5-7 所示,则 y 的取值就是从 $\varphi_1(x)$ 到 $\varphi_2(x)$,即

$$\iint_D f(x,y)\,dxdy = \int_a^b dx \int_{\varphi_1(x)}^{\varphi_2(x)} f(x,y)\,dy.$$

这样二重积分就可以通过求两次定积分来计算,第一次计算积分 $\int_{\varphi_1(x)}^{\varphi_2(x)} f(x,y)\,dy$,把 x 看作常数,y 是积分变量;第二次积分时,x 是积分变量. 这种方法称为先对 y 后对 x 的二次积分.

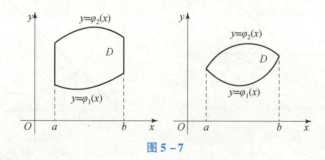

图 5-7

同样,也可找出图形中 y 的最小值和最大值,并将其擦去,则图形的边界上只剩下两条"线". 右面一条线为 $x = \varphi_2(y)$,左面一条线为 $x = \varphi_1(y)$,如图 5-8 所示,则 x 的取值范围就是从 $\varphi_1(y)$ 到 $\varphi_2(y)$,从而有 $\iint_D f(x,y)\,dxdy = \int_c^d \left[\int_{\varphi_1(y)}^{\varphi_2(y)} f(x,y)\,dx \right] dy$,即将二重积分化为先对 x 后对 y 的二次积分.

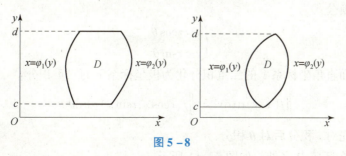

图 5-8

例 5 – 16 计算二重积分 $\iint_D (x^2+y^2-y)\mathrm{d}x\mathrm{d}y$，其中区域 D 为由 $y=x$，$y=\dfrac{x}{2}$，$y=2$ 围成的区域.

解 先画出区域 D 的图形，如图 5 – 9 所示.

$$\iint_D (x^2+y^2-y)\mathrm{d}x\mathrm{d}y = \int_0^2 \mathrm{d}y\int_y^{2y}(x^2+y^2-y)\mathrm{d}x = \int_0^2\left[\dfrac{1}{3}x^3+x(y^2-y)\right]\Big|_y^{2y}\mathrm{d}y$$

$$= \int_0^2\left(\dfrac{10}{3}y^3-y^2\right)\mathrm{d}y = \left[\dfrac{10}{12}y^4-\dfrac{1}{3}y^3\right]\Big|_0^2 = \dfrac{32}{3}.$$

此题若先对 y 积分后对 x 积分须分块考虑，计算较麻烦.

例 5 – 17 计算二重积分 $\iint_D \dfrac{x^2}{y^2}\mathrm{d}x\mathrm{d}y$，其中区域 D 为由 $x=2$，$y=x$，$xy=1$ 围成的区域.

解 先画出积分区域 D 的图形，如图 5 – 10 所示.

$$\iint_D \dfrac{x^2}{y^2}\mathrm{d}x\mathrm{d}y = \int_1^2\mathrm{d}x\int_{\frac{1}{x}}^x \dfrac{x^2}{y^2}\mathrm{d}y = \int_1^2\left[x^2\left(-\dfrac{1}{y}\right)\right]\Big|_{\frac{1}{x}}^x \mathrm{d}x = \int_1^2 (x^3-x)\mathrm{d}x = \dfrac{9}{4}.$$

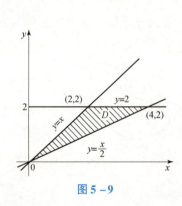

图 5 – 9

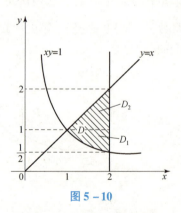

图 5 – 10

如果化为先对 x 后对 y 的二次积分计算比较麻烦，因为积分区域要分成两个.

*三、极坐标系下二重积分的计算

在计算二重积分时，如果被积函数或积分区域边界曲线和圆有关，则考虑在极坐标系下进行计算.

极坐标变换公式为

$$\begin{cases} x=r\cos\theta \\ y=r\sin\theta \end{cases}$$

可以把平面直角坐标系下的二重积分化为极坐标系下的二重积分：

$$\iint_D f(x,y)\mathrm{d}x\mathrm{d}y = \iint_D f(r\cos x,r\sin x)r\mathrm{d}r\mathrm{d}\theta.$$

通常都是先对 r 积分后对 θ 积分.

(1) 极点在区域 D 之外，如图 5 – 11 所示.

这时闭区域 D 可表示为 $r_1(\theta) \leq r \leq r_2(\theta)$，$\alpha \leq \theta \leq \beta$，则有

$$\iint\limits_{D} f(x,y)\,dxdy = \int_{\alpha}^{\beta} d\theta \int_{r_1(\theta)}^{r_2(\theta)} f(r\cos x, r\sin x)\,rdr.$$

(2) 极点在区域 D 边界上，如图 5-12 所示．

这时闭区域 D 可表示为 $0 \leq r \leq r(\theta)$，$\alpha \leq \theta \leq \beta$，则有

$$\iint\limits_{D} f(x,y)\,dxdy = \int_{\alpha}^{\beta} d\theta \int_{0}^{r(\theta)} f(r\cos x, r\sin x)\,rdr.$$

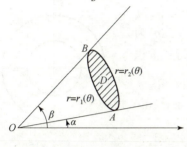

图 5-11

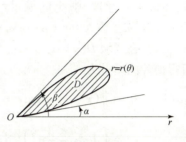

图 5-12

(3) 极点在区域 D 内部，如图 5-13 所示．

这时闭区域 D 可表示为 $0 \leq r \leq r(\theta)$，$0 \leq \theta \leq 2\pi$，则有

$$\iint\limits_{D} f(x,y)\,dxdy = \int_{0}^{2\pi} d\theta \int_{0}^{r(\theta)} f(r\cos x, r\sin x)\,rdr.$$

例 5-18 计算 $\iint\limits_{D}(1-x^2-y^2)\,d\sigma$，其中 D 是圆形区域 $x^2+y^2 \leq 1$．

解 先画出积分区域 D 的图形，如图 5-14 所示．

区域 D 的极坐标表示为 $0 \leq r \leq 1$，$0 \leq \theta \leq 2\pi$，从而

$$\iint\limits_{D}(1-x^2-y^2)\,d\sigma = \int_{0}^{2\pi} d\theta \int_{0}^{1}(1-r^2)\,rdr$$

$$= 2\pi\left[\frac{1}{2}r^2 - \frac{1}{4}r^4\right]\Big|_{0}^{1} = \frac{\pi}{2}.$$

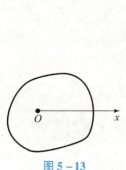

图 5-13

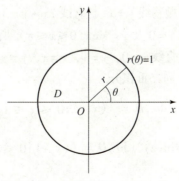

图 5-14

例 5-19 计算 $\iint\limits_{D}\sqrt{x^2+y^2}\,d\sigma$，其中 D 是环形区域 $a^2 \leq x^2+y^2 \leq b^2$．

解 先画出积分区域 D 的图形,如图 5-15 所示,区域 D 的极坐标表示为 $a \leqslant r \leqslant b$, $0 \leqslant \theta \leqslant 2\pi$,从而

$$\iint_D \sqrt{x^2+y^2}\,\mathrm{d}\sigma = \int_0^{2\pi}\mathrm{d}\theta \int_a^b r^2\,\mathrm{d}r = \int_0^{2\pi}\left(\frac{1}{3}r^3\right)\bigg|_a^b \mathrm{d}\theta = \int_0^{2\pi} \frac{1}{3}(b^3-a^3)\,\mathrm{d}\theta$$

$$= \left[\frac{1}{3}(b^3-a^3)\theta\right]\bigg|_0^{2\pi} = \frac{2\pi}{3}(b^3-a^3).$$

引例 5-5 解析 任取一直径很小的区域 $\mathrm{d}\sigma$,在 $\mathrm{d}\sigma$ 内任取一点 (x,y),则小区域 $\mathrm{d}\sigma$ 的质量 Δm 近似为 $\rho(x,y)\mathrm{d}\sigma$,即质量微元 $\mathrm{d}m = \rho(x,y)\mathrm{d}\sigma$,以 $\rho(x,y)\mathrm{d}\sigma$ 为被积表达式,在区域 $D(y=0,\ y=x,\ x=1)$ 上进行二重积分,可得薄片的质量为

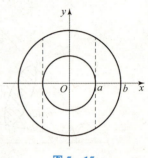

图 5-15

$$m = \iint_D \rho(x,y)\,\mathrm{d}\sigma = \iint_D (x^2+y^2)\,\mathrm{d}x\mathrm{d}y = \int_0^1 \mathrm{d}x \int_0^x (x^2+y^2)\,\mathrm{d}y$$

$$= \int_0^1 \left(x^2 y + \frac{1}{3}y^3\right)\bigg|_0^x \mathrm{d}x = \int_0^1 \frac{4}{3}x^3\,\mathrm{d}x = \frac{1}{3},$$

即该薄片的质量为 $\frac{1}{3}$.

习题 5-5

A 知识巩固

1. 用二重积分表示下列立体的体积.

   (1) 上半球体:$\{(x,y,z)\,|\,x^2+y^2+z^2 \leqslant R^2; z \geqslant 0\}$;

   (2) 由抛物面 $z = 2-x^2-y^2$,柱面 $x^2+y^2=1$ 及 xOy 平面所围成的立体.

2. 画出下列各题中给出的区域 D,并将二重积分 $\iint_D f(x,y)\,\mathrm{d}\sigma$ 化为两种次序不同的二次积分.

   (1) D 由曲线 $y=\ln x$,直线 $x=2$ 及 x 轴所围成;

   (2) D 由抛物线 $y=x^2$ 与直线 $2x+y=3$ 所围成;

   (3) D 由 $y=0$ 及 $y=\sin x(0 \leqslant x \leqslant \pi)$ 所围成;

   (4) D 由直线 $y=0$,$y=1$,$y=x$,$y=x-2$ 所围成.

3. 计算下列二重积分.

   (1) $\iint_D xy\mathrm{e}^{xy^2}\,\mathrm{d}\sigma,\ D=\{(x,y)\,|\,0 \leqslant x \leqslant 1, 0 \leqslant y \leqslant 1\}$;

   (2) $\iint_D x^2 y\sin(xy^2)\,\mathrm{d}\sigma,\ D=\left\{(x,y)\,\bigg|\,0 \leqslant x \leqslant \frac{\pi}{2}, 0 \leqslant y \leqslant 2\right\}$;

   (3) $\iint_D xy\,\mathrm{d}x\mathrm{d}y,\ D$ 由抛物线 $y^2=x$ 与直线 $y=x-2$ 所围成;

   (4) $\iint_D \sin\left(\frac{x}{y}\right)\mathrm{d}\sigma,\ D$ 由直线 $y=x$,$y=2$ 和曲线 $x=y^3$ 所围成.

B 能力提升

1. 已知 $I_1 = \iint\limits_D \ln(x+y)\,d\sigma$,$I_2 = \iint\limits_D [\ln(x+y)]^2\,d\sigma$,其中 D 是三角形闭区域,三个顶点分别是 $(1,0)$,$(1,1)$,$(2,0)$,则 _____.

   A. $I_1 > I_2$　　　　B. $I_1 \leqslant I_2$　　　　C. $I_1 < I_2$　　　　D. $I_1 = I_2$

2. 设 $f(x,y)$ 是连续函数,试求极限:$\lim\limits_{r \to 0^+} \dfrac{1}{\pi r^2} \iint\limits_{x^2+y^2 \leqslant r^2} f(x,y)\,d\sigma$.

3. 计算 $\iint\limits_D 6x^2 e^{1-y^2}\,dxdy$,其中 D 是以 $(0,0)$,$(1,1)$,$(0,1)$ 为顶点的三角形.

4. 利用极坐标化二重积分 $\iint\limits_D f(x,y)\,d\sigma$ 为二次积分,其中积分区域 D 如下.

   (1) $D: x^2 + y^2 \leqslant ax$ $(a > 0)$;　　　　(2) $D: 1 \leqslant x^2 + y^2 \leqslant 4$;

   (3) $D: 0 \leqslant x \leqslant 1, 0 \leqslant y \leqslant 1-x$;　　　　(4) $D: x^2 + y^2 \leqslant 2(x+y)$;

   (5) $D: 2x \leqslant x^2 + y^2 \leqslant 4$.

C 学以致用

设有一颗地球同步轨道通信卫星,距地面的高度为 $h = 36\,000$ km,运行的角速度与地球自转的角速度相同. 试计算该通信卫星的覆盖面积与地球表面积的比值(地球半径 $R = 6\,400$ km).

【数学文化】

拉格朗日(Joseph – Louis Lagrange,1736—1813 年,图 5 – 16)全名为约瑟夫·路易斯·拉格朗日,法国著名数学家、物理学家. 拉格朗日于 1736 年 1 月 25 日生于意大利都灵,于 1813 年 4 月 10 日卒于巴黎. 他在数学、力学和天文学三个学科领域中都有历史性的贡献,其中尤以数学方面的成就最为突出. 拿破仑曾称赞他是"一座高耸在数学界的金字塔".

图 5 – 16

拉格朗日科学研究所涉及的领域极其广泛. 他在数学上最突出的贡献是使数学分析与几何与力学脱离开来,使数学的独立性更为清楚,从此数学不仅是其他学科的工具. 拉格朗日总结了 18 世纪的数学成果,同时又为 19 世纪的数学研究开辟了道路,堪称法国最杰出的数学大师. 同时,他的关于月球运动(三体问题)、行星运动、轨道计算、两个不动中心问题、流体力学等方面的成果,在使天文学力学化、使力学分析化方面也起到了历史性的作用,促进了力学和天体力学的进一步发展,成为这些领域的开创性或奠基性研究.

在柏林工作的前十年,拉格朗日把大量时间花在代数方程和超越方程的解法上,做出了有价值的贡献,推动一代数学的发展. 他提交给柏林科学院两篇著名的论文:《关于解数值方程》和《关于方程的代数解法的研究》. 他把前人解三、四次代数方程的各种解法总结为一套标准方法,即把方程化为低一次的方程(称为辅助方程或预解式)求解.

拉格朗日也是分析力学的创立者. 拉格朗日在其名著《分析力学》中, 在总结历史上各种力学基本原理的基础上, 发展达朗贝尔、欧拉等人的研究成果, 引入了势和等势面的概念, 进一步把数学分析应用于质点和刚体力学, 提出了运用于静力学和动力学的普遍方程, 引进广义坐标的概念, 建立了拉格朗日方程, 把力学体系的运动方程从以力为基本概念的牛顿形式, 改变为以能量为基本概念的分析力学形式, 奠定了分析力学的基础, 为把力学理论推广应用到物理学其他领域开辟了道路.

拉格朗日还给出刚体在重力作用下绕旋转对称轴上的定点转动（拉格朗日陀螺）的欧拉动力学方程的解, 对三体问题的求解方法有重要贡献, 解决了限制性三体运动的定型问题. 拉格朗日对流体运动的理论也有重要贡献, 提出了描述流体运动的拉格朗日方法.

拉格朗日的研究工作中, 约有一半同天体力学有关. 拉格朗日用自己在分析力学中的原理和公式, 建立起各类天体的运动方程. 在天体运动方程的解法中, 拉格朗日发现了三体问题运动方程的五个特解, 即拉格朗日平动解. 此外, 他还研究了彗星和小行星的摄动问题, 提出了彗星起源假说等.

近百余年来, 数学领域的许多新成就都可以直接或间接地溯源于拉格朗日的工作, 所以他在数学史上被认为是对分析数学的发展产生全面影响的数学家之一.

复习题五

一、选择题.

1. 极限 $\lim\limits_{\substack{x\to 0 \\ y\to 0}} \dfrac{x^2 y}{x^4 + y^2} = $（　　）.

   A. 等于 0　　　　　　　　　　　　　　B. 不存在

   C. 等于 $\dfrac{1}{2}$　　　　　　　　　　　D. 存在且不等于 $\dfrac{1}{2}$

2. 设函数 $f(x,y) = \begin{cases} x\sin\dfrac{1}{y} + y\sin\dfrac{1}{x}, & xy \neq 0 \\ 0, & xy = 0 \end{cases}$, 则极限 $\lim\limits_{\substack{x\to 0 \\ y\to 0}} f(x, y) = $（　　）.

   A. 不存在　　　　　　　　　　　　　　B. 等于 1

   C. 等于 0　　　　　　　　　　　　　　D. 等于 2

3. 设函数 $f(x,y) = \begin{cases} \dfrac{xy}{\sqrt{x^2 + y^2}}, & x^2 + y^2 \neq 0 \\ 0, & x^2 + y^2 = 0 \end{cases}$, 则 $f(x,y) = $（　　）.

   A. 处处连续　　　　　　　　　　　　　B. 处处有极限, 但不连续

   C. 仅在点 (0, 0) 连续　　　　　　　　　D. 除点 (0, 0) 外处处连续

4. 函数 $z = f(x,y)$ 在点 (x_0, y_0) 处具有偏导数是它在该点存在全微分的（　　）条件.

   A. 必要非充分　　　　　　　　　　　　B. 充分非必要

   C. 充要　　　　　　　　　　　　　　　D. 既非充分又非必要

5. 设 $u = \arctan \dfrac{y}{x}$，则 $\dfrac{\partial u}{\partial x} =$ （　　）.

A. $\dfrac{x}{x^2 + y^2}$　　　B. $-\dfrac{y}{x^2 + y^2}$　　　C. $\dfrac{y}{x^2 + y^2}$　　　D. $\dfrac{-x}{x^2 + y^2}$

6. 设 $f(x,y) = \arcsin\sqrt{\dfrac{y}{x}}$，则 $f_x(2,1) =$ （　　）.

A. $-\dfrac{1}{4}$　　　B. $\dfrac{1}{4}$　　　C. $-\dfrac{1}{2}$　　　D. $\dfrac{1}{2}$

7. 设 $z = \arctan \dfrac{x}{y}$，$x = u + v$，$y = u - v$，则 $z_u + z_v =$ （　　）.

A. $\dfrac{u-v}{u^2 - v^2}$　　　　　　　　　　B. $\dfrac{v-u}{u^2 - v^2}$

C. $\dfrac{u-v}{u^2 + v^2}$　　　　　　　　　　D. $\dfrac{v-u}{u^2 + v^2}$

8. 设 $z = y^x$，则 $\left(\dfrac{\partial z}{\partial x} + \dfrac{\partial z}{\partial y}\right)_{(2,1)} =$ （　　）.

A. 2　　　　　　B. $1 + \ln 2$　　　　　　C. 0　　　　　　D. 1

9. 设函数 $z = 1 - \sqrt{x^2 + y^2}$，则点 $(0,0)$ 是函数 z 的（　　）.

A. 极大值点但非最大值点　　　　　B. 极大值点且是最大值点
C. 极小值点但非最小值点　　　　　D. 极小值点且是最小值点

10. 函数 $f(x,y,z) = z - 2$ 在 $4x^2 + 2y^2 + z^2 = 1$ 条件下的极大值是（　　）.

A. 1　　　　　　B. 0　　　　　　C. -1　　　　　　D. -2

二、填空题.

1. 极限 $\lim\limits_{\substack{x \to 0 \\ y \to \pi}} \dfrac{\sin(xy)}{x} =$ _____.

2. 极限 $\lim\limits_{\substack{x \to 0 \\ y \to 1}} \dfrac{\ln(y + e^{x^2})}{\sqrt{x^2 + y^2}} =$ _____.

3. 函数 $z = \sqrt{\ln(x+y)}$ 的定义域为 _____.

4. 函数 $z = \dfrac{\arcsin x}{y}$ 的定义域为 _____.

5. 设函数 $f(x,y) = x^2 + y^2 + xy\ln\left(\dfrac{y}{x}\right)$，则 $f(kx, ky) =$ _____.

6. 设函数 $f(x,y) = \dfrac{xy}{x+y}$，则 $f(x+y, x-y) =$ _____.

7. 设 $f(x,y) = \begin{cases} \dfrac{\tan(x^2 + y^2)}{x^2 + y^2}, & (x,y) \neq (0,0) \\ A, & (x,y) = (0,0) \end{cases}$，要使 $f(x,y)$ 在 $(0,0)$ 处连续，

则 $A =$ _____.

8. 函数 $z = \dfrac{x^2 + y^2}{x - 1}$ 的间断点是_____.

9. 设 $z = \sin(3x - y) + y$，则 $\dfrac{\partial z}{\partial x}\bigg|_{\substack{x=2 \\ y=1}} = $ _____.

10. 设 $f(x,y) = \sqrt{x^2 + y^2}$，则 $f_y(0,1) = $ _____.

11. 设 $u = \dfrac{x}{\sqrt{x^2 + y^2}}$，则在极坐标系下，$\dfrac{\partial u}{\partial r} = $ _____.

12. 设 $u = xy + \dfrac{y}{x}$，则 $\dfrac{\partial^2 u}{\partial x^2} = $ _____.

13. 设 $u = x\ln xy$，则 $\dfrac{\partial^2 u}{\partial x \partial y} = $ _____.

14. 函数 $y = y(x)$ 由 $1 + x^2 y = e^y$ 所确定，则 $\dfrac{dy}{dx} = $ _____.

15. 设函数 $z = z(x,y)$ 由方程 $xy^2 z = x + y + z$ 所确定，则 $\dfrac{\partial z}{\partial y} = $ _____.

16. 函数 $z = 2x^2 - 3y^2 - 4x - 6y - 1$ 的驻点是_____.

17. 若函数 $f(x,y) = x^2 + 2xy + 3y^2 + ax + by + 6$ 在点（1，-1）处取得极值，则常数 $a = $ _____，$b = $ _____.

18. 函数 $f(x,y,z) = -2x^2$ 在 $x^2 - y^2 - 2z^2 = 2$ 条件下的极大值是_____.

19. 由抛物面 $z = 2 - x^2 - y^2$，柱面 $x^2 + y^2 = 1$ 及 xOy 平面所围成的空间立体的体积可用二重积分表示为_____.

20. 二重积分 $\iint\limits_{D} f(x,y) d\sigma$（$D$ 由曲线 $y = \ln x$，直线 $x = 2$ 及 x 轴所围成）可化为两种次序不同的二次积分_____.

三、计算题.

1. 求下列二元函数的定义域，并绘出定义域的图形.

（1）$z = \sqrt{1 - x^2 - y^2}$；　　（2）$z = \dfrac{1}{\ln(x + y)}$；　　（3）$z = \ln(xy - 1)$.

2. 求极限.

（1）$\lim\limits_{\substack{x \to 0 \\ y \to 0}} \dfrac{y\sin 2x}{\sqrt{xy + 1} - 1}$；　　（2）$\lim\limits_{\substack{x \to 0 \\ y \to 0}} \dfrac{1 - \sqrt{x^2 y + 1}}{x^3 y^2} \sin(xy)$；　　（3）$\lim\limits_{\substack{x \to 0 \\ y \to 0}} \dfrac{xy e^x}{4 - \sqrt{16 + xy}}$.

3. 设 $u = x\sin y + y\cos x$，求 u_x，u_y.

4. 设 $z = xe^y + ye^{-x}$，求 z_x，z_y.

5. 设函数 $z = z(x,y)$ 由 $yz + zx + xy = 3$ 所确定，试求 $\dfrac{\partial z}{\partial x}$，$\dfrac{\partial z}{\partial y}$（其中 $x + y \neq 0$）.

6. 求函数 $z = 2x^2 - 3xy + 2y^2 + 4x - 3y + 1$ 的极值.

7. 设 $z = e^{3x + 2y}$，而 $x = \cos t$，$y = t^2$，求 $\dfrac{dz}{dt}$.

8. 设 $z = y^x \ln(xy)$，求 $\dfrac{\partial z}{\partial x}$，$\dfrac{\partial z}{\partial y}$．

9. 求函数 $z = \ln(x^2 + y^2 + e^{xy})$ 的全微分．

10. 计算下列二重积分．

(1) $\iint\limits_{D} x\sin y\,d\sigma$，$D = \left\{(x,y) \mid 1 \leqslant x \leqslant 2, 0 \leqslant y \leqslant \dfrac{\pi}{2}\right\}$；

(2) $\iint\limits_{D} (xy^2 + e^{x+2y})\,d\sigma$，$D = \{(x,y) \mid -1 \leqslant x \leqslant 1, 0 \leqslant y \leqslant 1\}$；

(3) $\iint\limits_{D} x\,d\sigma$，$D = \{(x,y) \mid x^2 + y^2 \geqslant 2, x^2 + y^2 \leqslant 2x\}$；

(4) $\iint\limits_{D} \dfrac{x^2}{y^2}\,d\sigma$，$D$ 由曲线 $x = 2$，$y = x$，$xy = 1$ 所围成；

(5) $\iint\limits_{D} x\cos(x+y)\,dxdy$，$D$ 为以点 $(0, 0)$，$(\pi, 0)$，(π, π) 为顶点的三角形区域；

(6) $\iint\limits_{D} xy\,dxdy$，$D$ 由抛物线 $y^2 = x$ 与直线 $y = x - 2$ 所围成．

11. 利用极坐标计算下列二重积分．

(1) $\iint\limits_{D} \sqrt{R^2 - x^2 - y^2}\,dxdy$，$D$：$x^2 + y^2 \leqslant Rx$；

(2) $\iint\limits_{D} (x^2 + y^2)\,dxdy$，$D$：$(x^2 + y^2)^2 \leqslant a^2(x^2 - y^2)$；

(3) $\iint\limits_{D} \arctan\dfrac{y}{x}\,dxdy$，$D$：$1 \leqslant x^2 + y^2 \leqslant 4$，$y \geqslant 0$，$y \leqslant x$．

四、要造一个容积为 128 m^3 的长方体敞口水池，已知水池侧壁的单位造价是底部的 2 倍，问水池的尺寸应如何选择，方能使其造价最低？

第六章 线性规划初步

◇学前导读

线性规划是运筹学的重要分支之一,它是用于描述经济活动的一种常用方法,也是人们用于科学管理的一种数学方法. 自从 1947 年丹齐克(G. B. Dantzing)等人创立了这种方法以来,它已广泛应用于工农业生产、经济管理和交通运输等各项活动中. 本章简单介绍建立线性规划问题的数学模型和方法,及求仅有两个决策变量的线性规划问题的解的图解法.

◇知识结构图

本章知识结构图如图 6-0 所示.

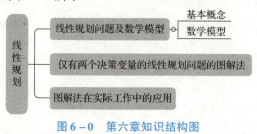

图 6-0 第六章知识结构图

◇学习目标与要求

(1) 了解线性规划问题,能给出线性规划问题的数学模型.
(2) 理解可行解与最优解的概念.
(3) 会用图解法解两个决策变量的线性规划问题的最优解.
(4) 了解图解法在实际工作中的应用.

第一节 线性规划问题及数学模型

引例 6-1 某中药厂用当归作原料制成当归丸与当归膏,生产 1 盒当归丸需要 5 个劳动工时,使用 2 kg 当归原料,销售后获得利润 160 元;生产 1 瓶当归膏需要 2 个劳动工时,使用 5 kg 当归原料,销售后获得利润 80 元. 该中药厂现在可供利用的劳动工时为 4 000 工时,可供使用的当归原料为 5 800 kg,为了避免当归原料存放时间过长而变质,要求把这 5 800 kg 当归原料都用掉. 问该中药厂应如何安排生产,才能使两种产品销售后获得的总利润最大?试给出数学模型.

第六章 线性规划初步

一、什么是线性规划问题

1. 问题的提出

在生产管理和经营活动中人们经常提出一类问题,即如何合理地利用有限的人力、物力、财力等资源,以得到最好的经济效果。首先考察下列问题.

例 6-1 某工厂计划生产甲、乙两种产品。已知生产单位产品所需的设备(台时)及 A、B 两种原材料消耗见表 6-1.

表 6-1

所需设备及原材料	甲产品	乙产品	消耗
设备	1	2	8 台时
原材料 A	4	0	16kg
原材料 B	0	4	12kg

生产甲产品每件获利 2 元,生产乙产品每件获利 3 元,问应如何安排计划使该工厂获利最大?

这个问题可以用下列数学模型来描述.

解 设 x_1、x_2 分别表示在计划内甲、乙产品的产量,因为设备的有效台时数是 8,所以在生产时要考虑到不要超过设备的有效台时数,即要满足不等式 $x_1 + 2x_2 \leq 8$.

同理,因原材料 A、B 的限量,又要满足以下不等式:

$$4x_1 \leq 16,$$
$$4x_2 \leq 12.$$

若用 z 表示利润,则 $z = 2x_1 + 3x_2$,于是该工厂在有限资源的限制条件下获得最大利润可表示如下.

目标函数 $\quad\quad\quad\quad\quad \max z = 2x_1 + 3x_2.$

满足的约束条件 $\quad\quad\quad x_1 + 2x_2 \leq 8,$
$$4x_1 \leq 16,$$
$$4x_2 \leq 12,$$
$$x_1 \geq 0, \quad x_2 \geq 0.$$

例 6-2 某两个煤场 A、B,每月分别进煤 60 t 和 100 t,它们担负着 3 个居民区的供煤任务,3 个居民区每月用煤量分别是 45 t、75 t、40 t,A 场到 3 个居民区的距离是 10 km、5 km、6 km,B 场到 3 个居民区的距离是 4 km、8 km、15 km,问如何分配两个煤场的供煤,才能使运输费用最少.

解 设 x_{ij} 表示第 i 个煤场向第 j 个居民区的供煤量,$i = 1, 2$,$j = 1, 2, 3$,因为两个煤场的供煤能力的限制,于是有 $x_{11} + x_{12} + x_{13} \leq 60$,$x_{21} + x_{22} + x_{23} \leq 100$,同时 3 个居民区的用煤量也是有限的,于是有 $x_{11} + x_{21} = 45$,$x_{12} + x_{22} = 75$,$x_{13} + x_{23} = 40$.

设运输费用为 S,则 $S = 10x_{11} + 5x_{12} + 6x_{13} + 4x_{21} + 8x_{22} + 15x_{23}$,于是在保证用煤的前提下最省的运输费用可表示如下.

目标函数 $\quad\min S = 10x_{11} + 5x_{12} + 6x_{13} + 4x_{21} + 8x_{22} + 15x_{23}.$

满足的约束条件
$$x_{11} + x_{12} + x_{13} \leq 60,$$
$$x_{21} + x_{22} + x_{23} \leq 100,$$
$$x_{11} + x_{21} = 45,$$
$$x_{12} + x_{22} = 75,$$
$$x_{13} + x_{33} = 40,$$
$$x_{ij} \geq 0, \quad i = 1, 2, \quad j = 1, 2, 3.$$

2. 基本概念

上面两个问题都是求一组变量最优解的问题,这组变量称为**决策变量**,而这些决策变量的**最优解**受到一些条件的约束,最优解是完全满足约束条件的最优解,于是在寻求这些问题的最优解之前,要找出最优解的表达式和这个最优解受到全部条件约束的表达式. 最优解的表达式和这个最优解受到的全部条件约束的表达式共同构成该问题的**数学模型**,其中最优解的表达式称为**目标函数**,最优解受到的全部条件约束的表达式称为**约束条件**.

把在一组线性等式或不等式的约束之下,求一个线性函数的最大值或最小值问题称为**线性规划问题**.

线性规划问题的数学模型包括两个部分:一是目标函数,二是约束条件. 目标函数是一个寻求"最佳"的有关量组成的一个线性关系式,在式前根据问题的意义冠以"max"或"min",表示求最大值或最小值. 约束条件是一组对目标函数达到"最佳"状态进行限制的条件不等式,一般记为 s.t 或用大括号括起来.

二、线性规划问题的数学模型

例 6-3 已知有一批长为 180 cm 的钢管,现需要 70 cm 长的不少于 100 根,52 cm 长的不少于 150 根,35 cm 长的不少于 100 根,经过试算已知有 8 种下料方法,问如何下料才能使边料最少?

线性规划应用模型举例

解 设 x_i 为第 i 种下料法所截得的钢管根数,列表如下(表 6-2).

表 6-2

规格/cm	截法								需要量/根
	x_1	x_2	x_3	x_4	x_5	x_6	x_7	x_8	
70	2	1	1	1	0	0	0	0	100
52	0	2	1	0	3	2	1	0	150
35	1	0	1	3	0	2	3	5	100
边料	5	6	23	5	24	6	23	5	—

设 f 为边料的总长,其数学模型为
$$\min f = 5x_1 + 6x_2 + 23x_3 + 5x_4 + 24x_5 + 6x_6 + 23x_7 + 5x_8.$$

$$\begin{cases} 2x_1 + x_2 + x_3 + x_4 \geqslant 100 \\ 2x_2 + x_3 + 3x_5 + 2x_6 + x_7 \geqslant 150 \\ x_1 + x_3 + 3x_4 + 2x_6 + 3x_7 + 5x_8 \geqslant 100 \\ x_1, x_2, \cdots, x_8 \geqslant 0 \end{cases}.$$

例 6-4 某河流域有两个化工厂（图 6-1），流经甲厂的流量为 500 万 m^3/天，甲厂与乙厂之间有一流量为 200 万 m^3/天的支流，甲厂每天排污 2 万 m^3，乙厂每天排污 1.4 万 m^3，从甲厂排出的污水流到乙厂前有 20% 自然净化．根据环保要求，河流中的污水含量不能超过 0.2%。这两个工厂要各自处理一部分工业污水，甲厂的成本是 1 000 元/万 m^3，乙厂的成本是 800 元/万 m^3．问在满足环保要求的前提下，两厂要处理多少工业污水才能使总费用最少？

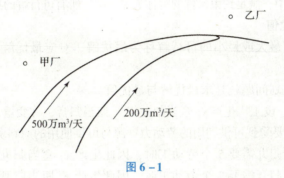

图 6-1

解 设两厂各自处理 x_i 万 m^3 工业污水时费用最少，$i = 1, 2$．

甲厂到乙厂之间，河流中的含污量不能超过 0.2%，则有 $(2 - x_1)/500 \leqslant 0.002$．

流经乙厂后，河流中的含污量不能超过 0.2%，则有 $[0.8(2 - x_1) + (1.4 - x_2)]/700 \leqslant 0.002$．

两厂的污水量不会超过各自的排放量，则有 $x_1 \leqslant 2$，$x_2 \leqslant 1.4$．

两厂处理污水的总费用为 $z = 1000x_1 + 800x_2$，则该问题的数学模型为

$$\min z = 1000x_1 + 800x_2,$$

$$\begin{cases} x_1 \geqslant 1 \\ 0.8x_1 + x_2 \geqslant 1.6 \\ x_1 \leqslant 2 \\ x_2 \leqslant 1.4 \\ x_1, x_2 \geqslant 0 \end{cases}.$$

总结：从上面的实例中可以看出，这些问题有一些共同特征．

(1) 每个问题都有由一组决策变量表示的方案，一般这些决策变量的取值都是非负的；

(2) 存在一些约束条件，这些约束条件可以用一组线性的等式或不等式来表示；

(3) 都有一个要求达到的目标，可用决策变量的线性函数来表示目标函数．

一般地，线性规划问题的数学模型可表为

目标函数

$$\max(\min) z = c_1 x_1 + c_2 x_2 + \cdots + c_n x_n.$$

满足约束条件

$$\begin{cases} a_{11} x_1 + a_{12} x_2 + \cdots + a_{1n} x_n \leqslant (=, \geqslant) b_1 \\ a_{21} x_1 + a_{22} x_2 + \cdots + a_{2n} x_n \leqslant (=, \geqslant) b_2 \\ \cdots\cdots\cdots\cdots \\ a_{n1} x_1 + a_{n2} x_2 + \cdots + a_{nn} x_n \leqslant (=, \geqslant) b_n \\ x_1, x_2, \cdots, x_n \geqslant 0 \end{cases}.$$

三、线性规划的解

1. 可行解与可行解集

在线性规划问题中，满足约束条件的解称为可行解，所有可行解的集合称为可行解集.

2. 最优解与最优值

使目标函数达到最大或最小的可行解称为**最优解**，对应最优解的目标函数值称为**最优值**.

当然，解线性规划问题就是求最优解与最优值.

引例 6-1 解析 设工厂生产 x_1 盒当归丸与 x_2 瓶当归膏，称变量 x_1，x_2 为决策变量，它们不能任意取值，要受到可供利用的劳动力资源与可供使用的原料资源数量的限制.

由于生产 1 盒当归丸需要 5 个劳动工时，因此生产 x_1 盒当归丸需要 $5x_1$ 个劳动工时；由于生产 1 瓶当归膏需要 2 个劳动工时，因此生产 x_2 瓶当归膏需要 $2x_2$ 个劳动工时. 这样，需要劳动工时的总量为 $(5x_1 + 2x_2)$ 个，它不能突破可供利用的 4 000 劳动工时，即

$$5x_1 + 2x_2 \leqslant 4\,000.$$

由于生产 1 盒当归丸需要使用 2 kg 当归原料，因此生产 x_1 盒当归丸需要 $2x_1$ kg 当归原料；由于生产 1 瓶当归膏需要使用 5 kg 当归原料，因此生产 x_2 瓶当归膏需要 $5x_2$ kg 当归原料. 这样使用当归原料的总量为 $(2x_1 + 5x_2)$ kg，考虑到现有的 5 800 kg 当归原料都用掉，于是使用的当归原料总量应为 5 800 kg，即

$$2x_1 + 5x_2 = 5\,800.$$

又考虑到决策变量 x_1 是盒数，决策变量 x_2 是瓶数，因此它们的取值只能是正整数或零，表示为

$$x_i \in N (i = 1, 2).$$

由于生产 1 盒当归丸销售后获得利润 160 元，因此生产 x_1 盒当归丸销售后获得利润 $160x_1$ 元；由于生产 1 瓶当归膏销售后获得利润 80 元，因此生产 x_2 瓶当归膏销售后获得利润 $80x_2$ 元. 两种产品销售后获的的总利润为

$$S = 160x_1 + 80x_2 (元)(目标函数).$$

上面的问题记作

$$\max S = 160x_1 + 80x_2,$$

$$\begin{cases} 5x_1 + 2x_2 \leqslant 4\,000 \\ 2x_1 + 5x_2 = 5\,800 \\ x_i \in N (i = 1, 2) \end{cases}.$$

习题 6-1

A 知识巩固

1. 写出下面的线性规划问题的数学模型. 某公司要将 A、B 两种成分的原料合成一种产品,该产品必须重 50 g,其中成分 A 不得少于 20 g,成分 B 不得多于 40 g, A 的成本是 2.5 元/g,B 的成本是 1 元/g. 求 A、B 的用量各为多少时可使成本最低?

2. 写出下面的线性规划问题的数学模型. 某合金厂用锡铅合金制作质量为 50 g 的产品,其中锡不少于 25 g,铅不多于 30 g,每克锡的成本为 0.8 元,每克铅的成本为 1.2 元. 求工厂应如何选择配比才能使成本最低?

3. 写出下面的线性规划问题的数学模型. 将长度为 300 cm 的条材截成长度为 90 cm 和 70 cm 的两种坯料,要求共截出 90 cm 的坯料 10 000 根,70 cm 的坯料 20 000 根. 试问如何截取才能使耗材最少?

B 能力提升

1. 写出下面的线性规划问题的数学模型. 某化工厂生产某种化工产品,每单位质量为 1 000 g,由 A,B,C 三种化学原料合成,其组成成分是单位产品中 A 不超过 300 g,B 不少于 150 g,C 不少于 200 g,而 A,B,C 的成本分别为 5 元、6 元、7 元. 试问如何配制此种化工产品才能使其成本最低?

2. 写出下面的线性规划问题的数学模型. 某仪器厂生产甲、乙、丙 3 种仪器. 每生产 1 台甲仪器耗时 7 小时加工,6 小时组装,每台售价为 30 000 元;每生产 1 台乙仪器耗时 8 小时加工,4 小时组装,每台售价为 25 000 元;每生产 1 台丙仪器耗时 5 小时加工,3 小时组装,每台售价为 18 000 元. 3 种仪器使用的原材料基本相同,每月可供加工时间为 2 000 小时,组装时间为 1 000 小时. 又根据市场预测,每月对甲仪器的需求不超过 200 台,对乙仪器的需求不超过 180 台,对丙仪器的需求不超过 300 台. 问如何安排生产才能使总产值最大?

3. 写出下面的线性规划问题的数学模型. 某工厂用甲、乙两种原料生产 A,B,C 三种型号的产品. 已知生产每 t A 产品需要甲原料 3 t、乙原料 1 t;生产每 t B 产品需要甲原料 1 t、乙原料 2 t;生产每 t C 产品需要乙原料 2 t、生产每 t A,B,C 产品可获利 3 000 元、5 000 元和 2 000 元,该工厂有 50 t 甲原料、60 t 乙原料,问如何安排生产才能使利润最大?

C 学以致用

线性规划方法用于解决什么类型的问题?在对线性规划问题给出数学模型后,如何求解?

第二节 仅有两个决策变量的线性规划问题的图解法

对于仅有两个决策变量的线性规划问题,可以用图解法来求解.图解法对于理解线性规划问题的性质和解的情况有一定的帮助,它也是线性规划的一般解法——单纯形法的基础.

用图解法解仅有两个决策变量的线性规划问题最优解的步骤如下.

步骤1:根据约束条件画出可行解集 E,即可行域;

步骤2:根据目标函数 S 的表达式画出目标直线 $S=0$,并标明目标函数值增加的方向;

步骤3:在可行解集 E 中,寻求符合要求的距离目标直线 $S=0$ 最远或最近的点,并求出该点的坐标.

下面通过例题来看一下如何用图解法求最优解.

例 6-5 用图解法求下面的线性规划问题的解.

$$\max z = 2x_1 + 3x_2,$$

$$\begin{cases} x_1 + 2x_2 \leqslant 8 \\ 4x_1 \leqslant 16 \\ 4x_2 \leqslant 12 \\ x_1 \geqslant 0, x_2 \geqslant 0 \end{cases}$$

用图解法解决线性规划问题

解 在以 x_1,x_2 为坐标轴的平面直角坐标系中,非负条件 $x_1, x_2 \geqslant 0$ 是指第一象限,约束条件 $x_1 + 2x_2 \leqslant 8$ 指以直线 $x_1 + 2x_2 = 8$ 为边界的左下半平面,$4x_1 \leqslant 16$ 指以直线 $4x_1 = 16$ 为边界的左半平面,$4x_2 \leqslant 12$ 指以直线 $4x_2 = 12$ 为边界的下平面,这样就形成了一个平面区域 $OABCD$,此时的平面区域称为可行域(图6-2),满足约束条件的可行解包括在其中.目标函数 $z = 2x_1 + 3x_2$ 可以看成以 z 为参数,以 $-\dfrac{2}{3}$ 为斜率的一族平行直线 $x_2 =$

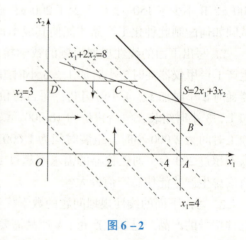

图 6-2

$-\dfrac{2}{3}x_1 + \dfrac{z}{3}$,位于同一直线上的点具有相同的目标函数,称它为"等值线",当 z 由小变大时,直线 $x_2 = -\dfrac{2}{3}x_1 + \dfrac{z}{3}$ 沿其法线方向向右上方移动,当移动到点 B 时,z 值在可行域边界上实现了最大化,这就得到了最优解.

点 B 是直线 $x_1 + 2x_2 = 8$ 与直线 $4x_1 = 16$ 的交点,坐标为 (4,2),于是

$$\max z = 2x_1 + 3x_2 = 2 \times 4 + 3 \times 2 = 14.$$

结论:由此例可以得出这样一个结论——一个线性规划问题的最优解如果存在,它必然在可行域的某个"顶点"处.

例 6 – 6 用图解法求下面的线性规划问题的解.

$$\min z = x_1 + 2x_2,$$
$$\begin{cases} x_1 - x_2 \geqslant -2 \\ x_1 + x_2 \geqslant 2 \\ x_1, x_2 \geqslant 0 \end{cases}.$$

解 在以 x_1,x_2 为坐标轴的平面直角坐标系中，画出直线 $x_1 - x_2 = -2$,$x_1 + x_2 = 2$,并确定 $x_1 - x_2 \geqslant -2$,$x_1 + x_2 \geqslant 2$,$x_1, x_2 \geqslant 0$ 四个半平面的重叠部分，得到可行域 ABCD（图 6 – 3），可以看出，它是一个无界域. 从图中可以看出 $x_2 = -\frac{1}{2}x_1 + \frac{z}{2}$ 平移至点 A 时离原点最近，在点 (2,0) 取得最小值 $z = 1 \times 2 + 2 \times 0 = 2$.

例 6 – 7 求解下面的线性规划问题.

$$\max z = 60x_1 + 30x_2,$$
$$\begin{cases} 2x_1 + x_2 \leqslant 80 \\ x_1 \geqslant 10 \\ x_2 \leqslant 40 \\ x_2 \geqslant 0 \end{cases}.$$

解 在以 x_1,x_2 为坐标轴的平面直角坐标系中，画出直线 $2x_1 + x_2 = 80$,$x_1 = 10$,$x_2 = 40$,

并确定 $2x_1 + x_2 \leqslant 80$,$x_1 \geqslant 10$,$x_2 \leqslant 40$,$x_2 \geqslant 0$ 四个半平面的重叠部分（图 6 – 4），得到可行域 ABCD.

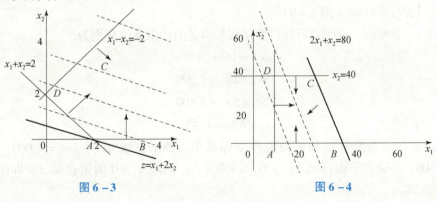

图 6 – 3   图 6 – 4

在可行域的"顶点"处取目标函数 $z = 60x_1 + 30x_2$ 的 z 的各参数 600,1 800,2 400,2 400,作目标函数的等值线，可以看出，目标函数的等值线当 $z = 2 400$ 时离原点最远，此时等值线与边界直线 $2x_1 + x_2 = 80$ 重合，这说明目标函数在可行域的边界 $2x_1 + x_2 = 80$ 上达到最大值，直线 $2x_1 + x_2 = 80$ 上点 B (40,0) 与点 C (20,40) 之间的任意点都是最优解，但最优值却是唯一的，不妨取 $x_1 = 40$,$x_2 = 0$,最优解为

$$\max z = 60x_1 + 30x_2 = 60 \times 40 + 30 \times 0 = 2 400.$$

例 6 – 8 用图解法求下面的线性规划问题的解.

$$\max z = x_1 + 2x_2,$$

$$\begin{cases} x_1 - x_2 \geq -2 \\ x_1 + x_2 \geq 2 \\ x_1, x_2 \geq 0 \end{cases}.$$

解 本例的约束条件同例 6-6，它的可行域（图 6-3）是一个无界区域，例 6-6 的目标函数是 $\min z = x_1 + 2x_2$，本例的目标函数是 $\max z = x_1 + 2x_2$.

从例 6-6 的图中可以看出目标函数的等值线是随 z 的增大而增大的，由于可行域右上方是无界的，因此此时目标函数值无上界，该线性规划问题没有最优解.

例 6-9 用图解法求下面的线性规划问题的解.

$$\min z = x_1 - 3x_2,$$

$$\begin{cases} x_1 - x_2 \geq 5 \\ x_1 \leq 2 \\ x_1, x_2 \geq 0 \end{cases}.$$

解 在以 x_1，x_2 为坐标轴的平面直角坐标系中，画出直线 $x_1 - x_2 = 5$，$x_1 = 2$，从图 6-5 中可以看出，同时满足约束条件 $x_1 - x_2 \geq 5$，$x_1 \leq 2$，$x_1, x_2 \geq 0$ 的点不存在，也就是说，该线性规划问题的可行域是空集，所以该线性规划问题没有可行解，当然也就没有最优解.

总结：从上面的线性规划问题的例子可以看出，线性规划问题的最优解有下列几种情况：
$$\begin{cases} \text{有可行解} \begin{cases} \text{有唯一最优解（例 6-5、例 6-6）} \\ \text{有无穷多最优解（例 6-7）} \\ \text{没有最优解（例 6-8）} \end{cases} \\ \text{没有可行解（例 6-9）} \end{cases}$$

引例 6-1 解析 由题意可知目标函数和满足的约束条件分别为

$$\max S = 160x_1 + 80x_2,$$

$$\begin{cases} 5x_1 + 2x_2 \leq 4\ 000 \\ 2x_1 + 5x_2 = 5\ 800 \\ x_i \in N(i=1,2) \end{cases}.$$

在以 x_1，x_2 为坐标轴的平面直角坐标系中，画出直线 $5x_1 + 2x_2 = 4\ 000$，$2x_1 + 5x_2 = 5\ 800$，并确定平面区域 $5x_1 + 2x_2 \leq 4\ 000$，$x_1 \geq 0$，$x_2 \geq 0$ 的重合部分，即图 6-6 中的线段 AB.

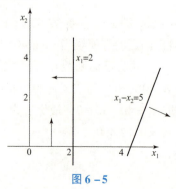

图 6-5

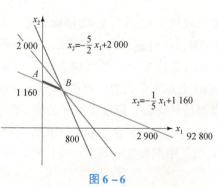

图 6-6

在可行域的"顶点"处取目标函数 $S=160x_1+80x_2$ 的 S 的各参数 92 800, 14 400, 作出目标函数的等值线,可以看出目标函数的等值线当 $S=92\,800$ 时距离原点最远. 因此当 x_1 为 400, x_2 为 1 000 时为最优值,最优解为

$$\max S = 160x_1 + 80x_2 = 160 \times 400 + 80 \times 1\,000$$
$$= 14\,400.$$

习题 6-2

A 知识巩固

1. 用图解法解下列线性规划问题.

$$\max z = -x_1 + x_2,$$
$$\begin{cases} -2x_1 + x_2 \leqslant 2 \\ x_1 + x_2 \geqslant 5 \\ x_1 \leqslant 5.5 \\ x_1, x_2 \geqslant 0 \end{cases}.$$

2. 用图解法解下列线性规划问题.

$$\max z = x_1 + 2x_2,$$
$$\begin{cases} x_1 + x_2 \leqslant 5 \\ x_1 - x_2 \leqslant -2 \\ x_1, x_2 \geqslant 0 \end{cases}.$$

B 能力提升

1. 用图解法解下列线性规划问题.

$$\max z = 3x_1 + 2x_2,$$
$$\begin{cases} x_1 + 2x_2 \geqslant 4 \\ x_1 - x_2 \geqslant 2 \\ x_1, x_2 \geqslant 0 \end{cases}.$$

2. 用图解法解下列线性规划问题.

$$\max z = 3x_1 + x_2,$$
$$\begin{cases} x_1 + x_2 \leqslant 4 \\ -x_1 + x_2 \leqslant 0 \\ 6x_1 + 2x_2 \leqslant 18 \\ x_1, x_2 \geqslant 0 \end{cases}.$$

3. 用图解法解下列线性规划问题.

$$\min z = -2x_1 + x_2,$$
$$\begin{cases} x_1 + x_2 \geqslant 1 \\ x_1 - 3x_2 \geqslant -3 \\ x_1, x_2 \geqslant 0 \end{cases}.$$

> **C** 学以致用

图解法是解只有两个决策变量的线性规划问题的很好的方法,但当问题出现三个及以上决策变量时,用图解法求解则是困难和不可能的. 那么解有三个及以上的决策变量的线性规划问题时用什么方法呢?

第三节　图解法在实际工作中的应用

引例 6-2　某农场配制自用饲料,每批自用饲料由 1 t 普通饲料搭配甲、乙两种谷类混合而成. 1 kg 甲种谷类含 2 g 微量元素 A、1 g 微量元素 B 及 1 g 微量元素 C,购买价格为 0.6 元;1 kg 乙种谷类含 1 g 微量元素 A、2 g 微量元素 B 及 1 g 微量元素 C,购买价格为 0.5 元. 现在规定每批自用饲料含微量元素 A 的最低量为 240 g,含微量元素 B 的最低量为 300 g,含微量元素 C 的最低量为 200 g. 问该农场应如何在 1 t 普通饲料中搭配甲、乙两种谷类,才能使每批自用饲料的成本最低?

图解法对于解仅有两个决策变量的线性规划问题是很方便的,它在实际工作中有着广泛的应用,其步骤如下.

步骤 1:根据实际背景建立数学模型;
步骤 2:应用图解法求得最优解.

图解法在实际工作中的应用

例 6-10　某元件厂生产甲、乙两种产品. 生产 1 件甲种产品需要在设备 A 上加工 2 小时,在设备 B 上加工 1 小时,销售后获得利润 40 元;生产 1 件乙种产品需要在设备 A 上加工 1 小时,在设备 B 上加工 2 小时,销售后获得利润 50 元. 元件厂每天可供利用的设备 A 加工工时为 120 小时,可供利用的设备 B 加工工时为 90 小时. 问元件厂每天应如何安排生产,才能使两种产品销售后获得的总利润最大?

解　设元件厂每天生产 x_1 件甲种产品与 x_2 件乙种产品,变量 x_1,x_2 即决策变量.

由于生产 1 件甲种产品需要在设备 A 上加工 2 小时,因此生产 x_1 件甲种产品需要在设备 A 上加工 $2x_1$ 小时;由于生产 1 件乙种产品需要在设备 A 上加工 1 小时,因此生产 x_2 件乙种产品需要在设备 A 上加工 x_2 小时. 这样,每天需要在设备 A 上加工工时的总量为 $(2x_1+x_2)$ 小时,它不能突破每天设备 A 可供利用的 120 小时加工工时,即
$$2x_1+x_2 \leqslant 120.$$

由于生产 1 件甲种产品需要在设备 B 上加工 1 小时,因此生产 x_1 件甲种产品需要在设备 B 上加工 x_1 小时;由于生产 1 件乙种产品需要在设备 B 上加工 2 小时,因此生产 x_2 件乙种产品需要在设备 B 上加工 $2x_2$ 小时. 这样,每天需要在设备 B 上加工工时的总量为 (x_1+2x_2) 小时,它不能突破每天设备 B 可供利用的 90 小时加工工时,即
$$x_1+2x_2 \leqslant 90.$$

又考虑到决策变量 x_1,x_2 都是件数,因此它们的取值只能是正整数或零,表示为
$$x_i \geqslant 0,\ 整数(i=1,2).$$

上面得到的线性不等式构成了约束条件.

由于 1 件甲种产品销售后获得利润 40 元，因此 x_1 件甲种产品销售后获得利润 $40x_1$ 元；由于 1 件乙种产品销售后获得利润 50 元，因此 x_2 件乙种产品销售后获得利润 $50x_2$ 元. 于是两种产品销售后获得的总利润为

$$S = 40x_1 + x_2 (元).$$

这个线性函数即目标函数，求它在约束条件下的最大值点即最优解.

经过上面的讨论，得到这个线性规划问题的数学模型为

$$\max S = 40x_1 + 50x_2,$$
$$\begin{cases} 2x_1 + x_2 \leqslant 120 \\ x_1 + 2x_2 \leqslant 90 \\ x_i \geqslant 0, 整数(i=1,2) \end{cases}.$$

应用图解法求解，首先在平面直角坐标系 x_1Ox_2 中画出直线

$$2x_1 + x_2 = 120.$$

容易看出原点的坐标（0，0）满足不等式 $2x_1 + x_2 < 120$，因此直线 $2x_1 + x_2 = 120$ 上的点与原点所在一侧的半平面上的点满足约束条件

$$2x_1 + x_2 \leqslant 120.$$

再画出直线

$$x_1 + 2x_2 = 90.$$

容易看出原点的坐标（0，0）满足不等式 $x_1 + 2x_2 < 90$，因此直线 $x_1 + 2x_2 = 90$ 上的点与原点所在一侧的半平面上的点满足约束条件

$$x_1 + 2x_2 \leqslant 90.$$

上述两个平面点集在第一象限内的交集（含部分坐标轴）即为可行解集 E，它是四边形闭区域 $OACB$，如图 6 – 7 所示，然后作目标直线 $S = 0$，即

$$40x_1 + 50x_2 = 0.$$

在目标直线 $S = 0$ 外任取一点，不妨取点 (1，0)，在该点处使 $S = 40 > 0$. 这说明点 (1，0) 所在一侧的半平面使 $S = 40$，而另一侧的半平面当然使 $S < 0$，这样就确定了目标函数值增加的方向，用箭头表示. 由于可行解集 E 全部位于 $S \geqslant 0$ 的一侧，于是可行解集 E 中距离目标直线 $S = 0$ 最远的点 C 使目标函数值最大，即点 C 的坐标为此线性规划问题的唯一最优解.

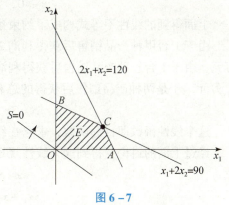

图 6 – 7

点 C 是直线 $2x_1 + x_2 = 120$ 与 $x_1 + 2x_2 = 90$ 的交点，解二元线性方程组

$$\begin{cases} 2x_1 + x_2 = 120 \\ x_1 + 2x_2 = 90 \end{cases},$$

得到唯一最优解

$$\begin{cases} x_1 = 50 \\ x_2 = 20 \end{cases}.$$

将唯一最优解代入目标函数表达式中得到最优值

$$\max S = 40 \times 50 + 50 \times 20 = 3\,000.$$

因此，元件厂每天应生产 50 件甲种产品与 20 件乙种产品，才能使两种产品销售后获得的总利润最大，最大总利润是 3 000 元.

例 6-11 某机械厂生产甲、乙两种产品. 生产 1 台甲种产品消耗 3 千度电，使用 3 t 原材料，销售后获得利润 2 万元；生产 1 台乙种产品消耗 1 千度电，使用 2 t 原材料，销售后获得利润 1 万元. 机械厂每月电的供应量不超过 150 千度，原材料的供应量不超过 270 t. 问机械厂每月应如何安排生产，才能使两种产品销售后获得的总利润最大？

解 设机械厂每月生产 x_1 台甲种产品与 x_2 台乙种产品. 变量 x_1，x_2 即决策变量. 由于生产 1 台甲种产品消耗 3 千度电，因此生产 x_1 台甲种产品消耗 $3x_1$ 千度电；由于生产 1 台乙种产品消耗 1 千度电，因此生产 x_2 台乙种产品消耗 x_2 千度电. 这样，每月消耗电的总量为 $3x_1 + x_2$ 千度，它不能超过每月电的最大供应量 150 千度，即

$$3x_1 + x_2 \leqslant 150.$$

由于生产 1 台甲种产品使用 3t 原材料，因此生产 x_1 台甲种产品使用 $3x_1$ t 原材料；由于生产 1 台乙种产品使用 2 t 原材料，因此生产 x_2 台乙种产品使用 $2x_2$ t 原材料. 这样，每月使用原材料的总量为 $(3x_1 + 2x_2)$ t，它不能超过每月原材料的最大供应量 270 t，即

$$3x_1 + 2x_2 \leqslant 270.$$

又考虑到决策变量 x_1，x_2 都是台数，因此它们的取值只能是正整数或零，表示为

$$x_i \geqslant 0,\ 整数(i = 1,2).$$

上面得到的线性不等式构成了约束条件.

由于 1 台甲种产品销售后获得利润 2 万元，因此 x_1 台甲种产品销售后获得利润 $2x_1$ 万元；由于 1 台乙种产品销售后获得利润 1 万元，因此 x_2 台乙种产品销售后获得利润 x_2 万元. 于是两种产品销售后获得的总利润为

$$S = 2x_1 + x_2\ (万元).$$

这个线性函数即目标函数，求它在约束条件下的最大值点即最优解.

经过上面的讨论，得到这个线性规划问题的数学模型为

$$\max S = 2x_1 + x_2,$$

$$\begin{cases} 3x_1 + x_2 \leqslant 150 \\ 3x_1 + 2x_2 \leqslant 270 \\ x_i \geqslant 0, 整数(i=1,2) \end{cases}$$

应用图解法求解，首先在平面直角坐标系 $x_1 O x_2$ 中画出直线

$$3x_1 + x_2 = 150.$$

容易看出原点的坐标 (0,0) 满足不等式 $3x_1 + x_2 < 150$，因此直线 $3x_1 + x_2 = 150$ 上的点与原点所在一侧的半平面上的点满足约束条件

$$3x_1 + x_2 \leqslant 150.$$

再画出直线

$$3x_1 + 2x_2 = 270.$$

容易看出原点的坐标（0，0）满足不等式 $3x_1 + 2x_2 < 270$，因此直线 $3x_1 + 2x_2 = 270$ 上的点与原点所在一侧的半平面上的点满足约束条件

$$3x_1 + 2x_2 \leqslant 270.$$

上述两个平面点集在第一象限内的交集（含部分坐标轴）即为可行解集 E，它是四边形闭区域 $OACB$，如图 6-8 所示.

作目标直线 $S = 0$，即

$$2x_1 + x_2 = 0.$$

在目标直线 $S = 0$ 外任取一点，不妨取点 (1，0). 在该点处使 $S = 2 > 0$，这说明点（1，0）所在一侧的半平面使 $S > 0$，而另一侧的半平面当然使 $S < 0$，这样就确定了目标函数值增加的方向，用箭头表示. 由于可行解集 E 全部位于 $S \geqslant 0$ 的一侧，于是可行解集 E 中距离目标直线 $S = 0$ 最远的点 C 使目标函数值最大，即点 C 的坐标为此线性规划问题的唯一最优解.

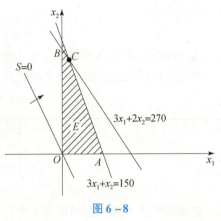

图 6-8

点 C 是直线 $3x_1 + x_2 = 150$ 与 $3x_1 + 2x_2 = 270$ 的交点，解二元线性方程组

$$\begin{cases} 3x_1 + x_2 = 150 \\ 3x_1 + 2x_2 = 270 \end{cases},$$

得到唯一最优解

$$\begin{cases} x_1 = 10 \\ x_2 = 120 \end{cases}.$$

将唯一最优解代入目标函数表达式中得到最优值

$$\max S = 2 \times 10 + 120 = 140.$$

因此，机械厂每月应生产 10 台甲种产品与 120 台乙种产品，才能使两种产品销售后获得的总利润最大，最大总利润是 140 万元.

例 6-12 某工厂用甲、乙两种原料混合制作质量为 55 g 的产品，甲种原料的平均单位成本为 2.5 元/g，乙种原料的平均单位成本为 1 元/g. 现在规定在产品中，甲种原料不少于 20 g，乙种原料不多于 40 g. 问工厂应如何在产品中搭配甲、乙两种原料，才能使产品的搭配成本最低？

解：设工厂在产品中搭配 x_1 g 甲种原料与 x_2 g 乙种原料，变量 x_1，x_2 即决策变量.

由于产品质量为 55 g，用甲、乙两种原料混合制作而成，因此搭配甲、乙两种原料的质量之和应等于 55 g，即

$$x_1 + x_2 = 55.$$

由于在产品中，甲种原料不少于 20 g，因此搭配甲种原料的质量应满足

$$x_1 \geq 20;$$

由于在产品中，乙种原料不多于 40 g，因此搭配乙种原料的质量应满足

$$x_2 \leq 40.$$

又考虑到决策变量 x_1，x_2 都是质量，因此它们的取值只能是非负实数，表示为

$$x_i \geq 0 (i = 1, 2).$$

上面得到的线性方程式与线性不等式构成了约束条件.

由于甲种原料的平均单位成本为 2.5 元/g，因此 x_1 g 甲种原料的成本为 $2.5x_1$ 元；由于乙种原料的平均单位成本为 1 元/g，因此 x_2 g 乙种原料的成本为 x_2 元. 于是产品的搭配成本为

$$S = 2.5x_1 + x_2 (\text{元}).$$

这个线性函数即目标函数，求它在约束条件下的最小值点即最优解.

经过上面的讨论，得到这个线性规则问题的数学模型为

$$\min S = 2.5x_1 + x_2,$$

$$\begin{cases} x_1 + x_2 = 55 \\ x_1 \geq 20 \\ x_2 \leq 40 \\ x_i \geq 0 (i = 1, 2) \end{cases}.$$

应用图解法求解，在平面直角坐标系 $x_1 O x_2$ 中画出直线

$$x_1 + x_2 = 55,$$

再画出直线

$$x_1 = 20.$$

容易看出原点的坐标 (0, 0) 不满足不等式 $x_1 > 20$，说明不含原点的一侧满足不等式 $x_1 > 20$，因此直线 $x_1 = 20$ 上的点与不含原点一侧的半平面上的点满足约束条件

$$x_1 \geq 20,$$

再画出直线

$$x_2 = 40.$$

容易看出原点的坐标 (0, 0) 满足不等式 $x_2 < 40$，因此直线 $x_2 = 40$ 上的点与原点所在一侧的半平面上的点满足约束条件

$$x_2 \leq 40.$$

上述 3 个平面点集在第一象限内的交集（含 x_1 轴上点 A）即可行解集 E，它是直线段 AB，如图 6-9 所示.

然后作目标直线 $S = 0$，即

$$2.5x_1 + x_2 = 0.$$

在目标直线 $S = 0$ 外任取一点，不妨取点 (1, 0)，在该点处使 $S = 2.5 > 0$，这说明点 (1, 0) 所在一侧的半平面使 $S > 0$，而另一侧的半平面当

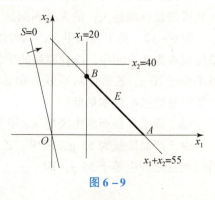

图 6-9

然使 $S<0$，这样就确定了目标函数值增加的方向，用箭头表示. 由于可行解集 E 全部位于 $S>0$ 的一侧，于是可行解集 E 中距离目标直线 $S=0$ 最近的点 B 使目标函数值最小，即点 B 的坐标为此线性规划问题的唯一最优解.

点 B 是直线 $x_1+x_2=55$ 与 $x_1=20$ 的交点，解二元线性方程组

$$\begin{cases} x_1+x_2=55 \\ x_1=20 \end{cases},$$

得到唯一最优解

$$\begin{cases} x_1=20 \\ x_2=35 \end{cases}.$$

将唯一最优解代入目标函数表达式中得到最优值

$$\min S=2.5\times 20+35=85.$$

因此，工厂应在产品中搭配 20 g 甲种原料与 35 g 乙种原料，才能使产品的搭配成本最低，最低搭配成本是 85 元.

引例 6-2 解析　设农场在 1t 普通饲料中搭配 $x_1$kg 甲种谷类与 $x_2$kg 乙种谷类，变量 x_1，x_2 即决策变量.

由于 1 kg 甲种谷类含 2 g 微量元素 A，因此 $x_1$kg 甲种谷类含 $2x_1$g 微量元素 A；由于 1 kg 乙种谷类含 1 g 微量元素 A，因此 $x_2$kg 乙种谷类含 x_2g 微量元素 A. 这样，每批自用饲料含微量元素 A 的总量为 $(2x_1+x_2)$g，它不能低于规定的微量元素 A 的最低含量 240 g，即

$$2x_1+x_2 \geqslant 240.$$

由于 1 kg 甲种谷类含 1 g 微量元素 B，因此 $x_1$kg 甲种谷类含 x_1g 微量元素 B；由于 1 kg 乙种谷类含 2 g 微量元素 B，因此 $x_2$kg 乙种谷类含 $2x_2$g 微量元素 B. 这样，每批自用饲料含微量元素 B 的总量为 (x_1+2x_2)g，它不能低于规定的微量元素 B 的最低量含 300 g，即

$$x_1+2x_2 \geqslant 300.$$

由于 1 kg 甲种谷类含 1 g 微量元素 C，因此 $x_1$kg 甲种谷类含 x_1g 微量元素 C；由于 1 kg 乙种谷类含 1 g 微量元素 C，因此 $x_2$kg 乙种谷类含 x_2g 微量元素 C. 这样，每批自用饲料含微量元素 C 的总量为 (x_1+x_2)g，它不能低于规定的微量元素 C 的最低含量 200 g，即

$$x_1+x_2 \geqslant 200.$$

又考虑到决策变量 x_1、x_2 都是质量，因此它们的取值只能是非负实数，表示为

$$x_i \geqslant 0 (i=1,2).$$

上面得到的线性不等式构成了约束条件.

由于 1 kg 甲种谷类的购买价格为 0.6 元，因此 $x_1$kg 甲种谷类的购买价格为 $0.6x_1$ 元；由于 1 kg 乙种谷类的购买价格为 0.5 元，因此 $x_2$kg 乙种谷类的购买价格为 $0.5x_2$ 元. 于是每批自用饲料的搭配成本为

$$S=0.6x_1+0.5x_2 (元).$$

这个线性函数即目标函数，求它在约束条件下的最小值点即最优解.

经过上面的讨论，得到这个线性规划问题的数学模型为

$$\min S = 0.6x_1 + 0.5x_2,$$

$$\begin{cases} 2x_1 + x_2 \geqslant 240 \\ x_1 + 2x_2 \geqslant 300 \\ x_1 + x_2 \geqslant 200 \\ x_i \geqslant 0 (i=1,2) \end{cases}.$$

应用图解法求解，在平面直角坐标系 x_1Ox_2 中画出直线

$$2x_1 + x_2 = 240.$$

容易看出原点的坐标（0，0）不满足不等式 $2x_1 + x_2 > 240$，说明不含原点的一侧满足不等式 $2x_1 + x_2 > 240$，因此直线 $2x_1 + x_2 = 240$ 上的点与不含原点一侧的半平面上的点满足约束条件

$$2x_1 + x_2 \geqslant 240.$$

画出直线

$$x_1 + 2x_2 = 300.$$

容易看出原点的坐标（0，0）不满足不等式 $x_1 + 2x_2 = 300$，说明不含原点的一侧满足不等式 $x_1 + 2x_2 > 300$，因此直线 $x_1 + 2x_2 = 300$ 上的点与不含原点一侧的半平面上的点满足约束条件

$$x_1 + 2x_2 \geqslant 300.$$

再画出直线

$$x_1 + x_2 = 200.$$

容易看出原点的坐标（0，0）不满足不等式 $x_1 + x_2 > 200$，说明不含原点的一侧满足不等式 $x_1 + x_2 > 200$，因此直线 $x_1 + x_2 = 200$ 上的点与不含原点一侧的半平面上的点满足约束条件

$$x_1 + x_2 \geqslant 200.$$

上述 3 个平面点集在第一象限内的交集（含部分坐标轴）即可行解集 E，它是无界区域，如图 6 – 10 所示.

然后作目标直线 $S = 0$，即

$$0.6x_1 + 0.5x_2 = 0.$$

在目标直线 $S = 0$ 外任取一点，不妨取点（1，0），在该点处使 $S = 0.6 > 0$，这说明点（1，0）所在一侧的半平面使 $S > 0$，而另一侧的半平面当然使 $S < 0$，这样就确定了目标函数值增加的方向，用箭头表示．由于可行解集 E 全部位于 $S > 0$ 的一侧，于是可行解集 E 中距离目标直线 $S = 0$ 最近的点 D 使目标函数值最小，即点 D 的坐标为此线性规划问题的唯一最优解.

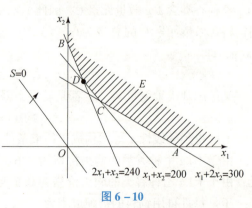

图 6 – 10

点 D 是直线 $2x_1 + x_2 = 240$ 与 $x_1 + x_2 = 200$ 的交点,解二元线性方程组

$$\begin{cases} 2x_1 + x_2 = 240 \\ x_1 + x_2 = 200 \end{cases},$$

得到唯一最优解

$$\begin{cases} x_1 = 40 \\ x_2 = 160 \end{cases}.$$

将唯一最优解代入目标函数表达式中得到最优值

$$\min S = 0.6 \times 40 + 0.5 \times 160 = 104.$$

因此,农场应在 1 t 普通饲料中搭配 40 kg 甲种谷类与 160 kg 乙种谷类,才能使每批自用饲料的搭配成本最低,最低搭配成本是 104 元.

习题 6-3

A 知识巩固

1. 某化工厂生产甲、乙两种产品. 生产 1t 甲种产品需要 3 kg A 种原料与 3 kg B 种原料,销售后获得利润 8 万元;生产 1t 乙种产品需要 5 kg A 种原料与 1 kg B 种原料,销售后获得利润 3 万元. 工厂现有可供利用的 A 种原料 210 kg、可供利用的 B 种原料 150 kg. 问工厂应如何安排生产,才能使两种产品销售后获得的总利润最大?

2. 某合金厂用锡铅合金制作质量为 50 g 的产品. 锡的平均单位成本为 0.8 元/g,铅的平均单位成本为 0.12 元/g. 现在规定在产品中,锡不少于 25 g,铅不多于 30 g. 问工厂应如何在产品中搭配锡、铅两种原料,才能使产品的搭配成本最低?

B 能力提升

某食堂自制饮料,每桶饮料由一桶开水搭配甲、乙两种原料溶化混合而成. 1 kg 甲种原料含 10 g 糖与 30 g 蛋白质,购买价格为 5 元;1 kg 乙种原料含 30 g 糖与 10 g 蛋白质,购买价格为 3 元. 现在规定每桶饮料含糖的最低量为 90 g,含蛋白质的最低量为 110 g. 问食堂应如何在一桶开水中搭配甲、乙两种原料,才能使每桶饮料的搭配成本最低?

C 学以致用

查阅资料,搜索线性规划在本专业中的应用.

【数学文化】

丹齐克(图 6-11),美国数学家,美国全国科学院院士,线性规划的奠基人. 丹齐克在 1914 年 11 月 8 日生于美国俄勒冈州波特兰市,在马里兰大学获数学和物理学学士学位,在密歇根大学获数学硕士学位,于 1946 年在伯克利加利福尼亚大学数学系获哲学博士学位. 1947 年,丹齐克在总结前人工作的基础上创立了线性规划,确定了这一学科的范围,并提出了解决线性规划问题的单纯形法. 丹齐克在 1937—1939 年任美国劳工统计局统计员,在 1941—1952 年任美国空军司令

图 6-11

部数学顾问、战斗分析部和统计管理部主任,在1952—1960年任美国兰德公司数学研究员,在1960—1966年任伯克利加利福尼亚大学教授和运筹学中心主任,在1966年后任斯坦福大学运筹学和计算机科学教授,在1971年当选为美国全国科学院院士,在1975年获美国科学奖章和诺伊曼理论奖金.丹齐克还获马里兰大学、耶鲁大学、瑞典林雪平大学的以色列理工学院的名誉博士学位.丹齐克是美国运筹学会和国际运筹学会联合会(IFORS)的主席和美国数学规划学会的创始人.他发表过100多篇关于数学规划及其应用方面的论文,于1963年出版专著《线性规划及其范围》,这本著作至今仍是线性规划方面的标准参考书.

复习题六

一、某元件厂生产甲、乙两种产品.生产1件甲种产品需要在设备A上加工2小时,在设备B上加工1小时,销售后获得利润40元;生产1件乙种产品需要在设备A上加工1小时,在设备B上加工2小时,销售后获得利润50元.元件厂每天可供利用的设备A的加工工时为120小时,可供利用设备B的加工工时为90小时.问元件厂每天应如何安排生产,才能使两种产品销售后获得的总利润最大?写出这个问题的数学模型.

二、某机械厂生产甲、乙两种产品.生产1台甲种产品消耗3千度电,使用3t原材料,销售后获得利润2万元;生产1台乙种产品消耗1千度电,使用2t原材料,销售后获得利润1万元.工厂每月电的供应量不超过150千度,原材料的供应量不超过270 t.问机械厂每月应如何安排生产,才能使两种产品销售后获得的总利润最大?写出这个线性规划问题的数学模型.

三、某铁器厂生产甲、乙、丙三种产品。生产1件甲种产品需要1小时车工加工、2小时铣工加工及2小时装配,销售后获得利润100元;生产1件乙种产品需要2小时车工加工、1小时铣工加工及2小时装配,销售后获得利润90元;生产1件丙种产品需要2小时车工加工、1小时铣工加工及1小时装配,销售后获得利润60元.铁器厂每月可供利用的车工加工工时为4 200小时,可供利用的铣工加工工时为6 000小时,可供利用的装配工时为3 600小时.问铁器厂每月应如何安排生产,才能使三种产品销售后获得的总利润最大?写出这个性线规划问题的数学模型.

四、某工厂用甲、乙两种原料混合制作质量为55 g的产品.甲种原料的平均单位成本为2.5元/g,乙种原料的平均单位成本为1元/g.现在规定在产品中,甲种原料不少于20 g,乙种原料不多于40 g.问工厂应如何在产品中搭配甲、乙两种原料,才能使产品的搭配成本最低?写出这个线性规划问题的数学模型.

五、某农场配制自用饲料,每批自用饲料由1t普通饲料搭配甲、乙两种谷类混合而成.1 kg甲种谷类含2 g微量元素A、1 g微量元素B及1 g微量元素C,购买价格为0.6元;1 kg乙种谷类含1 g微量元素A、2 g微量元素B及1 g微量元素C,购买价格为0.5元.现在规定每批自用饲料含微量元素A的最低量为240 g,含微量元素B的最低量为300 g,含微量元素C的最低量为200 g.问农场应如何在1 t普通饲料中搭配甲、乙两种谷类，才能使每批自用饲料的搭配成本最低？写出这个线性规划问题的数学模型．

六、某机械厂需要长 80 cm 的钢管与长 60 cm 的钢管，它们皆从长 200 cm 的钢管截得．现在对长 80 cm 钢管的需要量为 800 根，对长 60 cm 钢管的需要量为 300 根．问工厂应如何下料，才能使用料最省？写出这个线性规划问题的数学模型．

七、仓库甲、乙储存水泥分别为 21 t, 29 t, 工地 A、B、C 需要水泥分别为 20 t, 18 t, 12 t, 要将仓库甲、乙储存的水泥运往工地 A、B、C, 仓库甲到工地 A、B、C 的运价分别为 5 元/t, 6 元/t, 9 元/t, 仓库乙到工地 A、B、C 的运价分别为 6 元/t, 11 元/t, 16 元/t. 问建筑部门应如何组织运输，才能使总运费最省？写出这个线性规划问题的数学模型．

八、解线性规划问题．

$$\max S = 3x_1 + 3x_2,$$
$$\begin{cases} x_1 + x_2 \leq 10 \\ 2x_1 + x_2 \leq 14 \\ x_i \geq 0 \,(i=1,2) \end{cases}.$$

九、解线性规划问题．

$$\min S = x_1 + 2x_2,$$
$$\begin{cases} x_1 + x_2 \leq 5 \\ x_1 - x_2 \leq -2 \\ x_i \geq 0 \,(i=1,2) \end{cases}.$$

十、解线性规划问题．

$$\max S = -3x_1 - 2x_2,$$
$$\begin{cases} x_1 + 4x_2 \geq 2 \\ x_1 + x_2 \geq 1 \\ x_i \geq 0 \,(i=1,2) \end{cases}.$$

十一、解线性规划问题．

$$\min S = -3x_1 + x_2,$$
$$\begin{cases} x_1 + x_2 \leq 4 \\ x_1 \geq 2 \\ x_i \geq 0 \,(i=1,2) \end{cases}.$$

十二、解线性规划问题．

$$\min S = x_1 - 2x_2,$$
$$\begin{cases} x_1 - x_2 \geq -2 \\ x_1 + 2x_2 \leq 6 \\ x_i \geq 0 \,(i=1,2) \end{cases}.$$

十三、解线性规划问题.
$$\max S = 2x_1 - x_2,$$
$$\begin{cases} x_1 - x_2 \leq 4 \\ x_2 \leq 4 \\ x_i \geq 0 \, (i=1,2) \end{cases}.$$

十四、解线性规划问题.
$$\max S = x_1 + 3x_2,$$
$$\begin{cases} -x_1 + x_2 \leq 2 \\ x_1 \leq 3 \\ x_1 + x_2 = 4 \\ x_i \geq 0 \, (i=1,2) \end{cases}.$$

第七章 随机事件与概率

◇ 学前导读

本章的主要内容是了解随机现象的统计规律及事件频率的概念、古典概型的定义及其计算、条件概率的概念及伯努利概型的概念，理解随机事件的概念、概率的统计定义和事件独立性的概念，掌握事件之间的关系与基本运算和概率的基本性质，会用概率的基本性质、乘法公式、全概率公式进行概率计算，利用事件的独立性计算概率.

◇ 知识结构图

本章知识结构图如图 7-0 所示。

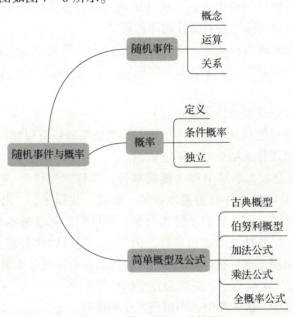

图 7-0 第七章知识结构图

◇ 学习目标与要求

(1) 理解随机事件的概念、随机事件的概率、条件概率及独立性四个基本概念.

(2) 通过对事件的关系和运算的理解，能够掌握事件的和、积，对立事件及其相应的性质.

(3) 能够解决简单的古典概型问题.

(4) 能够熟练运用概率的加法公式和乘法公式，了解全概率公式.

第一节　随机事件

引例 7-1　2021年7月24日，杨倩在东京奥运会女子十米气步枪决赛中获得金牌．这是中国代表团在此次奥运会中获得的第一枚金牌．在射击过程中，每次射击之前都无法精确预测到底能够射中几环．生活中很多事件都存在不确定性，比如掷一枚骰子出现奇数点．这就是本节要介绍的随机事件．

一、随机现象与随机事件

在一定条件下必然发生或必然不发生的现象称为**确定性现象（必然现象）**．例如：在标准大气压下，纯水加热到 100 ℃ 时必然沸腾．在一定条件下，事先不能断言出现哪种结果的现象称为**随机现象**．例如：一门炮向某一目标射击，每次弹着点的位置是随机现象．在自然界、生产实践和科学实验中，人们观察到的现象一般可分为**确定性现象**和**随机现象**两大类．

如果在相同条件下进行大量重复试验，随机现象也会呈现其规律性．例如，在相同条件下多次抛掷一枚均匀硬币，正、反面出现的机会分别约占一半，这种规律称为**统计规律**．概率就是研究随机现象统计规律的科学．

为了寻求随机现象的内在规律，就要对其进行大量重复试验，把一次观察称为一次随机试验，简称"试验"，如每抛掷一次硬币，就是一次试验．试验具有以下三个特点．

(1) 在相同条件下试验可以重复进行；
(2) 每次试验的可能结果不止一个，而且事先能明确所有可能的结果；
(3) 每次试验出现什么结果事先不能确定．

试验的每一个可能发生的结果称为**随机事件**，简称"事件"．通常用大写字母 A、B、C 表示．不能再分解的事件称为**基本事件**，如掷一枚骰子，"出现 1 点""出现 2 点"各是一个随机事件，由于它们不能再分解，所以它们都是基本事件；而"出现偶数点""出现奇数点"各是一个随机事件，由于它们还可以再分解，比如"出现偶数点"可以分解为"出现 4 点"或"出现 6 点"，所以它们不是基本事件．

必然事件 Ω：在一次试验中，必然会发生的事件．

不可能事件 Φ：在一次试验中，不可能发生的事件．

必然事件和不可能事件都属于确定性现象，但为了研究问题方便，仍然把它们当作事件，是事件的两个特殊情形．

二、事件的关系及运算

从集合论的观点来看，事件实际上是一种特殊的集合，必然事件 Ω 相当于全集，每个事件 A 是 Ω 的子集，所以可以用集合的观点讨论事件之间的关系．为了直观起见，有时可借助图形．用平面上的矩形区域表示必然事件 Ω，该区域中的一个子区域表示事件 A．下面介绍事件关系中较为重

事件的
关系及运算

要的三种关系.

(1) 包含关系.

如果事件 A 发生必然导致事件 B 发生,则称事件 A 包含于事件 B 或称事件 B 包含事件 A,记作 $A \subset B$ 或 $B \supset A$.

(2) 相等关系.

如果 $A \subset B$,$B \subset A$ 同时成立,则称事件 A 与事件 B 相等,记作 $A = B$.

(3) 互不相容事件（互斥事件）.

若事件 A 与 B 不能同时发生,即 $AB = \Phi$,则称事件 A 与 B 互不相容（或互斥）,如图 7-1 所示.

事件的运算主要有以下三种.

(1) 事件的和（并）.

由事件 A 与 B 至少有一个发生构成的事件,称为事件 A 与 B 的和（并）,记作 $A+B$ 或 $A \cup B$,如图 7-2 中阴影部分所示. 对任意事件 A,有 $A + A = A$,$A + \Omega = \Omega$,$A + \Phi = A$.

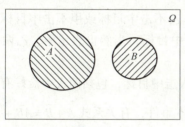

图 7-1

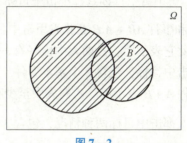

图 7-2

(2) 事件的积（交）.

由事件 A 与 B 同时发生构成的事件,称为事件 A 与 B 的积（交）,记作 AB 或 $A \cap B$,如图 7-3 中阴影部分所示. 对任意事件 A,有 $AA = A$,$A\Omega = A$,$A\Phi = \Phi$.

(3) 互逆事件（对立事件）.

若事件 A 与 B 满足 $A + B = \Omega$,$AB = \Phi$,则称事件 A 与 B 互逆（或对立）,如图 7-4 所示. 事件 A 的逆事件记作 $\bar{A}$,即 $B = \bar{A}$,由图 7-4 可知,对任意事件 A,有 $A + \bar{A} = \Omega$,$A\bar{A} = \Phi$,$\bar{\bar{A}} = A$.

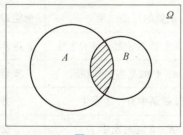

图 7-3

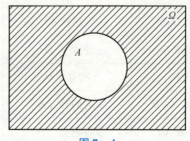

图 7-4

根据集合的运算,给出事件间比较常用的运算律.

(1) 交换律：$AB = BA$，$A \cup B = B \cup A$．

(2) 结合律：$(AB)C = A(BC)$，$(A \cup B) \cup C = A \cup (B \cup C)$．

(3) 分配律：$(A \cup B) \cap C = (A \cap C) \cup (B \cap C)$；
$(A \cap B) \cup C = (A \cup C) \cap (B \cup C)$．

(4) 德摩根律：$\overline{A \cap B} = \bar{A} \cup \bar{B}$，$\overline{A \cup B} = \bar{A} \cap \bar{B}$．

例 7 – 1 甲、乙各射击一次，设事件 A 表示甲击中目标，事件 B 表示乙击中目标．

(1) 甲、乙各射击一次，可以依次经过两个步骤．第 1 个步骤是甲射击，有击中目标与不击中目标两种可能．第 2 个步骤是乙射击，也有击中目标与不击中目标两种可能．根据乘法原理，每次试验共有 $2 \times 2 = 4$（个）可能结果，即试验共有 4 个基本事件．

AB：甲击中目标且乙击中目标（两人都击中目标）；

$A\bar{B}$：甲击中目标且乙不击中目标；

$\bar{A}B$：甲不击中目标且乙击中目标；

$\bar{A}\bar{B}$：甲不击中目标且乙不击中目标（两人都不击中目标）．

(2) 和事件 $A\bar{B} + \bar{A}B$ 意味着甲击中目标且乙不击中目标或甲不击中目标且乙击中目标，因此它表示甲、乙两人中恰好有一人击中目标，当然也表示甲、乙两人中恰好有一人不击中目标，包含 2 个基本事件．

和事件 $A + B$ 表示甲、乙两人中至少有一人击中目标，包括两人中恰好有一人击中目标与两人都击中目标两种情况，包含 3 个基本事件，有关系式 $A + B = A\bar{B} + \bar{A}B + AB$．

> **注意：**
> 事件间的关系及集合解释见表 7 – 1．

表 7 – 1

符号	表示的事件	意义	集合解释
Ω	必然事件	所有基本事件组成的事件	全集
Φ	不可能事件	不可能发生的事件	空集
$\{\omega\}$	基本事件	不可分解的事件	单元素集
$A \subset \Omega$	事件 A	试验的可能结果	全集 Ω 的子集
$A \subset B$	包含关系	事件 A 发生必然导致事件 B 发生	A 是 B 的子集
$A = B$	相等关系	组成 A，B 的基本事件相同	集合相等
$A \cup B$ 或 $A + B$	事件的并（和）	A 与 B 至少有一个发生	并集
$A \cap B$ 或 AB	事件的交（积）	A，B 同时发生	交集
$A - B$	事件的差	A 发生而 B 不发生	差集

续表

符号	表示的事件	意义	集合解释
$A \cap B = \varPhi$	互不相容（互斥）	A，B 不能同时发生	A 与 B 没有公共元素
$\overline{A}$	事件 A 的逆（对立事件）	事件 A 不发生，A 与 $\overline{A}$ 互逆	补集

习题 7–1

A 知识巩固

1. 写出下列试验的样本空间及事件的集合表示.

(1) 掷一颗骰子，出现奇数点；

(2) 将一枚硬币抛掷三次，观察每次掷出正面还是反面，出现两次正面；

(3) 将一枚硬币抛掷三次，观察出现正面的次数，出现两次正面；

(4) 将两个同样的球随机地放到三个盒子中，第一个盒子中至少有一个球.

2. 设 A，B，C 为三个事件，试将下列事件用 A，B，C 表示出来.

(1) A 出现而 B，C 不出现；

(2) A，B 出现而 C 不出现；

(3) A，B，C 都出现；

(4) A，B，C 都不出现；

(5) 三个事件中至少有一个事件出现；

(6) 不多于一个事件出现；

(7) 不多于两个事件出现；

(8) 三个事件中至少有两个事件出现.

B 能力提升

1. 某射手向目标连续射击两次，每次射一发子弹，设 A_1 表示"第一发命中"，A_2 表示"第二发命中"，试表示下列事件.

(1) B："两发都命中"；

(2) C："两发都没有命中"；

(3) D："恰有一发命中"；

(4) E："至少有一发命中".

指出 B，C，D，E 哪些是互不相容的，哪些是对立的.

2. 向指定的目标随机地连续射四枪，用 A_i 表示"第 i 次射中目标"（$i = 1, 2, 3, 4$），试用 A_1，A_2，A_3，A_4 表示下列各事件.

(1) 四枪中至少有一枪射中目标；

(2) 四枪中恰好有两枪射中目标；

(3) 前两枪都射中目标，而后两枪都未射中目标；

(4) 四枪都未射中目标；

(5) 四枪中至多有一枪射中目标.

C 学以致用

从某学院会计系学生中任选一名，设 A 表示"选到一名男生"，B 表示"选到一年级学生"，C 表示"选到一名运动员".

(1) 用文字表述 $AB\bar{C}$，$\bar{A}BC$.

(2) 在什么条件下 $ABC = C$？

(3) 在什么条件下 $C \subseteq B$？

(4) 在什么条件下 $\bar{A} = B$？

第二节　随机事件的概率

引例 7-2　双色球彩票是从 1~33 号球中选"6+1"，方案是从 1~33 号红球中摇出 6 个基本号码，摇出 1 个不再放回（即没有重复），再从 1~16 号绿球中摇出 1 个特别号码，投注者从 1~33 个数字中选出 6 个基本号码，再从 1~16 个数字中选出 1 个特别号码构成一注（选的号码与摇出的号码不用按顺序）. 若所选的 6 个基本号码和 1 个特别号码与摇出的 6 个基本号码和 1 个特别号码完全一致则获一等奖，那么获得一等奖的概率是多少呢？

分析： 在此问题中各个球被摇出的概率是相同的，被摇出的球也是有限的，此问题较有特点，是一类特殊概型——古典概型. 本节主要研究概率的定义、古典概型及其简单的计算.

一、概率的统计定义

在给出事件概率的定义之前，先了解与概率密切相关的频率的概念.

设事件 A 在 n 次重复进行的试验中发生了 m 次，则称 $\frac{m}{n}$ 为事件 A 发生的**频率**，m 称为事件 A 发生的**频数**.

显然，任何事件的频率都是介于 0 与 1 之间的一个数.

大量试验的结果表明，多次重复地进行同一试验时，事件的变化会呈现一定的规律. 当试验次数 n 很大时，某一事件 A 发生的频率具有一定的稳定性，其数值将会在某个确定的数值附近摆动，并且试验次数越多，事件 A 发生的频率越接近这个数值，称这个数值为事件 A 发生的**概率**.

概率的统计定义　在一个试验中，如果随着试验次数的增多，事件 A 出现的频率 $\frac{m}{n}$ 在某个常数 P 附近摆动，那么定义事件 A 的概率为 P，记作 $P(A) = P$.

由概率的统计定义可知，概率具有如下性质.

性质 7-1　对任一事件 A，有 $0 \le P(A) \le 1$.

这是因为事件 A 的频率 $\dfrac{m}{n}$ 总有 $0 \leq \dfrac{m}{n} \leq 1$, 故相应的概率也有 $0 \leq P(A) \leq 1$.

性质 7-2　$P(\Omega) = 1$, $P(\Phi) = 0$.

性质 7-3　若 $AB = \Phi$, 则 $P(A+B) = P(A) + P(B)$.

二、古典概型

对于某些事件，不必通过大量试验去确定它的概率，而是通过研究它的内在规律去确定它的概率.

观察"投掷硬币""掷骰子"等试验，发现它们具有下列特点.

(1) 试验结果的个数是有限的，即基本事件的个数是有限的.

如"投掷硬币"试验的结果只有两个，即 {正面向上} 和 {正面向下}.

(2) 每个试验结果出现的可能性相同，即每个基本事件发生的可能性是相同的.

如"投掷硬币"试验出现正面向上和正面向下的可能性都是 $\dfrac{1}{2}$.

(3) 每次试验只出现一个结果，也就是有限个基本事件是两两互斥的.

如"投掷硬币"试验中 {正面向上} 和 {正向向下} 是互斥的.

满足上述条件的试验模型称为**古典概型**，根据古典概型的特点，可以定义任一事件 A 的概率.

定义 7-1（古典概型）　如果古典概型中的所有基本事件的个数是 n, 事件 A 包含的基本事件的个数是 m, 则事件 A 的概率为

$$P(A) = \dfrac{m}{n} = \dfrac{\text{事件 } A \text{ 包含的基本事件个数}}{\text{所有基本事件的个数}}.$$

古典概型具有下列性质.

古典概型

(1) 非负性：$0 \leq P(A) \leq 1$.

(2) 规范性：$P(\Omega) = 1$, $P(\Phi) = 0$.

(3) 可加性：若 $AB = \Phi$, 则 $P(A+B) = P(A) + P(B)$.

> **注意：**
> 计算事件 A 的概率时，重要的是明确基本事件总数 n 是多少，事件 A 包含哪些基本事件，其个数 m 是多少，计算 n 和 m 时经常使用排列与组合的计算公式.

例 7-2　掷一枚质地均匀的骰子，观察出现的点数.

(1) 出现偶数点的概率；

(2) 出现点数大于 4 的概率.

解　设 $A = \{$出现偶数点$\}$, $B = \{$出现点数大于 $4\}$.

本试验是古典概型，且基本事件的总数 $n = 6$, "出现偶数点"的事件含有"出现 2 点""出现 4 点""出现 6 点" 3 个基本事件；"出现点数大于 4"的事件含有"出现 5 点""出现 6 点" 2 个基本事件，所以

$$P(A) = \frac{3}{6} = \frac{1}{2},$$

$$P(B) = \frac{2}{6} = \frac{1}{3}.$$

例 7-3 根据以往的统计，某厂产品的次品率为 0.05，在某段时间内生产的 100 件产品中任抽 5 件进行检验，求恰有 1 件次品的概率．

解 从 100 件产品中抽取 5 件，所有可能的取法有 C_{100}^5 种．

设 $A = \{$恰有一件次品$\}$，由于产品的次品率为 0.05，即 100 件产品中有 95 件正品、5 件次品，于是抽得的 5 件产品中恰有 1 件次品的取法为 $C_5^1 C_{95}^4$，因此事件 A 的概率为

$$P(A) = \frac{C_5^1 C_{95}^4}{C_{100}^5} = 0.2114.$$

三、概率的加法公式

互不相容事件的加法公式：若 $AB = \Phi$，则 $P(A+B) = P(A) + P(B)$．

推论 7-1 若事件 $A_1, A_2, \cdots, A_n$ 两两互不相容，则

$$P(A_1 + A_2 + \cdots + A_n) = P(A_1) + P(A_2) + \cdots + P(A_n),$$

即互斥事件之和的概率等于各事件的概率之和．

推论 7-2 设 A 为任一事件，则

$$P(\bar{A}) = 1 - P(A).$$

> **注意：**
> 如果正面计算事件 A 的概率有困难时，可以先求逆事件 $\bar{A}$ 的概率，然后用此推论得到所求．

推论 7-3 若事件 $B \subset A$，则

$$P(A - B) = P(A) - P(B).$$

前面讨论了两个事件互斥时的加法公式，对于一般情形，有下列结论．

定理 7-1 对任意两个事件 A, B，有

$$P(A+B) = P(A) + P(B) - P(AB).$$

推论 7-4 设 A, B, C 为任意三个事件，则

$$P(A+B+C) = P(A) + P(B) + P(C) - P(AB) - P(BC) - P(AC) + P(ABC).$$

例 7-4 某设备由甲、乙两个部件组成，当超载负荷时，各自出故障的概率分别为 0.90 和 0.85，同时出故障的概率是 0.80，求超载负荷时至少有一个部件出故障的概率．

解 设 $A = \{$甲部件出故障$\}$，$B = \{$乙部件出故障$\}$，则

$$P(A) = 0.90, \ P(B) = 0.85, \ P(AB) = 0.80,$$

于是

$$P(A+B) = P(A) + P(B) - P(AB) = 0.95,$$

即超载负荷时至少有一个部件出故障的概率为 0.95.

引例 7-2 解析 在一开始的问题中,想要获得一等奖,就要基本号码和特别号码全部正确,只有一种情况. 把中一等奖记为事件 A,由于基本号码是从 1~33 号球中抽取 6 个,有 C_{33}^6 种取法,特别号码是从 1~16 号球中抽取 1 个,有 C_{16}^1 种取法,所以在此试验中基本事件总数为 $C_{33}^6 \cdot C_{16}^1$ 个. 又因为中一等奖只有一种情况,所以

$$P(A) = \frac{1}{C_{33}^6 \cdot C_{16}^1} = 0.000\ 000\ 056\ 4.$$

习题 7-2

A 知识巩固

1. 掷两枚均匀的筛子,求下列事件的概率.
(1) 点数和为 2 的概率;(2) 点数和为 5 的概率;
(3) 点数和为 10 的概率;(4) 点数和大于 10 的概率;
(5) 点数和不超过 11 的概率.

2. 连续三次掷一枚硬币,求既有正面又有反面出现的概率.

3. 从 5 个球(其中 3 个红球、2 个黄球)中任取 2 个球,求:
(1) 2 个球都是红球的概率;(2) 取到同色球的概率;
(3) 取到的球的颜色各不相同的概率.

B 能力提升

1. 有 10 件新产品,其中有 2 件次品,无放回地取出 3 件,求:
(1) 这 3 件新产品全是正品的概率;(2) 这 3 件新产品中恰有 1 件次品的概率;
(3) 这 3 件新产品中至少有 1 件次品的概率.

2. 从一副扑克 52 张牌中任取两张,求:
(1) 都是红桃的概率;(2) 恰有一张黑桃和一张红桃的概率.

3. 用 9 个数字(1,2,3,…,9)随意组成数字不重复的四位数,求:
(1) 这些四位数小于 4 000 的概率;(2) 这些四位数是奇数的概率.

C 学以致用

一个收藏有旧邮票的小盒子里装有 5 张 10 分邮票、3 张 20 分邮票及 2 张 30 分邮票,任取 3 张邮票,求:
(1) 其中恰好有 1 张 10 分邮票、2 张 20 分邮票的概率;
(2) 其中恰好有 2 张 10 分邮票、1 张 30 分邮票的概率;
(3) 邮票面值总和为 50 分的概率;
(4) 其中至少有 2 张邮票面值相同的概率.

第三节 条件概率和全概率公式

引例 7-3 利率变化是影响股票价格的基本因素. 经分析,利率下调的概率为

60%，利率不变的概率为 40%．根据经验，在利率下调的情况下，某支股票价格上涨的概率为 80%，在利率不变的情况下，其价格上涨的概率为 40%．求该支股票价格上涨的概率．

分析： 股票上涨情况在不同的利率情况下不一样，这就需要用到条件概率以及全概率公式来计算．本节介绍条件概率的概念和与之有关的两个常用的计算概率的公式——乘法公式和概率公式．

一、条件概率

在实际问题中，除了要计算 A 的概率 $P(A)$ 外，有时还需要计算在"事件 B 已发生"的条件下，事件 A 发生的概率，记作 $P(A|B)$．由于增加了新的条件"事件 B 已发生"，所以称 $P(A|B)$ 为条件概率．

定义 7 - 2 设 A，B 是试验的两个事件，且 $P(B) \neq 0$，则称 $\dfrac{P(AB)}{P(B)}$ 为已知事件 B 发生时事件 A 发生的**条件概率**，或 A 关于 B 的**条件概率**，记作 $P(A|B)$．

同理可定义事件 A 发生的条件下事件 B 的条件概率为

$$P(B|A) = \dfrac{P(AB)}{P(A)} \quad (P(A) \neq 0).$$

例 7 - 5 设 100 件某产品中有 5 件不合格品，而 5 件不合格品中又有 3 件次品、2 件废品，现在从 100 件产品中任意抽取 1 件，求：

（1）抽到废品的概率；

（2）已知抽到不合格品，求它是废品的概率．

解 记 $A = $ "抽到不合格品"，$B = $ "抽到废品"，则 $AB = $ "抽到不合格品且是废品"．

（1）$P(B) = \dfrac{2}{100} = \dfrac{1}{50}.$

（2）由于 5 件不合格品中有 2 件废品，则

$$P(A) = \dfrac{5}{100}, \quad P(AB) = \dfrac{2}{100},$$

于是 $P(B|A) = \dfrac{P(AB)}{P(A)} = \dfrac{\frac{2}{100}}{\frac{5}{100}} = \dfrac{2}{5}.$

例 7 - 6 某种元件用满 6 000 小时未坏的概率是 $\dfrac{3}{4}$，用满 10 000 小时未坏的概率是 $\dfrac{1}{2}$，现有一个品种元件，已经用过 6 000 小时未坏，求它能用到 10 000 小时的概率．

解 设 A 表示｛用满 10 000 小时未坏｝，B 表示｛用满 6 000 小时未坏｝，则

$$P(B) = \dfrac{3}{4}, \quad P(A) = \dfrac{1}{2}.$$

由于 $A \subset B$，$AB = A$，因此 $P(AB) = P(A) = \dfrac{1}{2}$，故

$$P(A|B) = \frac{P(AB)}{P(B)} = \frac{P(A)}{P(B)} = \frac{\frac{1}{2}}{\frac{3}{4}} = \frac{2}{3}.$$

二、乘法公式

将条件概率公式以另一种形式写出，就是乘法公式的一般形式.

乘法公式：
$$P(AB) = P(A)P(B|A) \quad (P(A) > 0)$$

或

$$P(AB) = P(B)P(A|B) \quad (P(B) > 0).$$

乘法公式

例 7-7 设 100 件产品中有 5 件是不合格品，用下列两种方法抽取两件，求 2 件都是合格品的概率.

（1）不放回地依次抽取；

（2）有放回地依次抽取.

解 设 $A=$"第一次抽到合格品"，$B=$"第二次抽到合格品"，则 $AB=$"抽到 2 件都是合格品".

（1）不放回地依次抽取，2 件都是合格品的概率为

$$P(AB) = P(A)P(B) = \frac{95}{100} \cdot \frac{94}{99} \approx 0.9.$$

（2）有放回地依次抽取，2 件都是合格品的概率为

$$P(AB) = P(A)P(B|A) = \frac{95}{100} \cdot \frac{95}{100} = 0.9025.$$

例 7-8 一批产品中有 3% 的废品，而合格品中一等品占 45%，从这批产品中任取一件，求该产品是一等品的概率.

解 设 $A=$"取出一等品"，$B=$"取出合格品"，$C=$"取出废品"，于是

$$P(C) = \frac{3}{100}, \quad P(A|B) = \frac{45}{100},$$

$$\begin{aligned}P(A) &= P(AB) = P(B) \cdot P(A|B) \\ &= (1 - P(C)) \cdot P(A|B) \\ &= \left(1 - \frac{3}{100}\right) \cdot \frac{45}{100} = 0.4365.\end{aligned}$$

乘法公式也可以推广到有限多个事件的情形，例如对于 3 个事件，有

$$A_1, A_2, A_3, P(A_1A_2) \neq 0,$$

$$P(A_1A_2A_3) = P(A_1) \cdot P(A_2|A_1) \cdot P(A_3|A_1A_2).$$

三、全概率公式

设 $A_1, A_2, \cdots, A_n$ 是两两互斥事件，且 $A_1 + A_2 + \cdots + A_n = \Omega$，$P(A_i) > 0$（$i = 1, 2, \cdots, n$），则对任意事件 B，有

$$P(B) = \sum_{i=1}^{n} P(A_i) \cdot P(B|A_i).$$

例 7-9 某厂有 4 条流水线生产同一产品,该 4 条流水线的产量分别占总产量的 15%,20%,30%,35%,各流水线的次品率分别为 0.05,0.04,0.03,0.02,从出厂产品中随机抽取一件,求此产品为次品的概率.

解 设 $B=\{$任取一件产品是次品$\}$,$A_i=\{$第 i 条流水线生产的产品$\}$($i=1,2,3,4$),则

$$P(A_1)=15\%,\ P(A_2)=20\%,$$
$$P(A_3)=30\%,\ P(A_4)=35\%,$$
$$P(B|A_1)=0.05,\ P(B|A_2)=0.04,$$
$$P(B|A_3)=0.03,\ P(B|A_4)=0.02,$$

于是

$$P(B) = \sum_{i=1}^{n} P(A_i) \cdot P(B|A_i)$$
$$= P(A_1) \cdot P(B|A_1) + P(A_2) \cdot P(B|A_2) + P(A_3) \cdot P(B|A_3) + P(A_4) \cdot P(B|A_4)$$
$$= 15\% \times 0.05 + 20\% \times 0.04 + 30\% \times 0.03 + 35\% \times 0.02$$
$$= 0.0315.$$

引例 7-3 解析 令事件 A 为"利率下调",则 $\bar{A}$ 为"利率不变",令事件 B 为"股票价格上涨",根据题意得

$$P(A)=0.6,\ P(\bar{A})=0.4,$$
$$P(B|A)=0.8,\ P(B|\bar{A})=0.4.$$

由全概率公式得

$$P(B) = P(A)P(B|A) + P(\bar{A})P(B|\bar{A}) = 0.6 \times 0.8 + 0.4 \times 0.4 = 0.64.$$

习题 7-3

A 知识巩固

1. 若 $P(A|B) = P(A)$,则 $P(B|\bar{A}) = $ _____.

2. 已知产品的合格率是 90%,一级品率是 72%,那么合格品中的一级品率是 _____.

3. 设事件 A,B 互不相容,且 $P(A)=0.04$,$P(B)=0.3$,则
(1) $P(A+B) = $ _____; (2) $P(AB) = $ _____.

B 能力提升

1. 某种产品共 40 件,其中有 3 件次品,现从中任取 2 件,求其中至少有 1 件次品的概率.

2. 某地区一年内刮风的概率为 $\dfrac{4}{15}$,下雨的概率为 $\dfrac{2}{15}$,既刮风又下雨的概率为

$\frac{1}{10}$,求:

(1) 刮风或下雨的概率;

(2) 既不刮风又不下雨的概率.

3. 一个学生期末要考高等数学和大学英语,他自己估计高等数学通过率是 0.6, 大学英语通过率是 0.4, 且至少通过一门课程的概率是 0.8, 求他两门课程都能通过的概率.

4. 某大学的全体男生中,有 60% 的人爱好踢足球,有 50% 的人爱好打篮球,有 30% 的人两项运动都爱好. 求:

(1) 该校全体男生中至少爱好踢足球或打篮球中一项运动的概率;

(2) 该校全体男生中既不爱好踢足球,也不爱好打篮球的概率.

5. 某银行的贷款业务里有甲、乙两家同类型的企业,若它们中任意一企业向银行申请贷款以便更新设备,则该银行一年内的计划贷款额就会突破. 设一年内甲申请这类贷款的概率为 0.15, 乙申请这类贷款的概率为 0.2, 由于企业间存在竞争,当甲申请贷款后,乙也向该银行申请贷款的概率为 0.3, 求:

(1) 一年内该银行计划贷款额突破的概率;

(2) 当乙申请贷款后,甲也向该银行申请贷款的概率.

C 学以致用

某地建设银行规定:对于申请贷款的单位,只有当按期偿还贷款的概率不低于 0 时才能考虑提供贷款. 现某厂欲申请贷款,用于引进一条生产线,预测在正常生产的情况下,按期偿还贷款的概率为 0.8, 在生产因素不正常的情况下,按期偿还贷款的概率为 0.3. 多年资料表明,该厂生产因素正常的概率为 0.75. 试决策该建设银行能否向该厂提供贷款.

第四节　事件的独立性与伯努利概型

引例 7-4　中国纺织工业总耗能占全国总耗能的 4.4%, 节能减排是中国纺织工业必须迈过的一道坎,同时也提醒中小纺织企业应进行数智化产业转型,提升生产效率,降低次品率. 次品率如何用概率的知识解决呢? 如某厂自称产品的次品率不超过 0.5%, 经抽样检查,任抽 200 件产品就查出了 5 件次品. 试问:上述次品率是否可信?

分析:在检查的过程中每次试验都一样,这是一类特殊的概型——伯努利概型,也是本节所讨论的内容.

一、事件的独立性

定义 7-3　如果在两个事件 A, B 中,任一事件的发生不影响另一事件发生的概率,即

$$P(A|B) = P(A) \text{ 或 } P(B|A) = P(B),$$

则称事件 A 与事件 B 是**相互独立**的,否则,称它们是**不独立**的.

事件独立性

定理 7-2 两个事件 A,B 相互独立的充分必要条件是
$$P(AB) = P(A) \cdot P(B).$$

> **注意:**
> 定理 7-2 给出了两个相互独立事件 A,B 的积事件的概率计算公式,它相当于乘法公式的一种特殊情形,故也把它称为乘法公式.

例 7-10 甲、乙两人考大学,甲考上大学的概率是 0.7,乙考上大学的概率是 0.8,问:(1) 甲、乙两人都考上大学的概率是多少?(2) 甲、乙两人中至少有一人考上大学的概率是多少?

解 设 $A = \{$甲考上大学$\}$,$B = \{$乙考上大学$\}$,则
$$P(A) = 0.7,\ P(B) = 0.8.$$

(1) 甲、乙两人考上大学的事件是相互独立的,故甲、乙两人同时考上大学的概率是
$$P(AB) = P(A) \cdot P(B) = 0.7 \times 0.8 = 0.56.$$

(2) 甲、乙两人中至少有一人考上大学的概率是
$$P(A+B) = P(A) + P(B) - P(AB) = 0.7 + 0.8 - 0.56 = 0.94.$$

推论 7-5 若事件 A,B 相互独立,则事件 $\bar{A}$ 与 $\bar{B}$,A 与 $\bar{B}$,$\bar{A}$ 与 B 也相互独立.

例 7-11 盒子里装有 6 个球,其中 4 个白球、2 个红球,从盒中任意取球 2 次,第一次取 1 个球观察颜色后放回盒中,第二次再取 1 个球. 求:(1) 取到 2 个球都是白球的概率;(2) 取到 2 个球颜色相同的概率;(3) 取到 2 个球中至少有 1 个是白球的概率.

解 设 A_1 表示 $\{$第 1 次取到白球$\}$,A_2 则表示 $\{$第 2 次取到白球$\}$,显然 A_1 和 A_2 相互独立.$P(A_1) = P(A_2) = \dfrac{4}{6} = \dfrac{2}{3}$,$P(\bar{A_1}) = P(\bar{A_2}) = \dfrac{1}{3}$.

(1) 取到 2 个白球的概率为
$$P(A_1 A_2) = P(A_1) P(A_2) = \frac{2}{3} \times \frac{2}{3} = \frac{4}{9} \approx 0.444.$$

(2) 取到 2 个球颜色相同的概率为
$$\begin{aligned}P(A_1 A_2 + \overline{A_1}\,\overline{A_2}) &= P(A_1 A_2) + P(\overline{A_1}\,\overline{A_2}) \\ &= P(A_1)P(A_2) + P(\overline{A_1})P(\overline{A_2}) \\ &= \frac{2}{3} \times \frac{2}{3} + \frac{1}{3} \times \frac{1}{3} \approx 0.556.\end{aligned}$$

(3) 取到的 2 个球中至少有 1 个是白球的概率为
$$\begin{aligned}P(A_1 + A_2) &= P(A_1) + P(A_2) - P(A_1 A_2) \\ &= P(A_1) + P(A_2) - P(A_1)P(A_2) \\ &= \frac{2}{3} + \frac{2}{3} - \frac{4}{9} \approx 0.889.\end{aligned}$$

二、伯努利概型

定义 7-4 将某一试验重复 n 次，这 n 次试验满足以下条件：

(1) 每次试验条件相同，其基本事件只有两个，设为 A 和 $\bar{A}$，并且 $P(A) = p$，$P(\bar{A}) = 1 - p$；

(2) 各次试验结果互不影响，相互独立.

此时，称 n 次重复试验为**伯努利概型**.

定理 7-3 设在 n 重伯努利试验中，事件 A 的概率为 $p(0 < p < 1)$，则在 n 次试验中事件 A 发生 k 次的概率为

$$P_n(k) = C_n^k p^k q^{n-k} = \frac{n!}{k!\,(n-k)!} p^k q^{n-k},$$

其中 $p + q = 1$，$k = 0, 1, 2, \cdots, n$.

例 7-12 某射手每次击中目标的概率是 0.6，如果射击 5 次，试求至少击中目标两次的概率.

解 设 $A = \{$至少击中目标两次$\}$，则

$$\begin{aligned} P(A) &= \sum_{k=2}^{5} C_5^k (0.6)^k (0.4)^{5-k} \\ &= 1 - C_5^0 (0.6)^0 (0.4)^5 - C_5^1 (0.6)^1 (0.4)^4 \\ &= 0.826. \end{aligned}$$

引例 7-4 解析 如果该厂的次品率为 0.5%，若任取一件产品检查的结果只有两个，即次品与非次品，且每次检查的结果互不影响，看作是相互独立的，即视为伯努利概型，$n = 200$，$p = 0.005$，则 200 件产品中恰有 5 件次品的概率为

$$P_{200}(5) = C_{200}^5 (0.005)^5 (0.995)^{195} \approx 0.009\,28.$$

这个概率相当小，可以说在一次抽查中是不大可能发生的，因此该厂产品的次品率不超过 0.5% 是不可信的，次品率很可能在 0.5% 以上.

习题 7-4

A 知识巩固

1. 判断题

(1) 设事件 A，B 相互独立，则 $P(A + B) = P(A) + P(B)$.

(2) 对任意事件 A，B，都有 $P(AB) \leqslant P(A) \leqslant P(A + B) \leqslant P(A) + P(B)$.

2. 设事件 A，B 互为独立事件，且 $P(A) = 0.4$，$P(B) = 0.3$，则

(1) $P(A + B) = $ _____；

(2) $P(AB) = $ _____.

3. 设 $P(A) = 0.4$，$P(A + B) = 0.7$，则

(1) 若 A，B 互不相容，则 $P(B) = $ _____；

(2) 若 A，B 相互独立，则 $P(B) = $ _____.

B 能力提升

1. 有 2 批同类产品，其合格率分别是 0.9 和 0.8，在每批产品中各随机抽取 1 件，求：

(1) 2 件都是合格品的概率；

(2) 至少有 1 件是合格品的概率；

(3) 恰好有 1 件是合格品的概率.

2. 设事件 A、B 相互独立，若已知 $P(A+B)=0.6$，$P(A)=0.4$，求 $P(B)$.

3. 3 个人独立地去破译一份密码，已知各人能译出的概率分别是 $1/5$，$1/4$，$1/3$，求：

(1) 3 个人都未能译出密码的概率；

(2) 3 人中恰好有 1 人译出密码的概率；

(3) 3 人中至少有 1 人译出密码的概率.

4. 某石油勘探公司打算在两个位置上无联系的地区 A 和 B 各打一口勘探井，若在 A 和 B 求到大量石油的概率分别估计为 $1/8$ 和 $1/10$，问至少有一口井成功的概率是多少？

5. 加工某种零件需要 3 道工序，假设第一、第二、第三道工序的次品率分别是 2%，3%，5%，并假设各道工序是互不影响的，求加工出来的零件的次品率.

C 学以致用

常言道："三个臭皮匠，顶一个诸葛亮."这是对人多办法多，人多智慧多的一种比喻. 试利用 3 个相互独立事件的加法公式以数量的形式来描述这句话.

【数学文化】

概率论的起源

三四百年前，欧洲许多国家盛行赌博之风. 掷骰子是当时常见的一种赌博方式.

因骰子的形状为小正方体，当它被掷到桌面上时，每个面向上的可能性是相等的，即出现 1 点~6 点中任何一个点数的可能性是相等的. 有的参赌者想：如果同时掷两颗骰子，则点数之和为 9 与点数之和为 10，哪种情况出现的可能性较大？

17 世纪中叶，法国有一位热衷于掷骰子游戏的贵族德·梅耳，发现了这样的事实：将一枚骰子连掷 4 次，至少出现一个 6 点的机会大于将两枚骰子连掷 4 次至少出现一次双 6 点的机会. 后人称此为德·梅耳问题.

又有人提出了"分赌注问题"：两个人决定赌若干局，事先约定谁先赢得 6 局便算赢家. 如果在一个人赢 3 局，另一人赢 4 局时因故终止赌局，则赌本该如何分配？

贵族们提出了不少诸如此类需要计算可能性大小的赌博问题，但他们无法给出答案.

参赌者将他们遇到的问题请教当时法国数学家帕斯卡（Blaise Pascal，1623—1662 年，图 7-5），帕斯卡接受了这些问题，但他没有立即回答，而转交给另一位法国数学家费马（Pierre de Fermat，1601—1665 年，图 7-6）. 他们频频通信，互相交流，围绕着赌博中的数学问题开始了深入细致的研究. 这些问题后来被来到巴黎的荷兰科学家惠更斯（Christian Huygens，1629—1695 年，图 7-7）获悉，回荷兰后，他独立地进行研究．

帕斯卡和费马一边亲自做赌博试验，一边仔细分析和计算赌博中出现的各种问题，终于完整地解决了"分赌注问题"，并将此问题的解法向更一般的情况推广，从而建立了概率论的一个基本概念———数学期望，这是描述随机变量取值的平均水平的一个量．而惠更斯经过多年的潜心研究，解决了掷骰子中的一些数学问题．1657 年，他将自己的研究成果写成了专著《论掷骰子游戏中的计算》．迄今为止，这本书被认为是概率论中最早的专著．

可以说，早期概率论的创立者是帕斯卡、费马和惠更斯．这一时期被称为组合概率时期，人们主要研究各种古典概率．

图 7-5

图 7-6

图 7-7

复习题七

一、将一枚均匀的硬币抛两次，设事件 A 表示"第一次出现正面"，事件 B 表示"两次都出现同一面"，事件 C 表示"至少有一次出现正面"．试写出：

（1）样本空间；

（2）事件 A，B，C 包含的样本点．

二、某射击手向目标连续射击 3 次，每次射出 1 发子弹．设事件 A_1 表示"第一发命中"，事件 A_2 表示"第二发命中"，事件 A_3 表示"第三发命中"．试用语言描述下列各事件．

（1）$\overline{A_1} + \overline{A_2} + \overline{A_3}$；

（2）$\overline{A_1} \cdot \overline{A_2} \cdot \overline{A_3}$；

（3）$\overline{A_1 + A_2}$；

（4）$(A_1 \cdot A_2 \cdot \overline{A_3}) + (\overline{A_1} \cdot A_2 \cdot A_3)$．

三、设 $P(A) = \dfrac{1}{3}$，$P(B) = \dfrac{1}{4}$，$P(A+B) = \dfrac{1}{2}$．求：（1）$P(AB)$；（2）$P(\overline{A} + \overline{B})$．

四、事件 A，B 的概率分别为 $\dfrac{1}{3}$ 和 $\dfrac{1}{2}$，求在下列两种情况下 $P(\overline{A}B)$ 的值．

（1）A 与 B 互斥；（2）$A \subset B$．

五、10 件产品中有 3 件次品，从中随机抽取出 2 件，至少抽到 1 件次品的概率是多少？

六、一串钥匙共有 10 把，其中 4 把能打开门，因开门者忘记哪把钥匙能打开门，便逐把试验，试求下列事件的概率.

（1）第 3 把钥匙能打开门；

（2）试到第 3 把钥匙才打开门；

（3）最多试 3 次能打开门.

七、已知男性中色盲占 5%，女性中色盲占 2.5%，某班共有男生 40 人、女生 20 人. 已知有位同学是色盲，则该同学是男生的概率是多少？

八、设 10 个考题签中有 4 个难答签，3 人参加抽签，甲先抽，乙次之，丙最后，求下列事件的概率.

（1）甲抽到难答签；

（2）甲未抽到难答签而乙抽到难答签；

（3）甲、乙均抽到难答签.

九、某商店收进甲厂生产的产品 30 箱、乙厂生产的同种产品 20 箱. 甲厂产品每箱装 100 个，废品率为 0.06；乙厂产品每箱装 120 个，废品率为 0.05.

（1）任取一箱，从中任取 1 个产品，求其为废品的概率；

（2）将所有产品开箱混装，从中任取一个产品，求其为废品的概率.

十、已知某公司有 0.5% 的员工吸烟，公司高层决定对全体员工进行一次吸烟情况的检测. 设一个常规的检测结果的敏感度与可靠度均为 99%，也就是说，对吸烟的被检者的检测呈阳性（+）的概率为 99%，对不吸烟的被检者的检测呈阴性（-）的概率为 99%，误诊率均为 1%. 如果某人的检测结果呈阳性，问此人吸烟的概率是多少？

第三篇 实 践 篇

第八章 MATLAB 数学实验

◇ 学前导读

本章主要介绍 MATLAB 的基本知识，以及它在解决数学问题中的应用．要求学生掌握 MATLAB 的数据类型，矩阵输入和操作方法，语法结构，符号计算方法，函数的使用以及二维、三维绘图功能，并能够熟练地将 MATLAB 应用于学习中，解决课程中的数学计算问题，熟练编写 M 文件完成数学计算．本章的学习和实践将为后续涉及 MALTAB 软件的课程以及今后的科学研究打下基础．

◇ 知识结构图

本章知识结构图如图 8 - 0 所示．

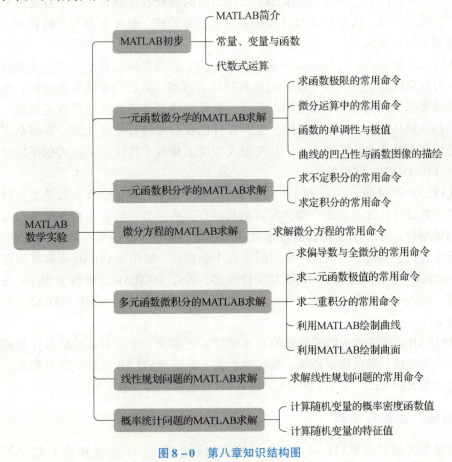

图 8 - 0　第八章知识结构图

◇ 学习目标与要求

(1) 了解 MATLAB，掌握 MATLAB 的基本操作，会用 MATLAB 写简单的程序．
(2) 掌握用 MATLAB 解决微积分问题的典型程序写法．
(3) 掌握用 MATLAB 解决微分方程问题的典型程序写法．
(4) 掌握用 MATLAB 解决线性规划问题的典型程序写法．
(5) 掌握用 MATLAB 解决概率统计问题的典型程序写法．

第一节 MATLAB 初步

一、MATLAB 简介

20 世纪 70 年代，美国新墨西哥大学计算机科学系主任 Cleve Moler 为了减轻学生编程的负担，用 FORTRAN 语言编写了最早的 MATLAB. 1984 年，Little、Moler、Steve Bangert 合作成立了 MathWorks 公司，正式把 MATLAB 推向市场．20 世纪 90 年代，MATLAB 已成为国际控制界的标准计算软件．

现在，MATLAB 是美国 MathWorks 公司出品的商业数学软件，用于数据分析、无线通信、深度学习、图像处理与计算机视觉、信号处理、量化金融与风险管理、机器人、控制系统等领域．

MATLAB 是 matrix 与 laboratory 两个词的组合，意为矩阵实验室，它主要面对科学计算、可视化以及交互式程序设计的高科技计算环境．MATLAB 将数值分析、矩阵计算、科学数据可视化以及非线性动态系统的建模和仿真等诸多强大功能集成在一个易于使用的视窗环境中，为科学研究、工程设计以及必须进行有效数值计算的众多科学领域提供了一种全面的解决方案，并在很大程度上摆脱了传统非交互式程序设计语言（如 C、FORTRAN）的编辑模式．

MATLAB 和 Mathmatica、Maple 并称为三大数学软件．MATLAB 在数学类科技应用软件中在数值计算方面首屈一指，尤其擅长进行矩阵运算、绘制函数和数据、实现算法、创建用户界面、连接其他编程语言的程序等．MATLAB 的基本数据单位是矩阵，它的指令表达式与数学、工程中常用的形式十分相似，故用 MATLAB 来解算问题比用 C、FORTRAN 等语言完成相同的事情简捷得多，并且 MATLAB 也吸收了 Maple 等软件的优点，成为一个强大的数学软件．在新的版本中也加入了对 C、FORTRAN、C++、Java 的支持．

MATLAB 以矩阵作为数据操作的基本单位，还提供了十分丰富的数值计算函数和强大的绘图功能，而且简单易学、编程效率高．掌握 MATLAB 对数学学习和数学模型的建立有很大的帮助．本书主要介绍 MATLAB 在数学中的一些简单应用．

二、常量、变量与函数

变量和关键字是 MATLAB 编程中最基本的两个概念，它们是构成 MATLAB 表达式的常见元素. MATLAB 变量是在程序运行中值可以改变的量,变量由变量名表示.

在 MATLAB 语言中变量的命名遵循如下规则.

变量名区分大小写.

变量名长度不得超过 31 个字符,第 31 个字符之后的字符将被 MATLAB 语言忽略.

变量名以字母开头,可以由字母、数字、下划线组成,但不能使用标点.

MATLAB 不要求事先对变量进行声明,也不需要指定变量类型,MATLAB 会自动依据所赋予变量的值或对变量所进行的操作来识别变量的类型. 在赋值过程中,如果赋值变量已存在,MATLAB 将使用新值代替旧值,并以新值类型代替旧值类型. 在 MATLAB 语言中也存在变量作用域的问题. 在未加特殊说明的情况下,MATLAB 语言将所识别的一切变量视为局部变量,即仅在其使用的 M 文件内有效. 若要将变量定义为全局变量,则应当对变量进行说明,即在该变量前加关键字 global. 一般来说,全局变量均用大写的英文字符表示.

在 MATLAB 中,有一类特殊的变量,是由系统默认给定符号来表示的. 例如 pi,它代表圆周率 π 这个常数,即 3.141 592 6…这类变量类似 C 语言中的符号常量,有时又称为系统预定义的变量.

表 8-1 给出了一些常用的特殊变量及其含义.

表 8-1

变量名称	变量含义	变量名称	变量含义
ans	MATLAB 中的默认变量	i(j)	复数中的虚数单位
pi	圆周率	nargin	所用函数的输入变量数
eps	计算机中的最小数,PC 上为 2^{-52}	nargout	所用函数的输出变量数
inf	无穷大,如 1/0	realmin	最小可用正实数
NaN	不定值,如 0/0 等	realmax	最大可用正实数

与其他语言相比,MATLAB 的强大主要体现在它提供了各种类别的函数. 除了基本的数学函数之外,MathWorks 公司针对不同领域,推出了信号处理、控制系统、神经网络、图像处理、小波分析、鲁棒控制、非线性系统控制设计、系统辨识、优化设计、统计分析、财政金融、样条、通信等 30 多个具有专门功能的工具箱,这些工具箱里面的函数是由各个领域内学术水平较高的专家编写的,无须用户自己编写所用的专业基础程序,可直接对工具箱进行运用. 同时,工具箱内的函数源程序也是开放的,多为 M 文件,用户可以查看这些文件的代码并进行更改,MATLAB 支持用户对其函数进行二次开发,用户的应用程序也可以作为新函数添加到相应的工具箱中. 几个常用数学函数见表 8-2.

表 8-2

函数名称	函数含义	函数名称	函数含义
length	计算向量的长度	max	找出向量中的最大元素
min	找出向量中的最小元素	size	计算数组维数
rand	生成均匀分布的伪随机数矩阵	sort	把数组元素按升序或降序排列
corrcoef	计算相关性系数	cov	返回协方差矩阵
mean	求数组的平均数或者均值	median	返回数组的中间值
mode	求数组中出现频率最高的值	std	计算标准差
var	计算方差	acos	以弧度的形式返回反余弦值
asin	以弧度的形式返回反正弦值	atan	以弧度的形式返回反正切值
exp	计算指数	log	计算自然对数
log10	计算平凡对数（以 10 为底）	log2	计算以 2 为底数的对数
pow2	计算以 2 为底的幂	sqrt	计算平方根
abs	计算绝对值和复数模值	—	

三、关系运算

MATLAB 算术运算符包括：+ 加法；- 减法；* 乘法；/ 和 \ 除法（右/左除）；^ 幂运算；命令分隔符：逗号和分号.

关系运算符是指两个数值或字符操作数之间的运算符，这种运算符将根据两操作数的关系产生结果 true 或 false. MATLAB 中的关系运算符有 6 个，见表 8-3.

表 8-3

关系运算符	描述	关系运算符	描述
<	小于	<=	小于或等于
>	大于	>=	大于或等于
==	等于（请不要和赋值等号 = 混淆）	~=	不等于

关系运算符可以用来对两个数值、两个数组、两个矩阵或两个字符串等数据类型进行比较，同样也可以进行不同类型的两个数据的比较. 比较的方式根据所比较的两个数据类型的不同而不同. 值得注意的是，关系运算符可以针对两个相同维度的矩阵的对应元素进行比较，结果返回另一个同样维度的矩阵；也可以针对一个标量和一个矩阵进行运算，这种情况下是将这个标量与另一个矩阵的每个元素进行运算. 关系运算符通过比较对应的元素，产生一个仅包含 1 和 0 的数值或矩阵. 返回值是 1 表示比较结果是真，返回值是 0 表示比较结果是假.

关系运算的基本语法形式如下：

$$a1 \text{ op } a2$$

其中 a1 和 a2 是算术表达式、变量或字符串，op 代表关系运算符．如果两者的关系为真（true），那么这个运算将会返回 1 值，否则返回 0 值．

下面是一些关系运算例子和它们的运算结果．

运算	结果
3 < 4	1
3 <= 4	1
3 == 4	0
3 > 4	0
4 <= 4	1
'A'<'B'	1

最后一个运算得到的结果为 1，是因为字符之间的求值要按照 ASCII 表中的顺序进行．

例 8-1 用逻辑运算符比较两个矩阵．

```
A = reshape(1:9,3,3),B = magic(3)
A =
    1    4    7
    2    5    8
    3    6    9


B =
    8    1    6
    3    5    7
    4    9    2

A > B
ans =
  3×3 logical 数组
    0    1    1
    0    0    1
    0    0    1

A = = B
ans =
  3×3 logical 数组
    0    0    0
    0    1    0
```

  0 0 0

> **注意：**
>   不要混淆等于（==）和赋值（=）：
>   ==是逻辑运算符，用来比较两个值是否相等；
>   =是赋值运算符，用来把一个值赋给一个变量．
>   在运算的层次中，关系运算在所有数学运算之后进行，所以下面两个表达式是等价的，均产生结果1：

7 + 3 < 2 + 11

(7 + 3) < (2 + 11)

  逻辑运算符是联系一个或两个逻辑操作数并能产生一个逻辑结果的运算符．MATLAB 支持 4 种逻辑运算，分别是与、或、非、异或，其中与、或和非运算既可以使用逻辑运算符，也可以使用逻辑运算函数，异或运算只能使用逻辑运算函数．

  MATLAB 支持的逻辑运算符、逻辑运算函数和向量运算函数见表 8-4．

表 8-4

逻辑运算符	描述
&	逻辑与运算符，"&" 两边的表达式的结果都为 1 时返回 1，否则返回 0
|	逻辑或运算符，"|" 两边的表达式结果有一个为 1 时返回 1，结果都为 0 时才返回 0
~	逻辑非运算符，"~" 会对表达式的结果进行取反操作．表达式为 1 时得到 0，表达式为 0 时得到 1
逻辑运算函数	描述
and(A, B)	逻辑与运算函数，A 和 B 都为 1 时返回 1，否则返回 0
or(A, B)	逻辑或运算函数，A 和 B 中有一个为 1 时返回 1，都为 0 时才返回 0
not(A)	逻辑非运算函数，A 为 1 时返回 0，A 为 0 时返回 1
xor(A, B)	异或运算函数，A 和 B 不同是返回 1，相同时返回 0
向量运算函数	描述
any(A)	向量 A 中有非 0 元素时返回 1，矩阵 A 的某一列有非 0 元素时返回 1
all(A)	向量 A 中所有元素都为非 0 时返回 1，矩阵 A 中某列所有元素都为非 0 时返回 1

四、代数式运算

  MATLAB 可以进行代数式的运算，首先用符号对象建立代数式．
  建立符号对象的关键字为 sym 和 syms。调用语法如下：

符号变量 = sym(A)
syms 符号变量1 符号变量2…符号变量n
syms a b c
查找符号表达式中的符号变量:
findsym(expr)   % 按字母顺序列出符号表达式 expr 中的所有符号变量
findsym(expr,N)   % 按顺序列出 expr 中离 x 最近的 N 个符号变量
用给定的数据替换符号表达式中的指定的符号变量:
subs(f,x,a)   % 用 a 替换字符函数 f 中的字符变量 x
因式分解:
syms x;f = x^6 +1;factor(f)
函数展开:
syms x; f = (x +1)^6;expand(f)
合并同类项:
collect(f,v) % 按指定变量 v 进行合并
函数简化
[How,y] = simple(f): % y 为 f 的最简短形式,How 中记录的为简化过程中使用的方法。

第二节　一元函数微分学的 MATLAB 求解

一、MATLAB 中求函数极限的常用命令

MATLAB 中求函数极限的常用命令见表 8 – 5.

表 8 – 5

limit(s, n, inf)	求当 n 趋于无穷大时表达式 s 的极限
limit(s, x, a)	求当 x 趋于 a 时表达式 s 的极限
limit(s, x, a, 'left')	求当 x 趋于 a 时表达式 s 的左极限
limit(s, x, a, 'right')	求当 x 趋于 a 时表达式 s 的右极限

例 8 – 2　求方程 $3x^4 +7x^3 +9x^2 -23 =0$ 的全部根.

解　利用 MATLAB,在命令窗口中输入命令:

p = [3,7,9,0, -23];
x = roots(p)

按回车键之后得到方程有 4 个解,结果如下:

x =

　 -1.885 7 +0.000 0i

　 -0.760 4 +1.791 6i

-0.760 4 -1.791 6i
1.073 2 +0.000 0i

例 8 - 3 求 $\lim\limits_{x\to\infty}\dfrac{3x^2+2x-1}{2x^2-x+3}$.

解 利用 MATLAB, 在命令窗口中输入命令:

syms x;
limit((3*x^2+2*x-1)/(2*x^2-x+3),x,inf)

结果如下:

  ans = 3/2

例 8 - 4 已知 $f(x)=\begin{cases} x-1, & x<0 \\ \dfrac{x^2+3x-1}{x^3+1}, & x\geq 0 \end{cases}$, 求 $\lim\limits_{x\to 0}f(x)$, $\lim\limits_{x\to +\infty}f(x)$, $\lim\limits_{x\to -\infty}f(x)$.

解 利用 MATLAB, 在命令窗口中输入命令:

syms x;
limit(x-1,x,0,'left')
limit((x^2+3*x-1)/(x^3+1),x,0,'right')
limit((x^2+3*x-1)/(x^3+1),x,+inf)

结果如下:

  ans = -1   ans = -1   ans = 0

二、MATLAB 微分运算中的常用命令

MATLAB 微分运算中的常用命令见表 8 - 6.

表 8 - 6

diff(f)	求函数 f 的一阶导数
diff(f, n)	求函数 f 的 n 阶导数
diff(f, t)	求函数 f 对变量 t 的一阶导数
diff(f, t, n)	求函数 f 对变量 t 的 n 阶导数
subs(f, x, a)	求当 x = a 时, 函数 f 的值

例 8 - 5 求函数 $y=\arctan\ln(3x-1)$ 的一阶导数.

解 利用 MATLAB, 在命令窗口中输入命令:

>>clear;
 syms x;
 diff(atan(log(3*x-1)))

输出答案:

ans = 3/((3*x - 1)*(log(3*x - 1)^2 + 1))

例 8 - 6 已知 $f(x)=\mathrm{e}^{-2x}$, 求 $f''(0)$.

解 利用 MATLAB，在命令窗口中输入命令：
```
clear;symsx;f = exp( -2 * x);A = diff(f,2)
    subs(A,x,0)
```
输出答案：
A = 4 * exp(-2 * x)
ans = 4

例 8 - 7 求曲方程 $xy - e^x + e^y = 0$ 所确定的隐函数 $y = y(x)$ 的导数 $\dfrac{dy}{dx}$.

解 利用 MATLAB，在命令窗口中输入命令：
```
>>clear;syms x y;f = x * y - exp(x) + exp(y);
    dfx = diff(f,x);dfy = diff(f,y);dyx = - dfx/dfy
```
输出答案：
dyx =   -(y - exp(x))/(x + exp(y))

三、函数的单调性与极值

例 8 - 8 求函数 $f(x) = x^3 - 4x^2 - 3x$ 的极值.

解 利用 MATLAB，在命令窗口中输入命令：
```
>>syms x;f = x^3 - 4 * x^2 - 3 * x;
d1 = diff(f,x);d2 = diff(f,x,2);
solve(d1,x)
```
按回车键，得到：
ans =   3
       -1/3
输入：
```
>>subs(d2,x,3)
subs(d2,x, -1/3)
```
按回车键，得到：
ans = 10
ans = -10
输入：
```
>> subs(f,x,3)
subs(f,x, -1/3)
```
按回车键，得到：
ans = 18
ans = 0.518 5

所以 $f(x)$ 在点 $x = -\dfrac{1}{3}$ 处取极大值，且极大值为 $f\left(-\dfrac{1}{3}\right) = 0.518\,5$；$f(x)$ 在点 $x = 3$ 处取极小值，且极小值为 $f(3) = -18$.

四、曲线的凹凸性与函数图像的描绘

例 8-9 作出 $y = 2\sin(x) + x\cos(x)$ 在 $[-8, 8]$ 上的图像（图 8-1）.

解 利用 MATLAB，在命令窗口中输入命令：

```
>>syms x
ezplot(2*sin(x)+x*cos(x),[-8,+8])
```

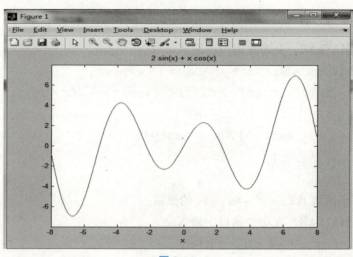

图 8-1

例 8-10 作出 $y = e^x + x^3 - x^2 + 2x$ 在 $[-5, 5]$ 上的网格图像（图 8-2）.

解 利用 MATLAB，在命令窗口中输入命令：

```
>>syms x
ezplot(exp(x)+x^3-x^2+2*x,[-5,+5]),grid
```

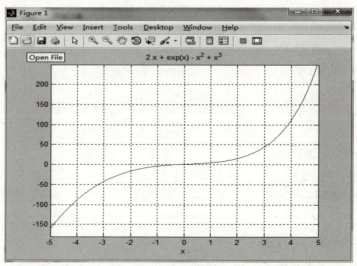

图 8-2

习题 8 – 2

1. 用 MATLAB 完成下列操作.

(1) 求 $\lim\limits_{x \to 2} \dfrac{x^2 - 4}{x - 2}$; (2) 求 $\lim\limits_{x \to \infty} \dfrac{\sin x + \cos x}{x}$.

2. 讨论函数 $f(x) = \begin{cases} \dfrac{x^2 - 5x - 6}{x + 1}, & x \neq -1 \\ -7, & x = -1 \end{cases}$ 在 $x = -1$ 处的连续性.

4. 求函数 $y = (x + 1)^{\frac{2}{3}} (x - 3)^2$ 的单调区间与极值.

5. 作出函数 $y = x^3 - x^2 - x + 1$ 的图像.

第三节 一元函数积分学的 MATLAB 求解

一、MATLAB 求不定积分的常用命令

MATLAB 求不定积分的常用命令见表 8 – 7.

表 8 – 7

int(f)	求函数 f 对默认自变量 x 的不定积分
int(f, t)	求函数 f 对积分变量 t 的不定积分

注:1. f 是被积函数,是符号表达式;
 2. t 是积分变量,是符号变量(若积分表达式中有多个符号变量,最好指定其中某个积分变量,以免出错);
 3. 不定积分的输出结果是符号表达式.

例 8 – 11 求不定积分 $\int e^x \cos x \, dx$.

解 在命令窗口中输入:

clear;symsx;f = exp(x) * cos(x);int(f)

按回车键得到:

ans =

(exp(x) * (cos(x) + sin(x)))/2

即

$$\int e^x \cos x \, dx = \frac{1}{2} e^x (\sin x + \cos x) + C.$$

注意:运行结果中省略了任意常数 C,书写答案时应补上.

例 8 – 12 求不定积分 $\int \dfrac{1}{\sqrt{4t^2 - 9}} dt$.

解 该题中积分变量为 t,在命令窗口中输入:

```
clear;symst;f =1/sqrt(4*t^2 -9);int(f)
```
按回车键,得到:
```
ans =
log(2*t + (4*t^2 - 9)^(1/2))/2
```
即
$$\int \frac{1}{\sqrt{4t^2-9}}dt = \frac{1}{2}\ln(2t+\sqrt{4t^2-9})+C.$$

二、MATLAB 求定积分的常用命令

MATLAB 求定积分的常用命令见表 8-8.

表 8-8

Int(f, a, b)	求函数 f 对默认自变量 x 的从 a 到 b 的定积分
Int(f, v, a, b)	求函数 f 对默认自变量 v 的从 a 到 b 的定积分
注:参数 f 为需要进行积分运算的函数,v 为积分变量,a,b 分别为积分的下限、上限.		

例 8-13 计算 $\int_0^1 e^{2x}dx$.

解 在命令窗口中输入命令:
```
int(exp(2*x),0,1).
```
按回车键,得到结果:
```
ans = exp(1)/2 -1/2.
```
这与上面的运算结果是一致的.

例 8-14 判别广义积分 $\int_1^{+\infty} \frac{1}{x^p}dx$ 的敛散性,若收敛则计算积分值.

解 在命令窗口中输入命令:
```
syms p real;int(1/x^p,x,1,inf)
```
按回车键,得到结果:
```
ans =piecewise([1 < p,1/(p - 1)],[p <= 1, Inf]).
```
piecewise 表示生成分段函数.

习题 8-3

1. 利用 MATLAB 求不定积分 $\int e^{\sin x}\cos x dx$.

2. 利用 MATLAB 求不定积分 $\int x\sin x dx$.

3. 利用 MATLAB 求定积分 $\int_0^{\frac{\pi}{2}} x\sin x dx$.

第四节 微分方程的 MATLAB 求解

MATLAB 求解微分方程的常用命令见表 8-9.

表 8-9

dsolve('eq')	给出微分方程的解析解，表示为 t 的函数
dsolve('eq', 'cond')	给出微分方程初值问题的解，表示为 t 的函数
dsolve('eq', 'x')	给出微分方程的解析解，表示为 x 的函数
dsolve('eq', 'cond', 'x')	给出微分方程初值问题的解，表示为 x 的函数
注：在 MATLAB 中，由函数 dsolve()解决常微分方程（组）的求解问题，如果没有初始条件，则求出通解，如果有初始条件，则求出特解.	

其格式如下：

```
r = dsolve('eq1,eq2,...','cond1,cond2,...','v')
```

'eq1, eq2,... '为微分方程, 'cond1, cond2,... ', 是初始条件，默认的自变量是 t, 如果要指定自变量 v, 则在方程组及初始条件后面加'v', 并用逗号分开.

在常微分方程（组）的表达式 eqn 中，大写字母 D 表示对自变量（默认为 t）的微分算子：D = d/dt, D2 = d^2/dt^2, …. 算子 D 后面的字母则表示因变量，即待求解的未知函数. 返回的结果中可能会出现任意常数 C1, C2 等.

微分方程在输入时，y' 应输入 Dy, y'' 应输入 D2y 等，D 应大写.

例 8-15 求微分方程 $y' + 2xy = xe^{-x^2}$ 的通解.

解 在命令窗口中输入：

```
clear;dsolve('Dy +2*x*y =x*exp( -x^2)','x')
```

按回车键，得到微分方程的通解：

```
ans =
(1/2*x^2 +C1)*exp( -x^2)
```

其中 C1 是任意常数.

例 8-16 求微分方程 $x^2 + xy' = y$ 满足初始条件 $y|_{x=1} = 0$ 的特解.

解 在命令窗口中输入：

```
clear;dsolve('x^2 +x*Dy =y','y(1) =0','x')
```

按回车键，得到微分方程的特解：

```
ans =
( -x +1)*x
```

例 8-17 求下列微分方程的特解.

$$\begin{cases} \dfrac{d^2 y}{dx^2} - 4\dfrac{dy}{dx} + 3y = 0 \\ y(0) = 6, y'(0) = 10 \end{cases}.$$

解 在命令窗口中输入：

clear;dsolve('D2y - 4 * Dy + 3 * y = 0 ','y(0) = 6,Dy(0) = 10 ','x')

按回车键，得到微分方程的特解：

ans =

4 * exp(x) + 2 * exp(3 * x)

习题 8 – 4

1. 利用 MATLAB 求微分方程 $y' = 2x + y$ 的通解.

2. 利用 MATLAB 求微分方程 $(1 + x^2)y'' - 2xy' = 0$ 满足初始条件 $y(0) = 1；y'(0) = 3$ 的特解.

第五节　多元函数微积分的 MATLAB 求解

一、MATLAB 求偏导数与全微分的常用命令

MATLAB 求偏导数与全微分的常用命令见表 8 – 10.

表 8 – 10

diff(z,x)	求函数 z 对 x 的偏导数
diff(z,x,n)	求函数 z 对 x 的 n 阶偏导数，n 为整数
diff(diff(z,x),y)	先求函数 z 对 x 的偏导数，再对 y 求二阶的混合偏导数

例 8 – 18　求函数 $z = x^2 e^y$ 的二阶偏导数.

解　在命令窗口中输入：

\>\>clear;sym x y;z = x^2 * exp(y)

\>\>diff(z,x,2),diff(diff(z,x),y),diff(diff(z,y),x),diff(z,y,2)

按回车键，得到结果：

　　ans = 2 * exp(y)

ans = 2 * x * exp(y)

ans = 2 * x * exp(y)

ans = x^2 * exp(y)

例 8 – 19　求函数 $u = x + \sin\dfrac{y}{2} + e^{yz}$ 的全微分

解　在命令窗口中输入：

clear;syms x y;u = x * y + sin(y/2);

du = diff(u,x) * 'dx' + diff(u,y) * 'dy'% 写成全微分的形式

按回车键，得到结果：

　　du = dy * (x + cos(y/2)/2) + dx * y

即
$$du = ydx + \left(x + \frac{1}{2}\cos\frac{y}{2}\right)dy.$$

二、MATLAB 求二元函数极值的常用命令

MATLAB 求二元函数极值的常用命令见表 8 – 11.

表 8 – 11

solve('eq','t')	求方程 eq 关于指定变量 t 的解
solve('eq')	求方程 eq 关于默认变量的解
subs(f,x,a)	a 取代表达式 f 中的 x

例 8 – 20 求函数 $z = x^2 + y^2$ 在条件 $x + y = 1$ 下的极值.

解 在命令窗口中输入：

>>clear;syms x y;F = x^2 + y^2 + k*(x + y - 1);
dFx = diff(F,x);dFy = diff(F,y);dFk = diff(F,k);
[k,x,y,] = solve(dFx,dFy,dFk)

按回车键, 得到结果：

k = – 1
x = 1/2
y = 1/2

三、MATLAB 求二重积分的常用命令

把二重积分先转化成二次积分, 然后用 int 命令完成计算.
求解命令如下：
int(int(f,y,ymin,ymax),x,xmin,xmax)

例 8 – 21 计算 $\iint_D (x^2 + y^2) d\delta$, $D = \{(x,y) \mid |x| \leqslant 1, |y| \leqslant 1\}$.

先化二重积分为二次积分：$\iint_D (x^2 + y^2) d\delta = \int_{-1}^{1} dx \int_{-1}^{1} (x^2 + y^2) dy.$

在命令窗口中输入：

>>clear;syms x y;
>>int(int(x^2 + y^2,y,-1,1),x,-1,1)

按回车键, 得到结果：

ans = 8/3

四、利用 MATLAB 绘制曲线

MATLAB 绘制空间曲线的命令为 plot3, 调用格式与绘制平面曲线的命令 plot 类似.

例 8–22　绘制空间曲线 $\begin{cases} x = 2\sin t \\ y = 6\sin t \\ z = 3\cos t \end{cases}$ $(0 \leqslant t < 2\pi)$.

解　在命令窗口中输入：

```
t = 0:pi/30:2*pi;
x = 2*sin(t);
y = 6*sin(t);
z = 3*cos(t);
plot3(x,y,z)
```

结果如图 8–3 所示.

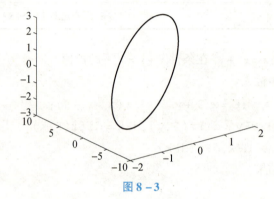

图 8–3

例 8–23　画出圆锥螺线 $x = t\cos 3t$，$y = t\sin 3t$，$z = 1.5t$ 的图形.

解　在命令窗口中输入：

```
t = linspace(0,4*pi,300);
x = t.*cos(3*t);
y = t.*sin(3*t);
z = 1.5*t;
plot3(x,y,z)
```

结果如图 8–4 所示.

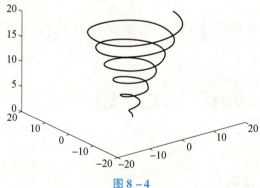

图 8–4

五、利用 MATLAB 绘制曲面

MATLAB 绘制空间曲面的命令为 mesh 和 surf，mesh 用于绘制网格形状的曲面，surf 用于绘制由小平面组成的曲面.

例 8 – 24　画出抛物面 $z = x^2 + y^2$ 的图形.

解　在命令窗口中输入：
```
x = linspace( -2,2,20);
y = linspace( -3,3,30);
[x,y] = meshgrid(x,y);
z = x.^2 + y.^2;
mesh(x,y,z)
```
结果如图 8 – 5 所示.

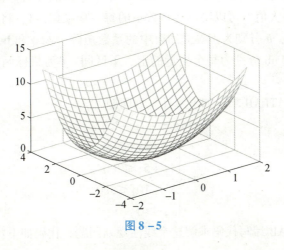

图 8 – 5

习题 8 – 5

1. 绘制三维螺旋曲线 $\begin{cases} x = \sin t \\ y = \cos t \\ z = t \end{cases}$　$(0 \leq t < 10\pi)$.

2. 绘制函数图像 $f(x,y) = e^{\sin xy}$　$(0 \leq x \leq 3, \ 0 \leq y \leq 3)$

第六节　线性规划问题的 MATLAB 求解

线性规划是数学规划中的一类最简单的规划问题，常见的线性规划是有约束的、变量范围为实数的线性规划. 这类线性规划问题的数学理论已经较为完善，有多种求解算法，但本节并不讲深奥的数学理论，主要介绍如何利用 MATLAB 求解这类线性规划问题.

最著名的数学优化软件是 LINGO，它能够求解多种数学规划问题，还具有多种分析能力，但 LINGO 并不容易上手，并且 LINGO 最适用于大规模的线性规划问题，小规

模的线性规划问题完全可以不使用 LINGO. 更受科研人员欢迎的数学软件是 MATLAB, 它以功能强大而称著, 并有数学软件中的"航空母舰"之称. 本节介绍使用 MATLAB 求解线性规划 (含整数规划和 0-1 规划) 问题的方法.

为了使不熟悉 MATLAB 的人员也能够使用 MATLAB 进行线性规划问题的求解, 本节对 MATALB 中用到的函数和过程以及结果进行详细的分析.

打开 MATLAB 帮助文档, 可以看到 linprog( ) 函数求解的是具有如下标准形式的线性规划:

$$\min_{x} f^{\mathrm{T}} x$$
$$\text{s. t} \begin{cases} A \cdot X \leq b \\ Aeq \cdot X = beq \\ lb \leq x \leq ub \end{cases}$$

公式中各符号的意义简单介绍如下. MATLAB 中求解的是目标函数最小值的问题, 如果对目标函数求最大值, 可以将目标函数中的每一项乘以 -1, 将求最大值问题转化为求最小值问题. A, b 分别为不等式约束中的系数矩阵. Aeq 和 beq 分别为等式约束中的系数矩阵, lb 和 ub 分别为每个变量的上、下区间. f 为目标函数中各变量的系数矩阵.

例 8-25 用 MATLAB 求解如下线性规划问题.

$$\min z = -7x - 12y,$$
$$\text{s. t} \begin{cases} 9x + 4y \leq 300 \\ 4x + 5y \leq 200 \\ 3x + 10y \leq 300 \\ x, y \geq 0 \end{cases}.$$

解 使用 MATLAB 编写代码求解这个线性规划问题, 代码如下:

```
f = [-7,-12];
A = [9 4;4 5;3 10];
b = [300;200;300];
lb = zeros(2,1);
% 生成一个 2 行 1 列的全 0 矩阵, 例中的 x,y 的最小值为 0
[x,fval] = linprog(f,A,b,[],[],lb,[])
```

结果为:

```
Optimization terminated.
x =  20.0000    24.0000         fval = -428.0000
```

结果解释为:

当 $x = 20$, $y = 24$ 时, 可以求得最优化的值, 最小值为 -428.

下面解释 linprog( ) 函数中参数的意义, linprog( ) 函数的调用原型如下:

```
[x,fval,exitflag] = linprog(f,A,b,Aeq,beq,lb,ub)
```

这 7 个参数的意义和上面 f, A, b 的意义是一样的. f 为目标函数的系数矩阵, A 为线性规划不等式约束的变量系数矩阵, b 为不等式约束的资源数 (系数矩阵, 如上面

的 [300;200;300])，这是一个 N 行 1 列的矩阵，N 为变量的个数。**Aeq** 和 **beq** 是相应等式约束中的系数矩阵（很明显，例 8 - 25 中并没有等式约束）。lb 和 ub 分别为保变量的上、下区间。在例 8 - 25 中，x 和 y 的最小值都为 0，但都无最大值约束。而 linprog( ) 函数的返回值为求得的各变量的值，这是一个向量，fval 为最优化的值，一般是一个标量，exitflag 为函数的退出标志。

上面的代码 "[x,fval] = linprog(f,A,b,[ ],[ ],lb,[ ])" 中，"[ ]" 代表不存在或空，因为在例 8 - 25 中不存在等式约束，所以 **Aeq** 和 **beq** 的位置为 "[ ]"。而 ub 也为空，是因为变量没有最大值约束。

例 8 - 26　[生产问题] 某工厂计划生产甲、乙两种产品，主要材料有钢材 3 500 kg、铁材 1 800 kg，专用设备能力为 2 800 台/小时，材料与设备能力的消耗定额及单位产品所获利润见表 8 - 12。问如何安排生产，才能使该厂所获利润最大？

表 8 - 12

项目	甲/件	乙/件	设备能力与材料总量
钢材/kg	8	5	3 500
铁材/kg	6	4	1 800
设备能力/(台·小时$^{-1}$)	4	5	2 800
单位产品利润/元	80	125	—

解　问题分析：

x_1 为甲产品的件数，x_2 为乙产品的件数。

$$\max z = 80x_1 + 125x_2 \text{（该厂所获得的利润）},$$
$$8x_1 + 5x_2 \leq 3\,500 \text{（所耗费的钢材不超过 3 500 kg）},$$
$$6x_1 + 4x_2 \leq 1\,800 \text{（所耗费的铁材不超过 1 800 kg）},$$
$$4x_1 + 5x_2 \leq 2\,800 \text{（所耗费的设备能力不超过 2 800 台/小时）},$$
$$-x_1 \leq 0 \text{（生产甲产品的件数为自然数）},$$
$$-x_2 \leq 0 \text{（生产乙产品的件数为自然数）}.$$

用 MATLAB 编程求解线性规划问题，代码如下：

```
intcon =[1 2];
a =[8 5;6 4;4 5; -1 0;0 -1];
b =[3500;1800;2800;0;0];
f = -[80 125];
[x fval exitflag] = intlinprog(f,intcon,a,b)
```

运行结果如下：

LP:　　Optimal objective value is -56250.000000.

Optimal solution found.Intlinprog stopped at the root node because the objective value is within a gap tolerance of the optimal value,

```
options.AbsoluteGapTolerance = 0 (the default value). The in-
tcon variables are integer within tolerance,options.IntegerToler-
ance = 1e - 05 (the default value).
    x =    0 450.0000
    fval = -56250
```

结果解释为：

当 $x_1=0$，$x_2=450$ 时，即生产甲产品 0 件，生产乙产品 450 件时可得最大利润 56 250 元。

习题 8-6

用 MATLAB 求解如下线性规划问题．

$$\min z = 8x + 7y,$$
$$\text{s. t} \begin{cases} 3x + 7y \leq 86 \\ 4x + 5y \leq 43 \\ 9x + y \leq 62 \\ x, y \geq 0 \end{cases}.$$

第七节 概率统计问题的 MATLAB 求解

一、计算随机变量的概率密度函数值

计算随机变量在 X = K 处，参数为 A，B 的概率密度函数值的一般命令格式为

```
Y = pdf(name , K , A); median
Y = pdf(name , K , A , B).
```

对于不同的分布，参数不同，name 为分布函数的名字，见表 8-13．

表 8-13

概率密度函数名	函数说明	概率密度函数名	函数说明
bino	二项分布	unif	均匀分布
norm	正态分布	unid	离散均匀分布
poiss	泊松分布	exp	指数分布

工具箱对于每一种分布都提供 5 类函数，其命令字符如下．

（1）概率密度：pdf；

（2）概率分布：cdf；

（3）逆概率分布：inv；

（4）均值与方差：stat；

（5）随机数生成：rnd．

当需要一种分布的某一类函数时,将以上所列的分布命令字符与函数命令字符连起来,并输入自变量(可以是标量、数组或矩阵)和参数即可.

例 8 – 27 已知二项分布:一次试验,事件 A 发生的概率 $P = 0.1$,在 30 次独立重复试验中,计算事件 A 恰好发生 10 次的概率.

解 p = pdf ('bino',10,30,0.1)

　　p = 3.6528e – 004

即 $P = 3.6528 \times 10^{-4}$

例 8 – 28 计算正态分布 $N(0,1)$ 的随机变量在 $x = 0.6567$ 时的密度函数值.

解 y = pdf ('norm',0.6567,0,1)

　　y = 0.3216

二、计算随机变量的特征值

MATLAB 计算随机变量的特征值的命令格式及含义见表 8 – 14.

表 8 – 14

命令格式	含义	命令格式	含义
mean(x)	x 为向量,求 x 的各元素的平均值	harmomean(x)	x 为向量,求 x 的各元素的调和平均值
median(x)	x 为向量,求 x 的各元素的中位数	var(x)	x 为向量,求 x 的各元素的样本的方差
geomean(x)	x 为向量,求 x 的各元素的几何平均值	std(x)	x 为向量,求 x 的各元素的样本的标准差

例 8 – 29 已知向量 $x = (14.7, 15.2, 14.9, 15, 32, 15.32)$,求 x 的各元素的平均值、中位几何平均值、调和平均值、样本的方差、样本的标准差.

解 clear

　　x = [14.7,15.2,14.9,15,32,15.32];

　　y1 = mean(x)

　　y1 = 15.0880

　　y2 = median(x)

　　y2 = 15.2000

　　y3 = geomean(x)

　　y3 = 15.0860

　　y4 = harmmean(x)

　　y4 = 15.0839

　　y5 = var(x)

　　y5 = 0.0765

　　y6 = var(x,1)

```
y6 = 0.0612  0.25
y7 = std(x)
y7 = 0.2766
```

例 8-30 已知 ξ 服从 $N(6.1,1.3)$，求 $P(-\infty<\xi<8)$ 的值，画出相应的正态密度曲线图.

解 `normspec([-inf,8],6.1,1.3)`
　　　`ans = 0.9281`

画出的正态密度曲线图如图 8-6 所示.

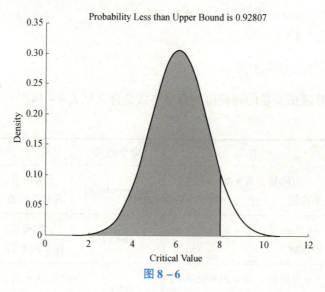

图 8-6

三、数据的录入、保存和调用

统计中的数据量往往较大，在交互环境中输入的数据往往需要保存为数据文件，以便调用后进行各种统计分析. 下面通过一个实例介绍在 MATLAB 中录入、保存和调用数据的方法.

例 8-31 某地区职工工资总额和商品零售总额的数据见表 8-15.

表 8-15　　　　　　　　　　　　　　　　　　　　　　亿元

年份	2000	2001	2002	2003	2004	2005	2006	2007	2008
职工工资总额	27.6	31.6	32.4	33.7	34.9	43.2	52.8	63.8	73.4
商品零售总额	51.8	61.7	67.9	68.7	77.5	95.9	137.4	155.0	175.0

解 年份数据是以 1 为增量的，可用产生向量的方法输入.

命令格式为 x = a:h:b，即产生从 a 到 b，以 h 为增量的行向量，当 h 缺少时，默认为 1，h 也可以是负数，可用以下命令输入年份数据：
```
t = 00:08
```
分别以 x 和 y 代表变量职工工资总额和商品零售总额，以向量的形式输入如下：

x = [27.6,31.6,32.4,33.7,34.9,43.2,52.8,63.8,73.4]
y = [51.8,61.7,67.9,68.7,77.5,95.9,137.4,155.0,175.0]
用以下命令将变量 t，x，y 的数据保存在文件 data 中：
　　save data t x y
进行统计分析时，用以下命令调用数据文件 data 中的数据：
load data
也可用矩阵的形式输入和保存数据，方法如下．
（1）输入矩阵：
data = [00,01,02,03,04,05,06,07,08;
27.6,31.6,32.4,33.7,34.9,43.2,52.8,63.8,73.4;
51.8,61.7,67.9,68.7,77.5,95.9,137.4,155.0,175.0]
（2）将矩阵 data 的数据保存在文件 data1 中：
　　save data1 data.
（3）进行统计分析时，先用命令
　　load data1
调用数据文件 data1 中的数据，再用以下命令分别将矩阵 data 的第 1、2、3 行的数据赋给变量 t，x，y：
　　t = data(1,:)
　　x = data(2,:)
　　y = data(3,:)
若要调用矩阵 data 的第 j 列的数据，可用命令：data(:, j)．
（1）密度函数：p = normpdf(x，mu，sigma)（当 mu = 0，sigma = 1 时可以省略）．

例 8 – 32　画出正态分布 $N(0,1)$，$N(0,2)$ 的概率密度函数图形．

解　在 MATLAB 中输入以下命令：
x = -6:0.01:6;y = normpdf(x);
z = normpdf(x,0,2);plot(x,y,x,z)
概率密度函数图形如图 8 – 7 所示．

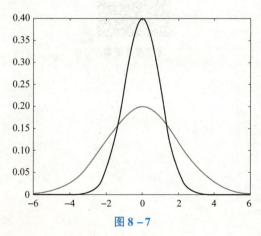

图 8 – 7

(2) 概率分布：p = normpdf(x，mu，sigma).

例 8 – 33 计算标准正态分布的概率 $P(-1 < X < 1)$.

解 命令为 p = normedf(1) – normcdf(-1).

结果为

p = 0.6827

(3) 逆概率分布：x = norminv(p,mu,sigma)[即求出 x，使得 $P(X < x) = p$].

例 8 – 34 取 $\alpha = 0.05$，求 $u_{1-\frac{\alpha}{2}}$.

解 $u_{1-\frac{\alpha}{2}}$ 的含义是

$$X \sim N(0,1), P(X < u_{1-\frac{\alpha}{2}}) = 1 - \frac{\alpha}{2}.$$

$\alpha = 0.05$ 时，$P = 0.975$.

输入"norminv(0.975)"，按回车键，得到"ans = 1.9600"，即 $u_{0.975} = 1.96$.

例 8 – 35 已知随机变量 X 服从均值为 691、标准差为 195 的正态分布，求使 $P(X < x) = 0.02$ 的 x 的值.

解 输入"nominv(0.02，691，195)"，按回车键，得到"ans = 290.5190".

复习题八

1. 从某校一年级的女生中随机抽查 10 人，测得身高如下（cm）：

   155 158 161 156 153 151 154 157 159 163

试估计该年级女生身高的均值和方差.

2. 已知二项分布：一次试验，事件 A 发生的概率 $p = 0.3$，在 50 次独立重复试验中，计算事件 A 恰好发生 9 次的概率.

本书参考答案